친환경
살림의 여왕

친환경
살림의 여왕

펴낸날 초판 1쇄 2010년 9월 1일 ㅣ 초판 7쇄 2013년 3월 15일

지은이 월간 헬스조선 편집부

펴낸이 임호준
이사 이동혁
편집장 김소중
편집 윤은숙 장재순 나정애 김민정 김영혜 권지숙 임주하
디자인 이지선 왕윤경 ㅣ **마케팅** 강진수 이유빈 김찬완
경영지원 김의준 나은혜 박석호 ㅣ **e—비즈** 표형원 공명식 최승진

기획 윤세미
디자인 문예진 ㅣ **일러스트** 문수민

펴낸곳 비타북스 ㅣ **발행처** ㈜헬스조선 ㅣ **출판등록** 제2-4324호 2006년 1월 12일
주소 서울특별시 중구 태평로1가 61 ㅣ **전화** (02) 724-7676 ㅣ **팩스** (02) 722-9339
홈페이지 www.vita-books.co.kr ㅣ **블로그** blog.naver.com/vita_books

ISBN 978-89-9335-740-0 13590

건강한 우리 집 만드는 똑똑한 살림 비법

친환경
살림의 여왕

월간 헬스조선 편집부 지음

비타북스

Contents

Prologue

Part 02
Clean Clothes

살림의 여왕이 알려주는
친환경 세탁의 법칙

Part 03
Home Gardening

살림의 여왕이 알려주는
실내 가드닝의 법칙

Part 04
Green Interior

살림의 여왕이 알려주는
친환경 인테리어의 법칙

Part 05
Eco Life

살림의 여왕이 알려주는
'진짜' 에코 라이프의 법칙

Part 06
Healthy Food

살림의 여왕이 알려주는
식품 보관과 활용의 법칙

Part 07
Family Health

살림의 여왕이 알려주는
미리 챙기는 가족 건강의 법칙

Part 08
Home Beauty

살림의 여왕이 알려주는
화장품 활용과 피부관리의 법칙

Prologue

집 안을 예쁘게 꾸미고 깔끔하게 정리한다고 살림을 잘하는 걸까?
당신의 집이 당신을 병들게 한다면 무엇부터 대처해야 할까?
이제 '살림'에 대한 생각을 바꿀 때다.
집 안을 바라보는 시선부터 달리해보자.

#1 집 안이 바깥보다 더 오염되어 있다!

사람은 하루 중 대부분을 실내에서 보낸다. 꼭 집이 아니더라도 말이다. 그런 만큼 실내 공기의 질은 건강과 직결된다. 대도시에서는 배기가스로 오염된 실외 공기, 건물에서 배출한 난방 가스, 실외 비산 먼지, 황사 등이 유입되어 실내 공기의 오염을 가중시킨다.

바깥의 대기는 오염이 되어도 자정작용을 통해 정화된다. 온도나 압력 차에 의해 생기는 기류, 즉 바람 때문에 지상의 공기 성분은 늘 평형을 유지한다. 그런 이유로 놀랍게도 대기오염 농도는 대개 실내 공기의 오염 농도보다 낮다. 실외 공기와 달리 실내 공기는 정체되어 있으며, 대기처럼 자연적으로 희석되지 않기 때문에 오염된 공기가 계속 순환할 수밖에 없다. 그로 인해 실내 공기의 오염 농도는 보통 실외 공기 오염 농도의 4배 정도다.

우리나라에서는 40만 명 이상으로 추산되는 아토피성 피부염 환자나 초등생 천식환자의 10% 안팎이 실내 공기 오염과 관련한 것으로 추정한다. 결국 대기오염이 심각한 바깥보다 집 안이 안전할 것이라는 막연한 추측은 오산에 불과하다. 집 안 공기에 더욱 신경 써야 할 때다.

#2 상상을 뛰어넘는 유해물질과의 위험한 동거

가장 편안해야 할 집 안이 온통 유해물질로 가득하다면 어떨까?
인식하지 못한 사이에 조금씩 늘어나 우리 건강을 해치고 있는 의외의 유해물질이 많다.
우선 공간별로 많이 발생할 수 있는 유해물질을 살펴보자.

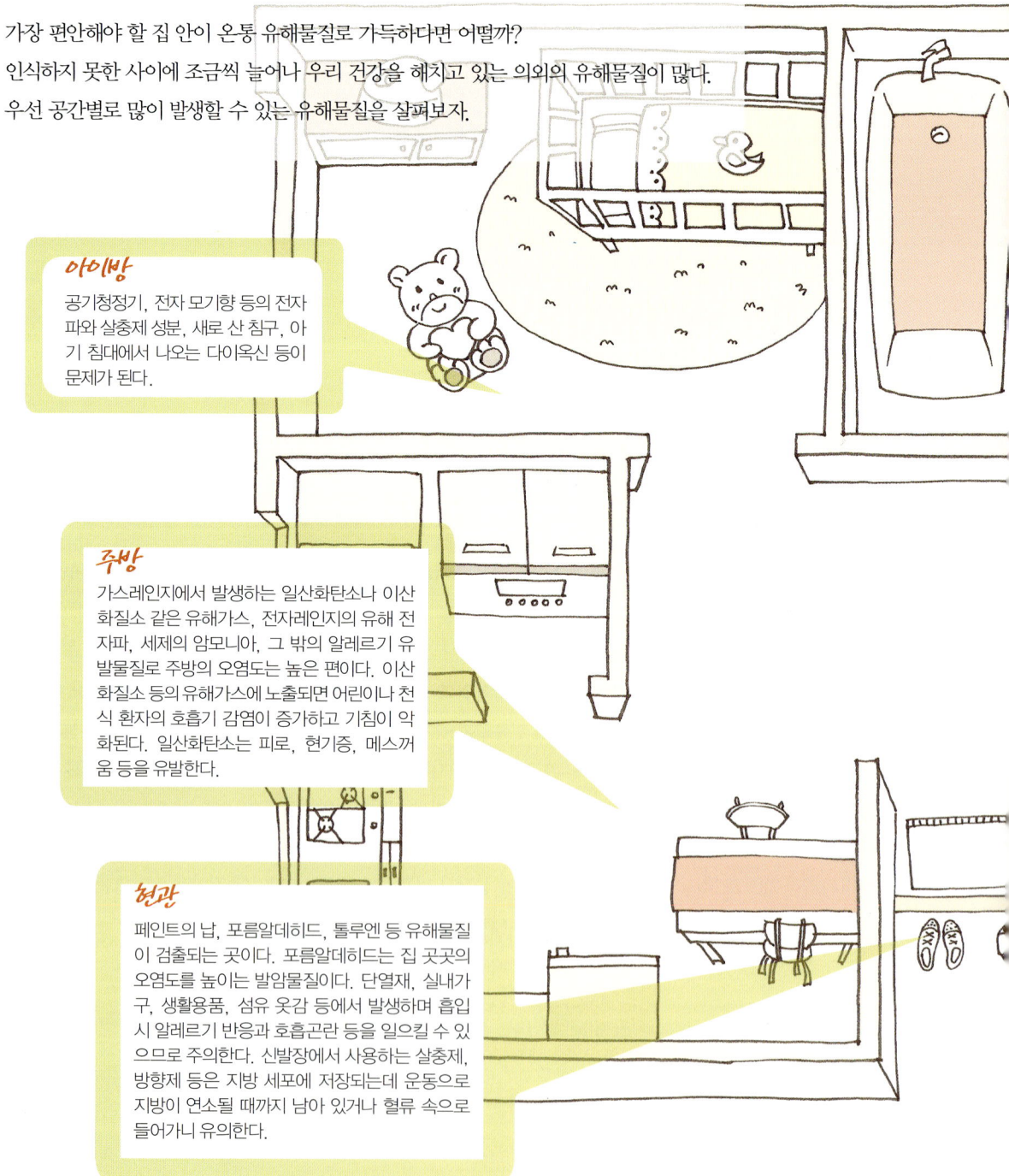

아이방
공기청정기, 전자 모기향 등의 전자파와 살충제 성분, 새로 산 침구, 아기 침대에서 나오는 다이옥신 등이 문제가 된다.

주방
가스레인지에서 발생하는 일산화탄소나 이산화질소 같은 유해가스, 전자레인지의 유해 전자파, 세제의 암모니아, 그 밖의 알레르기 유발물질로 주방의 오염도는 높은 편이다. 이산화질소 등의 유해가스에 노출되면 어린이나 천식 환자의 호흡기 감염이 증가하고 기침이 악화된다. 일산화탄소는 피로, 현기증, 메스꺼움 등을 유발한다.

현관
페인트의 납, 포름알데히드, 톨루엔 등 유해물질이 검출되는 곳이다. 포름알데히드는 집 곳곳의 오염도를 높이는 발암물질이다. 단열재, 실내가구, 생활용품, 섬유 옷감 등에서 발생하며 흡입 시 알레르기 반응과 호흡곤란 등을 일으킬 수 있으므로 주의한다. 신발장에서 사용하는 살충제, 방향제 등은 지방 세포에 저장되는데 운동으로 지방이 연소될 때까지 남아 있거나 혈류 속으로 들어가니 유의한다.

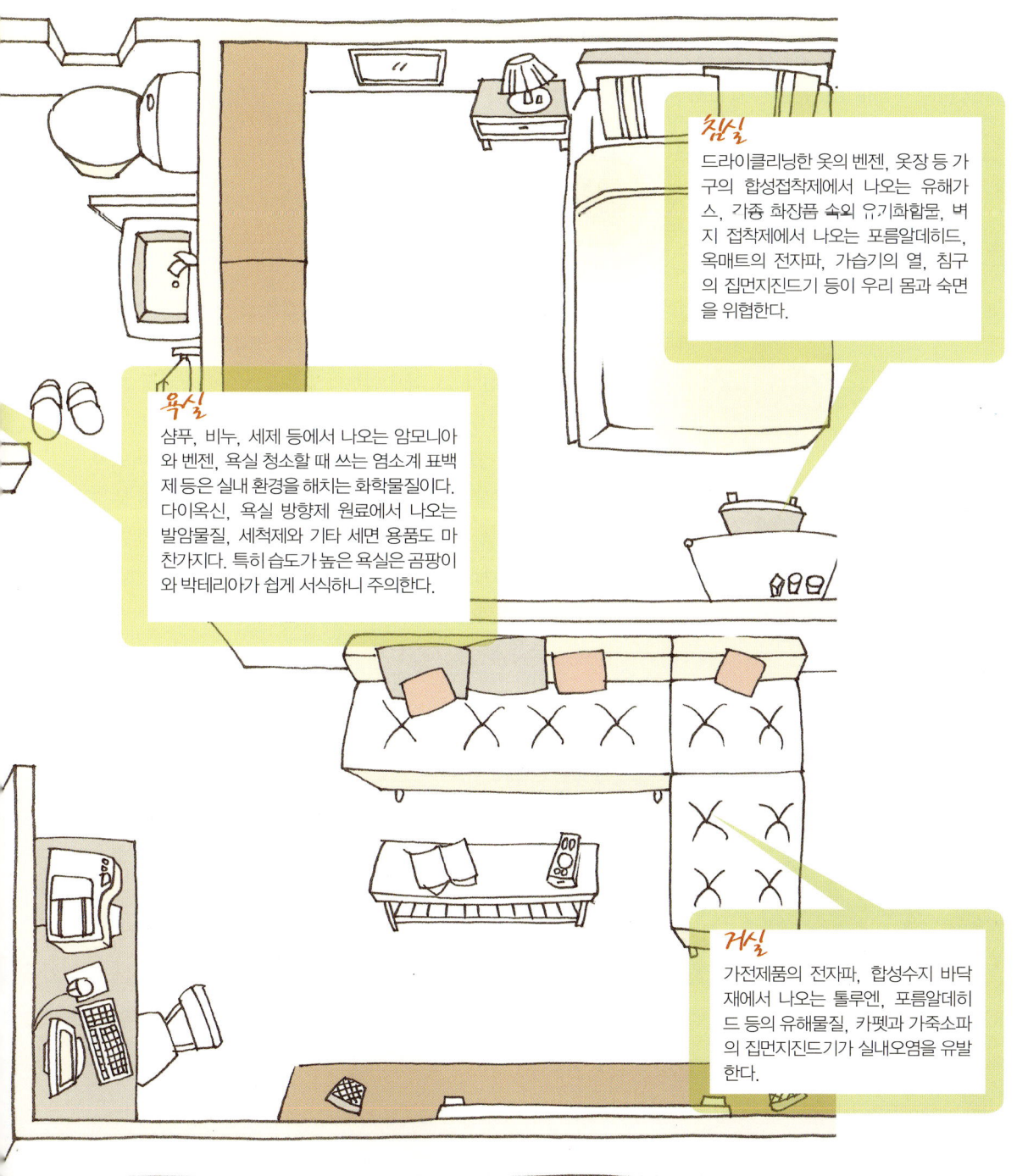

침실
드라이클리닝한 옷의 벤젠, 옷장 등 가구의 합성접착제에서 나오는 유해가스, 각종 화장품 속의 유기화합물, 벽지 접착제에서 나오는 포름알데히드, 옥매트의 전자파, 가습기의 열, 침구의 집먼지진드기 등이 우리 몸과 숙면을 위협한다.

욕실
샴푸, 비누, 세제 등에서 나오는 암모니아와 벤젠, 욕실 청소할 때 쓰는 염소계 표백제 등은 실내 환경을 해치는 화학물질이다. 다이옥신, 욕실 방향제 원료에서 나오는 발암물질, 세척제와 기타 세면 용품도 마찬가지다. 특히 습도가 높은 욕실은 곰팡이와 박테리아가 쉽게 서식하니 주의한다.

거실
가전제품의 전자파, 합성수지 바닥재에서 나오는 톨루엔, 포름알데히드 등의 유해물질, 카펫과 가죽소파의 집먼지진드기가 실내오염을 유발한다.

#3 지금 당장 시작해야 할 건강 살림 노하우 6

집 안의 공기를 깨끗하게 하고 유해물질을 잘 제거하기 위해
지금 당장 시작해야 할 건강 살림 노하우는 무엇일까?
각 파트에서 더욱 자세한 건강 살림 노하우를 다양하게 제시할 것이다.
그 전에 당장 시작할 수 있는 6가지를 꼽아 보았다.

Know-how 1
공기정화 식물을 키워라!

식물은 공기를 정화하고 습도를 조절해 심신의 안정을 돕는다. 또한 실내의 전자파와 오존을 흡수하고, 공기 중의 박테리아를 억제하며, 부유하는 분진과 담배연기를 흡착한다. 그 외에 외부의 소음을 차단하고 차광 효과를 주며, 인체의 신진대사를 도와 심신에 활력을 준다. 식물은 스트레스 해소에 특별한 효과가 있어 뇌의 알파파를 증가시키고 혈압을 떨어뜨려 피로 해소와 집중력 향상에 기여한다. 공기정화 식물은 특히 심각한 문제가 되는 새집증후군 감소 효과가 탁월하며, 각 식물의 특정 기능에 따라 알맞은 공간에 적절히 배치하면 더욱 큰 효과를 볼 수 있다. 인공적인 가습이 자칫 세균과 곰팡이 번식의 염려가 있는 데 반해 식물을 이용하면 자연 가습과 온도 조절 효과를 기대할 수 있다.

환기를 할 때는 맞바람이 통하도록 가능한 모든 창문과 문을 열어 놓아야 제대로 효과를 볼 수 있다. 환기는 최소한 오전, 오후, 저녁 등 하루 3번씩 30분간 해주는 것이 필수다. 적정 시간은 오전 10시부터 오후 9시 이전에 한다. 저녁 늦게나 새벽에는 대기가 침체되어 오염 물질이 정체되어 있으니 이때 환기는 피한다. 가스레인지를 사용하는 주방은 요리 시 창문이나 후드를 사용해 환기시킨다.

Know-how 2
환기하라!

집 안에 서식하는 곰팡이는 각종 피부질환, 호흡기질환의 직접적인 원인이다. 질병 저항력이 약한 영아나 유아, 노인, 환자 등에겐 특히 위험하다. 이불이나 커튼 등에 많이 붙어 있는 집먼지진드기는 천식이나 기관지염, 비염, 아토피 등을 유발하고 악화시킨다. 청소와 빨래 등 청결함만이 해결책이다.

Know-how 3
곰팡이를
제거하라!

Know-how 4
100% 친환경 벽지를 선택하라!

기존 친환경 벽지의 반대 개념인 '실크벽지'는 PVC 소재로 만든 것으로 벽지 자체에서 환경호르몬을 많이 방출한다. 시공 후에도 환경호르몬이 지속적으로 방출되고, 시공 시 사용한 화학접착제는 눈 따가움이나 두통을 유발하는 새집증후군의 주범이다. 요즘 출시되는 친환경 벽지는 대부분 물에 녹는 수성 아크릴수지, 곰팡이 억제제 등을 사용하고 친환경 코팅 처리로 유해가스를 배출하지 않는다. 친환경 벽지는 모두 한국공기청정협회와 한국환경산업기술원의 기준에 따른 심사를 거쳐 통과한 제품만 인증 마크를 받는다. 따라서 친환경 벽지를 선택할 때는 인증 마크를 확인하는 것이 필수다. 접착제 역시 친환경 제품을 사용해야 100% 친환경 벽지라 할 수 있다.

Know-how 5
친환경 세제를 사용하라!

합성세제는 석유화학 계면활성제와 반응성을 좋게 하는 인산염 등의 유독성 물질, 자연상태에서 분해되지 않는 첨가물, 인공 향, 방부제 등을 사용한다. 합성세제는 자연상태에서 분해되지 않기 때문에 하천을 오염시키고 세탁한 옷에 남아 있는 합성세제는 피부병의 원인이 된다. 합성세제를 대신할 수 있는 친환경 세제는 식초, 베이킹소다 등이다.

친환경이 대세인 요즘 어렵지 않게 유해물질에서 자유로운 친환경 주방용품과 생활소품을 찾을 수 있다. 식기는 환경호르몬에서 안전한 스테인리스, 도자기, 주물, 실리콘, 칠하지 않은 나무 소재를 선택한다.

Know-how 6
깐깐하게 친환경 주방용품과 생활소품을 사용하라!

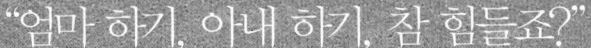

"엄마 하기, 아내 하기, 참 힘들죠?"

잘 나쁜 생활환경은 때론 야금야금, 때론 바로바로 우리의 건강을 위협한다.

지금 당장 건강한 환경으로 바꿔야 한다는 이야기다.

사람에게 먹고 사는 일만큼 중요한 것은 없다.

주부에게 가장 많은 시간을 보내는 집안일 만큼 고민스러운 일도 없다.

어차피 먹고, 어차피 해야 할 살림이라면 예쁘고 근사한 것에

'가족의 건강을 생각하는 마음을 담아 보자'는 것이 이 책의 취지다.

'친환경 살림은 절대 거창한 것이 아니다. 당신의 생각을 조금만 바꾸면 된다.

'말이 쉽지…'라고 생각하는 이들이 많겠지만 당신의 생각은 이 책을 드는 순간부터 바뀌게 되어 있다.

몰랐던 사실, 어렴풋이 알았지만 구체적이지 않았던 정보들에 대한 친절한 가이드와

초보주부들을 배려한 따라하기 쉬운 제안들이 자연스럽게 당신을 달라지게 할 것이다.

〈월간 헬스조선〉의 기자들이 발로 뛰어 취재한 기사들 중

독자들이 요청하거나 반응이 좋았던 기사를 알짜배기로 모았으니,

이보다 더 훌륭한 살림 가이드북은 없을 것이다.

행복은 건강한 신체로부터 시작된다.

건강을 지키는 일은 소소한 생활습관과 생활환경에 달려 있다.

우리 아이의 엄마로서, 내 남편의 아내로서 '친환경 살림의 여왕'으로

가족의 건강도 지키고 행복도 자켜내자!

Clean Home

살림의 여왕이 알려주는
공간별 청소와 관리의 법칙

매일 쓸고 닦아도 다시 더러워지는 집. 그러나 우리의 건강을 위해서는 게을리할 수 없는 일이기도 하다. 식품의약품안전청이 가정주부 1,530명을 조사한 결과 52.3%가 주방용품 세척과 소독 방법을 제대로 인지하지 못하고 있다는 결과가 발표됐다. 깨끗한 집 만드는 노하우, 지금부터 살펴보자.

이 부엌

부엌은 가족의 입으로 들어가는 모든 음식을 조리하고 보관하는 장소다. 이 사실만으로 부엌이 깨끗해야 하는 이유는 충분하다. 가장 기본인 부엌의 친환경적 위생관리, 부엌에서 실천할 수 있는 에코 팁 등 '건강한 부엌' 만드는 법을 소개한다.

당신의 냉장고를 고발합니다!

점검 1 켜켜이 쌓아 놓은 봉투와 밀폐용기

냉장고에 둔 식품과 식품 사이에 적당한 간격을 두어 찬 공기가 잘 순환하도록 해야 한다. 차가운 바람이 나오는 통로까지 막아 냉각 기능이 현저히 떨어진다. 냉장고에 찬 공기가 잘 순환되려면 전체 용량의 70% 정도만 채우는 것이 바람직하다.

점검 2 음식물과 함께 섞여 있는 달걀

달걀의 껍데기에는 닭똥에서 묻은 살모렐라균 등이 살 확률이 높다. 이 균들은 다른 식품에 묻어 식중독을 유발할 수 있으니 달걀은 따로 관리한다. 다른 식품과 닿지 않도록 달걀판째 두거나 도어포켓 맨 위에 쪼르르 올려둔다. 달걀을 냉장고에 넣기 전 깨끗이 닦으면 살모렐라균의 위험에서 멀어질 수 있다.

점검 3 먹은 후 바로 넣어둔 저녁 반찬

뜨거운 식품을 냉장고에 넣으면 온도가 상승하기 때문에 가열조리한 식품은 냉장보관하기 전에 열을 충분히 식혀서 보관한다. 그렇지 않으면 음식을 상하게 하는 원인이 된다.

점검 4 하나씩 굴러다니는 과일

고기, 생선, 채소 등 신선식품을 냉장고에 보관할 때는 반드시 용기나 비닐봉투 등으로 싸서 보관해야 2차 오염을 막을 수 있다. 큰 포장식품은 1회분씩 소량으로 나누어 랩이나 봉지에 싸아 보관하면 품질 저하를 최소화할 수 있다.

점검 5 사온 봉지 그대로 넣어둔 채소

채소칸의 경우, 이것저것 장을 본 후 귀찮아서 검정봉지에 담긴 그대로 냉장고에 넣어 놨다가 어떤 식재료가 들었는지 보이지 않아 상해서 버리기 일쑤다. 반드시 종류별로 투명한 봉지에 옮겨 놓거나 올바른 보관법으로 넣어둔다.

냉장고

냉장고 청소법

냉장고 안에서도 세균은 번식한다. 물론 당신의 냉장고도 예외는 아니다. 하루에도 몇 번씩 문을 열어 사용하는 냉장고는 사람 손으로 인해 옮겨진 세균 번식이 매우 쉬운 곳이다.

냉장실은 5℃ 이하, 냉동실은 −18℃ 이하로 유지하고 적어도 2주에 한 번 정도는 전원을 끄고 청소를 해주는 것이 좋고 여름철에는 1주에 한 번씩 한다. 젖은 행주를 이용해 내부를 닦은 다음 물에 희석한 주방용 살균소독제를 묻혀 닦아준다. 온도를 조절하는 냉장고 문의 고무패킹은 소독용 에탄올이나 알코올을 묻힌 면봉으로 틈새에 낀 때까지 깨끗하게 닦는다.

청소 후에 세균이 좋아하는 환경이 되는 물기가 남지 않아야 하므로 주의한다. 물기를 없애기 위해서는 물로 청소한 후 마지막에 마른 수건으로 물기를 꼼꼼하게 닦아야 한다. 이런 작업들이 귀찮다면 휘발되어 물기가 남지 않고 소독효과와 동시에 세척력도 뛰어난 알코올이나 시중에 판매하는 소주를 활용해도 좋다.

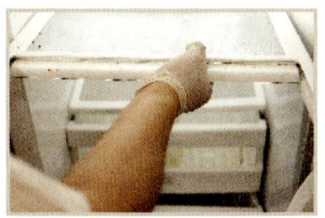

1 냉장고 전원을 끄고 뒤쪽 벽면까지 꼼꼼하게 닦기 위해 선반과 서랍을 모두 떼어낸다.

2 주방용 살균소독제를 분무기에 담아 냉장고 속 곳곳에 뿌려 묵은 때를 불린다.

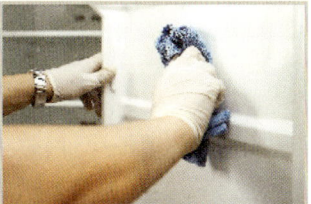

3 5~10분 후 적당히 때가 불면 부드러운 수건이나 마트에서 판매하는 매직스폰지로 살살 때를 벗겨낸다. 물기가 남지 않도록 마른 수건으로 마무리한다.

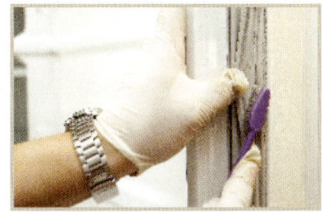

4 선반 홈이나 고무패킹과 같이 수건이 닿지 않는 미세한 곳은 칫솔을 이용해 꼼꼼히 문지른다.

5 물이 묻은 부드러운 수건에 베이킹소다를 적당량 뿌려 냉장고 외부를 닦아내고 마른 수건으로 마무리한다.

6 청소를 마친 냉장고 곳곳에 항균효과가 있는 천연 재료(유칼립투스)를 뿌린다.

냉장고 관리법

냄새가 난다면

냉장고 청소를 할 때 식초나 소주로 냉장고 구석구석을 닦으면 어느 정도 냄새가 사라진다. 평소 냉장고 냄새를 줄이려면 일반적으로 숯, 녹차티백, 커피 찌꺼기 등을 놓아도 좋지만 무엇보다 용기 뚜껑을 잘 닫고 채소와 과일 등의 식재료가 썩지 않도록 관리하는 것이 가장 효과적인 냄새 관리법이다.

효율을 높이고 싶다면

냉장실과 냉동실의 온도가 6℃ 내려갈 때마다 에너지 소비는 25% 이상 증가한다. 냉장실 온도는 3~4℃가 적당하다. 냉장고의 효율적인 작동을 위해서는 뒷면이나 바닥에 설치된 냉각코일에 이물질이 끼지 않게 자주 청소한다. 솔을 이용하면 미세한 곳까지 깔끔하게 닦을 수 있다. 냉장고 문의 접착면에 음식이 말라붙어서 문이 제대로 닫히지 않을 수 있으니 깨끗하게 닦는다.

썩지 않도록
관리하세요~

> **tip** 환경이 좋아하는 똑똑한 세제, EM세제
>
> 세제는 물을 오염시키는 주요 원인 물질이다. 하지만 세제도 세제 나름, 오염된 물을 정화시키고 악취까지 없애는 세제가 있다. 현재 전 세계 110여 개국에서 사용하고 있는 EM 성분은 '유용한 미생물'이라는 뜻으로 광합성 세균 등 대표적인 미생물이 하천으로 흘러가 항산화 물질을 만들고 오염물질을 제거한다. EM세제는 집에서 만들 수 있다. 쌀뜨물에 EM 원액 1%와 당밀을 함께 넣어 밀봉한 후, 햇빛이 잘 들고 온도가 높은 곳에서 숙성시킨다. 2~3일에 한 번 가스를 빼주고 가스 발생이 멈추면 완성된다. 이 활성액을 10~100배의 물로 희석해 설거지, 청소 등에 사용한다. EM세제는 자극이 적고, 묵은 때와 곰팡이 제거에 효과가 탁월하다.

주방가구

싱크대

싱크대와 배수구 등은 온갖 식품을 조리하고 항상 습한 곳이기 때문에 세균이 살기 좋은 최적의 장소다. 조리도구를 사용하는 싱크대는 흠집이 쉽게 난다. 깊게 난 흠집 사이에는 오염물질이 끼고 세균이 살기 좋은 환경이 되므로 흠집이 심하다면 위생상 교체한다.

때가 잘 끼는 상판이나 벽 주위는 식초를 희석시킨 물과 마른 행주를 이용해 수시로 닦는다. 배수구의 쓰레기망은 음식물 찌꺼기가 끼어 있으면 세균의 온상이 되기 쉬우므로 설거지를 끝낸 후 신문지를 깔고 칫솔로 쓰레기망의 홈이 파인 곳에 낀 더러운 물질을 털어내고 닦아준다. 구멍이나 건조망 아랫바닥, 고무마개까지도 구석구석 청소한다. 자른 무로 싱크대 주변을 문지르면 눌어붙은 음식 찌꺼기와 악취를 쉽게 제거할 수 있다.

작은 서랍이나 좁은 공간은 습기 조절을 해주어야 한다. 신문지를 두툼하게 깔아 수분을 흡수시키거나, 항균 코팅지를 붙인다. 때때로 싱크대 문을 활짝 열어 햇볕을 쬐거나 환기를 시키는 것도 좋은 방법이다.

시트지 끝트머리가 일어난 싱크대 문은 떨어진 부분에 글루건을 조금 쏜 후 헝겊을 대고 다리미로 살짝 눌러준다. 너무 오래 대고 있으면 시트지가 누를 수 있으니 주의한다.

상하부장

스테인리스 소재인 싱크대 상판을 닦을 때는 상처가 나지 않게 부드러운 천을 사용한다. 식초 희석액을 분무하며 부드러운 천으로 닦는다. 묵은 때는 물에 녹인 베이킹소다를 적신 천으로 닦는다. 싱크대 위 깊게 난 흠집 사이에는 오염물질이 끼어 세균이 살기 좋은 환경이 되므로 흠집이 심한 싱크대는 되도록 교체하는 것이 좋다.

상하부장에 기름때가 켜켜이 쌓이면 먼지가 들러붙어 세균의 온상이 되므로 1주일에 한두 번은 닦아준다. 유리세정제를 뿌리고 마른 헝겊을 사용해 닦으면 깨끗해진다. 상하부장 내부는 진공청소기로 먼지를 빨아낸 후 물걸레질한다.

개수대

개수대의 음식물 쓰레기 망에는 음식 찌꺼기와 곰팡이가 끼어 있다. 이때는 김빠진 맥주를 부어 개수대 안의 악취를 없애고, 레몬 슬라이스를 반으로 접어 개수대 라인을 따라 닦는다. 칫솔로 구석구석 닦은 후 뜨거운 물로 헹궈도 좋다. 묵은 때에는 베이킹소다 1컵을 뿌린 다음 그 위에 식초 원액을 분무한다. 부글부글 거품이 일어나면 그대로 1시간 정도 두었다가 물로 깨끗이 씻어낸다. 스타킹에 10원짜리 동전을 몇 개 넣어 음식물 쓰레기 망에 걸어두면 음식 찌꺼기가 부패되는 것을 방지할 수 있다.

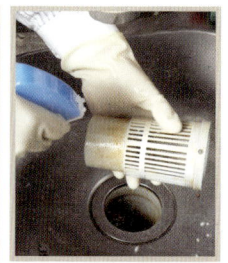

안 쓰는 칫솔로 배수구 거름망에 끼어 있는 오염물을 닦아낸 후 베이킹소다와 식초 200㎖ 또는 레몬즙을 배수구의 거름망에 뿌리고 뚜껑을 닫는다. 잠시 후 기포가 생기면 뜨거운 물을 붓는다.

🌀 주방 가전제품

렌지후드

렌지후드 표면에 기름이 굳어버린 경우엔 먼저 비눗물을 소량 뿌려 기름때를 불린다. 거기에 베이킹소다를 뿌리고 아크릴 털실로 만든 수세미나 칫솔로 잘 문지른다. 적당히 닦이면 깨끗한 물걸레로 닦아내고 식초를 뿌려 일종의 코팅효과를 준다. 기름때가 심한 후드는 식초와 물을 1:1로 섞은 식초희석액을 분무기로 뿌려 놓는다. 10분 후 때가 불면 그 위를 스펀지에 베이킹소다를 묻혀 닦는다.

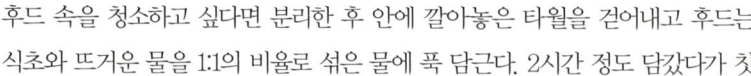

후드 속을 청소하고 싶다면 분리한 후 안에 깔아놓은 타월을 걷어내고 후드는 식초와 뜨거운 물을 1:1의 비율로 섞은 물에 푹 담근다. 2시간 정도 담갔다가 칫솔이나 극세사 타월로 구석구석 잔기름때를 제거한다. 세척이 끝난 후 마른 행주로 닦아 다시 장착한다. 후드는 제때 갈아주지 않으면 기공이 막혀 제 역할을 못하므로 6개월에 한 번씩 갈아 주는 게 좋다. 마트에서 4000원 정도면 여러 장을 구입할 수 있다.

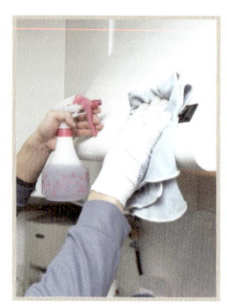

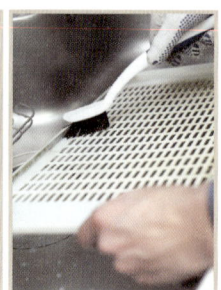

전자레인지

안쪽에 들러붙은 음식물 찌꺼기를 쉽게 제거하려면 용기에 물을 넣어 전자레인지를 한번 돌린다. 작동을 마치면 전자레인지 안에 수증기가 차는데 이때 오염 부위를 마른 수건으로 문지른다. 턴테이블은 분리해 식초희석액으로 닦는다.

가스레인지

가스레인지 위는 맥주나 굵은 소금을 천에 묻혀 닦는다. 이때 맥주나 소금 잔여물이 남지 않도록 깨끗하게 닦아야 한다. 베이킹소다와 식초희석액을 뿌리고 10분 정도 기다렸다 기름이 불면 천으로 닦는 것도 좋은 방법이다. 심하게 눌어붙은 얼룩은 스펀지에 비누를 묻혀 닦은 다음, 소다와 식초 순으로 뿌려두었다가 천으로 닦아 마무리한다.

주방은 손때와 기름때로 덮여 있기 때문에 손잡이까지 청소가 필요하다. 가스레인지 손잡이는 분리해서 후드와 마찬가지로 식초와 뜨거운 물을 1:1의 비율로 섞은 물에 2시간 정도 담근 후 마른 행주로 닦는다.

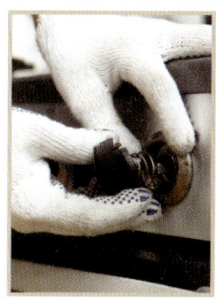

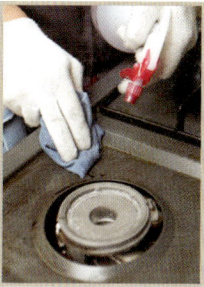

삼발이

식초와 물을 1:1로 섞어 분무기로 뿌려준 뒤 헝겊으로 닦는다. 심할 경우 냄비에 삼발이와 식초 물을 넣고 한소끔 끓인 뒤 하룻밤 재웠다가 베이킹소다를 뿌려 수세미로 닦는다. 삼발이는 소재의 특성상 물에 오래 담가두면 금세 부식된다. 가능한 한 물에 담그는 것은 피하고 중성세제를 이용해 닦아낸 후 재빨리 헝겊으로 물기를 제거한다.

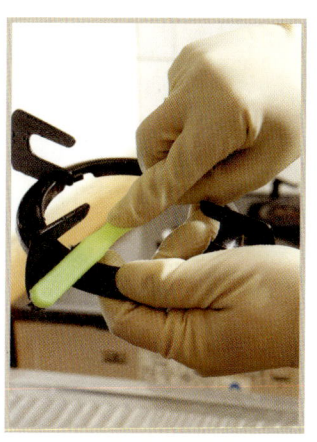

✿ 주방 용품

도마

도마 표면은 칼 흠집이 생겨 온갖 잡균이 번식하기에 좋은 환경이다. 사용 후 깨끗이 씻은 다음 반드시 전용세제로 살균·소독한다. 흠이 파이거나 칼자국이 난 곳은 수세미로 문질러 닦은 후 80℃ 이상의 뜨거운 물을 부어 마무리한다. 도마 전용 살균 세제를 묻힌 행주를 도마 위에 얹어 하룻밤 두는 것도 좋다.

살균한 도마는 뜨거운 물에 헹궈 햇빛이 들고 통풍이 잘 되는 곳에서 건조시킨다. 도마를 건조하는 이유는 세균 감염 때문이다. 생선이나 고기를 자르는 데 사용하고 난 축축한 도마는 비브리오균이나 살모넬라균, 곰팡이의 온상이 되기 쉽다. 젖은 도마를 행주로 대충 닦아 보관하는 것은 오히려 세균을 더 키우는 격이니 주의한다.

tip 어떤 소재의 도마가 가장 안전할까?

생선 자를 때 쓴 도마를 물로 씻은 후 채소를 자르는 사람이 많다. 그러나 도마에 스며든 생선의 비브리오균이 채소로 옮겨져 교차 오염이 발생하고, 이 때문에 식중독이 발생하는 일이 흔하다. 세균이 옮겨질 뿐 아니라 냄새도 옮겨 재료의 풍미를 해칠 수 있다. 기본적으로 도마는 2개를 두고 쓴다. 하나는 육류와 생선용, 하나는 채소와 과일용이다.

나무 도마 다른 도마에 비해 음식이 쉽게 잘라지고 손목과 칼날에 무리가 덜 가는 것이 장점이다. 그러나 물기를 잘 빨아들이며 갈라진 틈새나 칼날에 의해 생긴 흠집에 음식 재료가 끼기 쉽고, 또 잘 빠지지 않는다. 그만큼 세균이 생길 확률이 높다.

플라스틱 도마 물기를 흡수하지 않아 세균에 강하며, 칼자국이 잘 생기지 않고, 냄새가 배지 않아 위생적이다. 단, 습기가 많으면 세균이 급격히 번식하므로 물기를 제거해서 보관한다. 김칫국물 등이 잘 드는 것이 흠이다.

유리·아크릴 도마 칼자국이 남지 않아 위생적으로 사용할 수 있다. 반영구적으로 사용할 수 있는 튼튼한 도마로, 음식물 냄새가 배거나 자국이 남을 걱정이 없다. 단, 칼날이 쉽게 상하고 칼질할 때 소리가 커 메인 조리용으로 사용하기는 부담스럽다.

도마 청소용 천연 세제

숯 숯을 넣고 끓인 물을 도마에 여러 차례 붓고 햇빛에 완전히 건조시키면 칼집으로 인해 생긴 홈까지 소독된다.

소금 생선이나 김치를 손질하고 난 후 얼룩과 냄새를 없애려면 굵은 소금으로 도마를 빡빡 문지른 다음 뜨거운 물로 헹구어 햇빛에 말린다.

레몬 도마에 냄새가 심할 때 레몬즙을 바르거나 레몬을 넣은 뜨거운 물에 1시간 정도 담가두었다가 햇빛에 말린다.

녹차 생선 비린내와 김치 냄새가 심할 때 녹차 우린 뜨거운 물을 부으면 냄새 제거에 효과적이다. 평소에 한 번 우려 마시고 버리는 티백을 모아서 활용해도 좋다.

기타 주방용품

칼, 행주, 식기 등 주방용품을 1주일에 한 번씩 삶으면 살균효과를 볼 수 있다. 여름철에 삶기 번거로우면 종종 뜨거운 물을 한번 붓는 것도 방법이다. 이때 물기는 마른 행주로 닦기보다 자연 건조한다. 설거지할 때 마지막 헹굼작업은 뜨거운 물로 하는 습관을 들이는 것도 좋다. 삶으면 안 되는 플라스틱 용기 등은 식초 물에 담가두었다가 물로 헹군 후 자연 건조하면 살균효과를 볼 수 있다. 유리로 된 식기는 식초 물에 담가두면 살균된다. 스테인리스 수저 등의 식기는 베이킹소다 가루를 뿌린 후 손이나 부드러운 헝겊으로 문질러 닦는다.

tip 똑똑한 수세미로 설거지 완벽하게 해요!

소비자의 욕구가 다양해지면서 그에 맞는 다양한 수세미 제품들이 생겨났다. 이제는 용도와 그릇의 재질에 따라 2~3가지의 수세미를 사용하는 것이 살림의 여왕이 되는 지름길이다.

항균코팅용기용 수세미, 프라이팬 전용 수세미 항균 천연 펄프 스펀지를 사용하여 세균 및 냄새 억제가 탁월하다. 코팅 면에 손상을 주지 않는다.

아크릴사 천연 펄프 수세미 우수한 항균력을 지닌 아크릴사를 사용하여 수세미 내의 세균번식을 억제해주고 청결함을 유지한다. 또한 천연 펄프 스펀지는 흡수력이 뛰어나기 때문에 세제 없이 기름진 그릇 및 프라이팬을 닦을 수 있어 친환경적이다.

헬로우키티 수세미 30년 넘게 사랑받고 있는 헬로우 키티 캐릭터를 사용하여 주방소품으로서도 손색이 없고 힘든 설거지를 더욱 즐겁게 한다.

이건 어떻게 닦나요?

얼룩진 다리미 바닥

베이킹소다와 물을 2:1 비율로 섞어 다리미 바닥에 골고루 바른 후 젖은 천으로 닦는다. 베이킹소다가 없다면 부드러운 헝겊에 중성세제를 묻혀 닦은 후 깨끗한 헝겊으로 세제를 완전히 없앤다. 스팀과 물 분사구는 면봉으로 닦는다. 항상 물이 담겨 있어 물때가 잘 끼는 물 저장통은 식초와 물을 1:3 비율로 섞어 물 저장통을 가득 채운 후 스팀 온도를 높여 분사한다. 분사가 끝난 후 깨끗한 물을 가득 채워 2~3회 분무해 식초를 깨끗이 없앤다.

음식물 찌꺼기가 눌어붙은 냄비와 프라이팬

음식물 찌꺼기가 있는 곳까지 물과 베이킹소다를 2:1 비율로 섞어 넣고 10~20분간 끓인 후 실온에 30분간 두었다가 헹군다. 찌든 때가 쌓이기 쉬운 손잡이 연결 부분은 베이킹소다를 묻힌 스펀지로 닦는다.

목이 긴 물병과 빨대 물병

물과 식초를 4:1 비율로 섞어 물병을 가득 채운다. 물병의 뚜껑을 닫고 세게 흔든 후 물을 덜어 내고 물과 10:1 비율로 희석한 EM세제를 묻힌 브러시로 구석구석 닦는다. 빨대물병의 빨대는 대형마트에서 판매하는 빨대 전용 솔을 구입해 식초희석액을 묻혀 깨끗이 닦고 식초가 남지 않게 깨끗이 헹군다.

커피메이커나 전기포트

커피메이커 물통은 물과 4:1로 희석한 식초를 가득 담고 커피를 내리듯 여과시킨다. 그런 다음 깨끗한 물을 한 번 더 여과시켜 헹군다. 전기포트 역시 식초를 넣고 끓인 다음 깨끗한 물로 여러 번 헹군다. 외관은 마른 걸레에 치약을 묻혀 닦는다. 청소용 치약은 불투명 젤 타입이 효과적이다. 또는 전기포트 안에 물을 가득 붓고 감자껍질을 삶아도 효과적이다. 감자 껍질 반 개 분량을 물때가 낀 물병이나 컵에 넣고 하룻밤 담가두면 다음날 그릇 표면에 떨어져 나온 물때를 확인할 수 있다.

얼룩진 밀폐용기

용기에 쌀뜨물을 가득 부어 한 시간 정도 둔다. 냄새와 얼룩이 심하면 쌀뜨물에 소금과 레몬 등을 넣고 반나절 정도 둔다. 유리용기에도 물때가 낄 수 있는데 젖은 스펀지에 베이킹소다를 묻혀 닦거나 식초를 1~2방울 떨어뜨린 물에 잠시 담가 두었다가 흐르는 물에 헹군 뒤 마지막으로 레몬즙을 넣은 깨끗한 물에 담갔다가 헹구면 깨끗해진다.

O2
욕실&세탁실

매일 물 마를 날 없는 욕실과 세탁실은 집 안에서 가장 습한 곳으로 조금만 방심해도 곰팡이가 피어난다. 평상시 남은 물기를 닦아내는 것을 생활화하면 곰팡이 방지에 도움이 된다. 또 평소 김이나 약, 과자봉지에 있는 건조제를 모아뒀다가 구석에 놓는 것도 좋다.

욕실

욕실은 세면대, 욕조, 변기, 욕실 벽과 바닥 등으로 나누어 관리를 해주면 좋다. 평상시 욕실을 마지막으로 사용한 사람이 몸의 물기를 닦고 난 수건으로 벽, 욕조, 욕실 바닥 등에 남은 물기를 닦아내는 것을 생활화하면 곰팡이 방지에 도움이 된다. 또 평소 김이나 약, 과자봉지에 있는 건조제를 모아뒀다가 욕실 수납장 구석에 놓으면 습기를 제거할 수 있다.

벽과 바닥

욕실 벽에 생긴 곰팡이는 소독용 에탄올을 바른 헝겊 봉으로 두들겨 닦는다. 욕실 바닥의 타일 틈새에 검게 핀 곰팡이는 표백제나 식초를 희석한 물로 닦아낸 후, 타일에 휴지를 깔고 희석한 표백제나 식초를 뿌려 하룻밤 둔 뒤, 칫솔을 이용하여 틈새를 문지른 다음 샤워기로 깔끔하게 씻어낸다. 곰팡이가 끼지 않도록 1주일에 한 번 정도 실시한다. 목욕 후 남아 있는 샴푸나 비누 성분은 곰팡이가 발생하는 직접적인 원인이기 때문에 바닥이나 벽면에 뜨거운 물을 뿌린 뒤 환기를 시켜주거나 마른 수건으로 물기를 제거한다. 벽 틈, 창틀, 화장실 타일 사이에 양초를 바르면 습기를 막아 곰팡이가 끼지 않는다.

실리콘

실리콘에 생긴 곰팡이는 휴지나 헝겊을 돌돌 말아 실리콘 부위에 길게 댄 후 그 위에 락스나 식초를 축축하게 뿌려둔다. 곰팡이의 깊이에 따라 1~2시간 또는 10시간이 걸릴 수 있다. 이 방법은 곰팡이를 제거하기보다 표백하는 것에 가까운 방법이다. 검은 곰팡이가 생기기 시작했다면 실리콘을 걷어내고 다시 실리콘 작업을 하는 것이 더 위생적이다.

실리콘 간단 작업 요령

1 실리콘 근처의 물기를 제거한다. 실리콘 바를 부위를 사이에 두고 테이프를 붙인다.

2 기존 실리콘을 걷어내고 새로운 실리콘을 선을 따라 고르게 분사한다.

3 물 적신 손으로 실리콘 분사 부위를 자연스럽게 문지른다.

4 테이프를 떼어낸다.

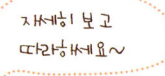

자세히 보고 따라하세요~

배수구

배수구는 머리카락이나 때가 잘 뭉쳐 곰팡이가 생기기 쉽고 악취도 심하다. 배수구의 뚜껑을 들어내고 안쪽에 있는 오물을 걷어낸다. 뚜껑은 깨끗한 솔로 씻는다. 칫솔에 소다수를 묻혀 배수구 안까지 싹싹 문질러 검은 물때를 씻어낸 후 베이킹소다와 식초를 희석한 물을 붓는다.

환풍기

욕실을 사용할 때마다 작동되는 환풍기에는 먼지나 머리카락이 많이 낀다. 드라이버를 이용해 커버와 그 안에 돌아가고 있는 프로펠러 모양의 팬을 모두 꺼내 솔로 닦은 후 다시 장착한다.

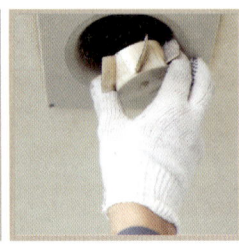
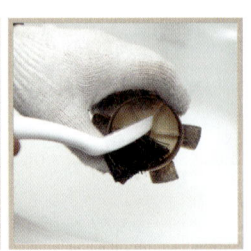

변기

가정 내 악취 발생의 온상지로 자주 닦아주어야 한다. 표백과 세정효과를 높이기 위해 일반세제보다는 염소계 세제를 사용하는 것이 효과적이다. 변기를 청소할 때는 변기 둘레의 안쪽까지 묻을 수 있도록 세제를 위에서부터 빙 돌려 뿌린다. 세제에 때가 충분히 불었을 때 씻어내는 게 효과적이다. 변기덮개는 스펀지로 뒷면 홈 부분의 누런 때까지 닦고 변기 테두리 안쪽은 칫솔을 이용해 꼼꼼히 닦는다. 변기 속에서 때가 가장 잘 끼고 더러운 곳이 바로 시트 밑이다. ㄱ자 솔로 구석진 곳부터 구석구석 닦는다.

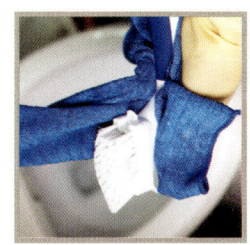

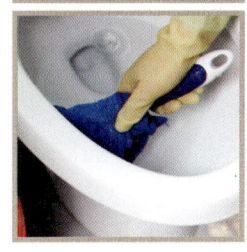

세면대

세면대에는 물때와 곰팡이가 많은데, 특히 배수구 주변에 세균이 많이 몰려 있다. 대부분 비누때, 물때, 곰팡이 등으로 더러워지는데 스펀지에 중성세제를 묻혀 자주 닦아준다. 세면대 사용 후 거품기를 깨끗이 씻어낸 뒤 작은 타월을 이용해 물기까지 닦는 습관을 들인다. 수도꼭지는 귤, 레몬, 오렌지처럼 강한 산이 들어 있는 과일로 닦으면 곰팡이균을 없애는 동시에 수돗물 때문에 생긴 녹까지 제거할 수 있다.

선반장

욕실 선반장은 물기나 노폐물이 묻은 용품을 그냥 넣어두거나 습한 채로 그대로 두기 때문에 의외로 세균이 많이 발견된다. 욕실 용품은 사용 후 물기를 완전히 제거해 넣고, 일주일에 한 번 선반 안의 물건을 꺼낸 뒤 살균 효과가 있는 식초 물을 묻힌 걸레로 선반과 용품을 닦는다.

거울과 유리벽

거울에 얼룩진 물방울 자국인 유막은 그때그때 닦아내지 않으면 나중에 쉽게 닦이지 않는다. 오래 돼서 잘 닦이지 않는 유막은 식초와 베이킹소다를 1:1비율로 섞어 닦아내거나 마트의 자동차용품 코너에서 판매하는 유막제거제를 구입해 닦는다. 평소 유막이 생기지 않게 하려면 욕실을 사용한 후 거울과 유리벽의 물기를 말끔히 닦는다.

조명 스위치

여러 사람의 손을 타는 화장실 조명 스위치도 청소할 때 빼놓지 말아야 할 곳이다. 특히 여름철 배앓이를 하거나, 눈병에 걸린 식구가 있다면 손을 깨끗이 닦는 것은 물론 스위치까지 빼놓지 말고 철저하게 관리해야 한다. 매일 식초를 희석시킨 물을 뿌려 마른 걸레로 닦는다.

칫솔과 비누

칫솔의 경우 칫솔모가 공기 중에 나와 있도록 꽂아두지 말고 커버를 씌워 놓아야 날아다니는 곰팡이 포자나 세균으로부터 안전하게 보관할 수 있다. 비누를 젖은 상태로 눅눅하게 방치하는 것도 세균을 번식시키는 요인이 된다. 저렴한 가격에 쉽게 구입할 수 있는 비누홀더를 이용해 항상 건조하게 유지시킨다.

☼ 세탁실

세탁기 관리법

- 곰팡이는 물이 고여 있고 습한 곳에 서식한다. 따라서 세탁하지 않을 때는 세탁기 뚜껑을 항상 열어둔다.
- 액체세제를 사용한다. 가루세제를 사용할 경우 뜨거운 물에 입자를 완전히 녹여서 사용한다.
- 화장실 안에 둔 세탁기는 베란다에 둔 세탁기보다 습도가 높기 때문에 곰팡이가 더 잘 생긴다. 가능하면 공기가 잘 통하는 곳에 세탁기를 놓는다.
- 항상 거름망에 구멍이 나 있는지 확인한다. 먼지 거름망에 핀 검은 곰팡이가 다른 곳으로 번질 위험이 있으니 수시로 체크해 제거한다.
- 드럼세탁기는 세제를 거르는 거름망이 없기 때문에 좀 더 신경을 써야 한다. 고무패킹 부분에 물이 고이는 경우가 많은데, 물기를 자주 제거해줘야 곰팡이가 덜 생긴다.

세탁기 청소법

세탁한 빨래에 거뭇한 이물질이나 희끗한 찌꺼기가 묻어 나온다면 세탁기를 청소해 달라는 뜻이다. 세탁기 내부에 얼굴을 집어넣었을 때, 퀴퀴한 냄새가 나면 곰팡이나 찌꺼기가 쌓였을 가능성이 높다. 실밥 보푸라기, 세제 찌꺼기 등의 찌꺼기를 그대로 방치하면 노란 물때가 끼거나 흑곰팡이가 생긴다. 세탁조 내 습도, 찌꺼기에서 얻은 영양분으로 인해 세균들이 성장하기에 최적의 장소가 된다. 세탁기는 1년에 한 번 정도 분해해서 내부의 틈까지 깔끔하게 청소한다. 고장이 염려된다면 전문업체에 의뢰해 후일 문제가 없도록 한다.

1 세탁기를 분해해 내부 통을 들어낸다.

2 평소 잘 보이지 않는 통의 바깥 부분과 밑부분에 붙어 있는 플라스틱판의 안쪽, 그리고 하얀색 외통의 물이 고이는 안쪽 부분에 오염이 심하다. 세탁조에 곰팡이와 세제 찌꺼기, 섬유 찌꺼기가 뭉쳐 굳어 있다. 나머지는 흘러나가고 또 남는 것은 세탁기의 밑부분(플렌지)의 회전축에 쌓인다.

3 살균효과가 있는 전용 세제와 공구를 사용해 꼼꼼하게 세척한다. 찌꺼기가 굳어 있거나 심한 경우 공구를 이용해 파낸다. 세척한 세탁기는 다시 처음 상태로 조립하는데, 일반 통돌이는 1시간 30분 정도, 드럼세탁기는 3시간 정도가 소요된다.

03 거실

먼지는 호흡기 질환을 일으키거나 기존 질환을 더 악화시키는데, 그 이유는 먼지 자체가 해롭기도 하지만 다른 오염물질을 인체에 유입시키는 매개체 역할을 하기 때문이다. 알레르기 환자는 물론 일반인의 건강까지 크게 위협하는 먼지제거를 위해 대대적인 청소가 반드시 필요하다.

☀ 바닥과 벽

바닥

먼저 진공청소기로 바닥의 먼지를 제거한 후 살균효과가 있는 식초를 물과 1:3으로 희석해 스프레이통에 담아 뿌리고 걸레로 닦는다.

마룻바닥의 얼룩은 우유를 이용한다. 유통기한이 지나 상한 우유를 마른 헝겊에 적셔 마룻바닥의 얼룩이나 가구를 닦는다. 면봉에 우유를 살짝 묻혀 틈틈이 먼지가 쌓인 전화기나 리모컨의 틈새를 닦아주면 미세 먼지와 세균이 제거된다. 우유로 닦아낸 후에는 반드시 물로 한 번 더 닦아낸다.

나무 소재인 온돌마루에 스팀청소기나 물걸레를 사용하면 나무 사이로 물이 스며들어 바닥 곳곳이 벌어지고 썩는다. 나무 소재 바닥은 극세사나 마른 걸레로 먼지를 제거하는 정도로 청소한다. 강화마루는 물청소가 가능하지만 한 달에 한두 번 정도로 제한한다.

벽지

벽지에 생긴 크레파스나 손때는 다목적 세제를 묻힌 마른 걸레로 툭툭 두드려서 깨끗하게 지울 수 있다.

콘센트

항상 방치되어 있는 콘센트 위나 내부에 쌓인 먼지는 플러그를 장착했을 때 화재의 원인이 될 수 있으니 이곳 먼지도 털어낸다. 콘센트를 분리해서 매직폼이나 솔로 먼지를 털어낸 후 다시 장착하는데, 드라이버로 지렛대 원리를 이용해 툭 떼어 내면 쉽게 분리된다. 분리하기 어렵다면 진공청소기 흡입구를 콘센트에 대고 먼지를 빨아낸다.

전등

전등갓에는 먼지가 많이 쌓인다. 그냥 두면 쌓인 먼지가 공기 중에 날리니 전등을 분리해서 먼지를 털어내고 젖은 걸레로 닦은 후 마른 걸레로 마무리해서 다시 장착한다. 전등 청소를 맨 마지막에 하면 다시 먼지가 날릴 수 있으니 항상 청소를 시작할 때 먼저 한다. 먼지털이를 이용해 위에서 아래 방향으로 먼지를 털어낸 후, 헝겊으로 닦아서 마무리한다. 유리와 플라스틱 소재는 먼지를 털고 칫솔로 미세한 먼지를 제거한다. 그런 다음 식초를 뿌린 헝겊으로 조심스럽게 닦아서 마무리한다.

☀ 거실용품

카펫

먼지의 온상이지만 좀처럼 세탁하기 어려운 카펫은 전문 클리닝을 받는다. 집에서 청소할 때는 베이킹소다 1/2컵에 유칼리오일을 1~2방울 떨어뜨려 잘 섞은 후 카펫 전체에 조금씩 뿌린다. 12시간 지난 후 카펫 전체를 청소기로 밀어준다. 털이 긴 카펫은 스팀청소기를 활용해보자. 카펫의 눌린 털을 일으켜 마치 새것처럼 만들 수 있다.

소파

천 소파는 커버를 벗겨 세탁한다. 얼룩이 있을 경우 커버 뒷면에 못 쓰는 천이나 키친타월을 대고 얼룩 제거제를 바른 후 종이를 대고 두들긴다. 가죽소파는 가죽용 세제로 청소한다. 가죽에 묻은 잉크 얼룩이나 때는 큐티클 리무버를 사용하고 가죽에 생긴 곰팡이는 바셀린을 발라두었다가 4~5시간 후에 문지르면 감쪽같이 없어진다.

시중에서 판매하는 다목적 세제는 얼룩과 동시에 소파 표면의 무늬나 디테일까지 지운다. 우유와 물을 1:1 비율로 섞은 후 마른 걸레에 묻혀 닦으면 더러움이 제거되는 것은 물론 광택까지 낼 수 있다. 패브릭, 가죽 등 소재에 상관없이 사용할 수 있다.

가전제품

TV 등의 가전제품

가전제품은 정전기 때문에 먼지가 특히 잘 달라붙는다. 젖은 걸레는 물때가 남고 마른 걸레는 닦는 동시에 먼지가 다시 붙으므로 먼지털이로 가볍게 톡톡 털어낸다. 먼지가 나지 않는 스포츠 타월을 이용해도 좋다. TV, 선반, 에어컨, 오디오 등 윗면이 드러난 곳은 먼지가 쉽게 쌓인다. 먼지가 날리지 않도록 진공청소기로 먼지를 빨아낸 후 물걸레질한다.

에어컨

내부 필터 및 냉각핀에 먼지가 쌓이고 여기에 습기가 차면 세균과 곰팡이가 번식하기 쉽다. 이로 인해 악취가 발생하고 포자가 실내에 돌아다녀 공기를 오염시키므로 호흡기질환이나 감기 등에 쉽게 걸리게 된다. 한 달에 1~2회 청소기로 필터의 먼지를 빨아낸다. 에어컨의 좁은 틈새를 청소할 때는 우선 칫솔로 쌓인 먼지를 긁어낸 후 진공청소기 노즐 끝에 빨대를 2~3개 꽂고 테이프로 고정시켜 빨아들이면 깨끗이 없앨 수 있다. 필터 및 청소가 힘든 냉각핀 부분에는 스프레이 타입의 에어컨 전용 살균제를 뿌려주면 간편하게 균을 제거할 수 있다.

먼지가 날리지 않아 좋아요

창

창문

먼지로 인해 가장 더러운 곳이 창문이다. 더러움이 심한 바깥부터 청소를 시작한다. 마른 헝겊으로 가볍게 유리창을 닦으며 흙먼지를 털어낸다. 유리닦이를 이용해 위에서 아래 방향으로 닦는다. 마지막으로 탄산수를 묻힌 헝겊으로 닦으면 반짝반짝 윤이 난다. 안쪽도 같은 방법으로 닦는다. 스티커 등의 흔적이 남아 바닥이 더러워진 경우는 소량의 비눗물을 얼룩에 뿌리고 불린다. 여기에 베이킹소다 희석액(베이킹소다 1컵에 물 1/2컵을 넣고 섞은 것)을 바르고 헝겊으로 얼룩을 닦아낸다.

창틀과 창살

창틀의 쌓인 먼지는 드라이버와 젖은 걸레, 마른 걸레만 있으면 깨끗하게 해결할 수 있다. 마른 걸레를 바닥에 대고 드라이버로 구석구석 닦아 먼지를 제거한 후 젖은 걸레를 사용해 닦아낸 뒤 마른 걸레로 다시 한 번 물 얼룩을 제거한다. 창살은 작은 접시에 비눗물과 베이킹소다 희석액을 넣고 잘 섞는다. 이것을 칫솔에 묻혀 양치질하듯 문지른다. 그런 다음 희석한 식초를 뿌리면서 헝겊으로 닦는다.

블라인드

블라인드는 위아래 고정 플라스틱부터 뼈대 하나하나를 모두 분리할 수 있다. 블라인드를 떼어내 위아래 플라스틱을 분리하고 뼈대는 하나씩 휴지처럼 돌돌 말아 고무줄로 고정한다. 욕조에 물을 적당히 받고 식초나 다목적 세제를 풀어 4시간 정도 담갔다가 마른 행주로 닦아낸다.

블라인드는 끝까지 내린 상태에서 닦는다. 목장갑에 소량의 비눗물과 베이킹소다 희석액을 뿌린 후 위에서부터 한 판씩 닦는다. 마지막 판까지 닦은 뒤 깨끗한 목장갑으로 갈아 끼고 식초를 희석한 물에 묻혀 한번 더 판을 닦아낸다. 비눗물과 베이킹소다 희석액을 뿌린 목장갑으로 경사를 조절하는 끈과 장식띠를 문질러 닦는다. 물을 묻힌 헝겊으로 한번 더 잘 닦은 다음 건조시킨다.

방충망

한 손으로 방충망 바깥면에 신문지를 대고 내부에서 진공청소기를 이용해 먼지를 빨아들인다. 그냥 진공청소기를 대고 빨아들이는 것보다 먼지를 잘 빨아들일 수 있다. 진공청소기 대신 빗자루를 이용해 쓸어내려도 된다. 마른 걸레로 슬슬 쓸어내려도 먼지가 덩어리져 날리지 않는다. 양동이에 물을 반쯤(약 5ℓ) 받아 비눗물 3~4컵을 넣고 잘 젓는다. 큰 솔로 거품을 낸 후 솔로 방충망 위에서 아래로 씻는다. 중간 중간에 비눗물을 묻히면서 방충망 아래까지 씻는다. 먼지가 지나치게 많으면 진공청소기로 한번 빨아내고 닦는다.

먼지가 싫다면
비 오는 날에 청소하세요~

🌀 현관

현관은 페인트의 납, 포름알데히드, 톨루엔 등 유해물질이 검출되는 곳이다. 포름알데히드는 집 곳곳의 오염도를 높이는 발암물질이다. 단열재, 실내가구, 생활용품, 섬유 옷감 등에서 발생하며 흡입 시 알레르기 반응과 호흡곤란 등을 일으킬 수 있으므로 주의한다. 신발장에는 살충제, 방향제 등을 사용하는 경우가 많다. 살충제는 지방 세포에 저장되는데 운동으로 지방이 연소될 때까지 남아 있거나 혈류 속으로 들어가니 유의한다.

현관문의 페인트칠이 벗겨지거나 조각이 떨어질 때 납 노출이 위험 수준으로 높아진다. 무공해 수용성 페인트나 천연 페인트로 새로 칠한다. 하루에 20~30분 정도 현관문을 열어 놓고 환기하는 것이 좋다. 가능하면 천연 방향제와 벌레를 쫓는 아로마 향초를 피워 자연적으로 벌레 진입을 막는다.

벌레는 잡고
향기는 솔솔~

04 침실

성인은 하룻밤에 1~1.5ℓ의 땀을 흘린다. 매트와 침대 커버가 있어도 땀이 침대 매트리스에 배게 마련이다. 때문에 침대 매트리스는 잠을 잘 때 흘리는 땀과 몸을 뒤척일 때 떨어져 나온 피부각질로 인해 세균, 박테리아, 곰팡이, 미생물, 집먼지진드기 등이 서식하기에 적합한 환경이 된다. 우리 몸과 숙면을 위협하는 온갖 요소가 가득한 침실관리, 어떻게 해야 할지 알아보자.

매트리스

매트리스 청소법

아침에 일어나자마자 침대 위 이불을 치워 매트리스에 밴 땀이 마르도록 한다. 진공청소기로 먼지를 털어 낸 후 한 달에 한 번쯤은 햇빛 좋은 날 매트리스를 베란다나 마당에 내놓아 일광소독을 시킨다. 침대에 습관적으로 하는 걸레질은 습기를 가중시키므로 좋지 않다. 만약 아이가 오줌을 쌌다면 즉시 중성세제를 따뜻한 물에 타서 수건에 묻힌 다음 톡톡 두드리고 다음날 햇볕에 내다 말린다. 이렇게 하면 얼룩도 없어지고 살균소독이 되어 위생상 큰 문제가 없다.

침구 속 집먼지진드기는 집에서 제거하기 어렵다. 전문 세탁업체에 의뢰하는 것이 가장 좋은 방법이지만 어렵다면 햇빛에 6시간 이상 말린 후 힘껏 털어낸다. 전문 세탁업체에 서비스를 받은 후 진드기 방지 커버를 바로 덮으면 진드기가 잘 생기지 않는다.

매트리스 관리법

- 주기적으로 매트리스를 턴다. 창문을 연 채 납작한 방망이를 들고 두드려주며, 이 과정이 끝난 후에는 청소기로 주변을 정리한다.
- 매트리스는 3개월에 한 번씩 좌우로 돌리고, 6개월에 한 번 상하를 뒤집는다.
- 매트리스 커버는 1주일에 한 번 세탁한다. 집먼지진드기가 뚫고 올라오지 못하는 진드기 방지 커버를 사용한다.
- 섬유탈취제를 사용하는 것보다 소독용 알코올을 뿌리면 살균소독이 된다.

☼ 침구

이불 한 장에 평균 20~70만 마리의 진드기가 서식한다. 진드기는 의외로 충격에
약해 이불을 두들기면 약 70%는 내장파열로 죽는다. 매일 이불을 햇볕에 말리고,
걷을 때 가볍게 두들겨 먼지나 진드기를 털어내면 40~50%는 없앨 수 있다.

세탁법은 80쪽에
자세히 나와있어요~

tip 세균 없는 집 만드는 법칙 10

1 욕실 사용 후에는 반드시 환풍기를 가동한다.

2 가구 위, 방충망의 보이지 않는 먼지까지 닦고 하루 1시간은 실내 환기를 시킨다.

3 곰팡이가 생기지 않도록 주의하고, 생기면 바로 제거한다.

4 쉽게 먼지가 붙는 패브릭 커튼은 먼지가 붙지 않는 블라인드나 버티칼로 교체한다.

5 쓰레기통의 쓰레기는 모아 두지 말고 바로 버린다.

6 이불은 하루에 한 번 햇빛에 말린다.

7 패브릭과 털 소재의 장난감은 치우고 바닥 카펫은 깔지 않는다.

8 집안 곳곳을 소독하고 살균한다.

9 먼지가 쉽게 쌓이는 선반에는 장식품을 놓지 않는다.

10 설거지는 쌓아 두지 않는다. 조리 후 싱크대와 배수구는 소독하고 환풍기를 가동한다.

건강 이불&건강 베개, 무엇이든 물어보세요!

건강 베개에 관한 궁금증

Q 메모리폼은 목디스크에 효과적이다?

라텍스·메모리폼 등을 소재로 한 목 교정 베개는 목뼈를 받쳐 형태를 잘 유지해준다는 것이 장점이다. 하지만 습관상 옆으로 누워 자는 사람은 목뼈가 꺾일 위험이 있기 때문에 오히려 더 나쁜 영향을 줄 수 있다.

Q 적당한 베개 높이와 폭신한 정도는?

성인에게 적합한 베개 높이는 4~8cm다. 하지만 절대적인 기준보다는 자신이 가장 편안하게 느끼는 높이를 찾는 것이 좋다. 수건을 말아서 목에 받친 후 목의 곡선을 유지하는 데 가장 편안한 높이를 찾는다. 이때 너무 낮은 베개는 목을 일자로 만들고, 높은 베개는 고개가 들려 일자 목이나 거꾸로 된 C자형 커브를 만들 수 있어 피해야 한다. 너무 낮은 베개는 목의 곡선을 전혀 유지해주지 못한다.

Q 라텍스 베개는 세탁을 어떻게 하는가?

라텍스 베개는 세탁하지 않는 것이 좋다. 잘못된 세탁으로 수명이 줄어들 수 있기 때문이다. 불가피하게 세탁을 해야 한다면 커버를 모두 벗기고 큰 대야나 욕조에 라텍스 베개가 충분히 잠길 정도로 미지근한 물에 물세탁하거나 중성세제를 약간 풀어 가볍게 빤다. 단, 베개의 변형을 가져올 수 있으니 너무 강한 힘으로 세탁하지 않는다. 세탁 후 그늘지고 바람이 잘 드는 곳에서 말린다.

건강 이불에 관한 궁금증

Q 아토피 피부인 사람은 극세사 이불을 덮어라?

머리카락의 100분의 1 굵기 실을 사용하는 극세사 이불은 일반 이불보다 섬유조직이 촘촘해 아토피를 악화시키는 집먼지 진드기가 섬유 속에서 살지 못한다. 하지만 극세사도 합성섬유이기 때문에 심한 아토피 피부일 경우 극세사보다는 표백하지 않은 100% 유기농 천을 사용하는 것이 더 좋다.

Q 저가 극세사 이불을 사도 괜찮을까?

극세사 제품의 외양상 질을 구분하기란 쉽지 않다. 감촉은 부드러운지, 부피는 크고 무게는 가벼운지, 실은 촘촘한지 살핀다. 너무 저가인 제품은 극세사가 아닌 경우가 많으니 주의한다.

Q 이불 속통도 세탁을 해야 할까?

자는 동안 땀 흘리고 각질이 떨어지기 때문에 빨면 좋겠지만 목화솜인 경우 물이 닿으면 뭉쳐서 사용할 수 없기 때문에 빨지 못한다. 그냥 방망이로 두들기거나 햇빛에 말려 살균한다. 양모솜이나 화학솜은 세탁기로 빨아도 무관하지만 속통은 빨수록 숨이 죽고 바짝 말리기도 힘드니 되도록 물세탁은 하지 않는다.

05
아이방

아이방은 침대, 침구, 벽지, 바닥 등 전반적인 집 안의 문제와 비슷해 거실, 침실 등의 청소법과 관리법을 응용한다. 아이의 개인적인 공간으로 컴퓨터나 휴대전화 사용량이 많은 요즘 아이들의 세균관리가 급선무다.

장난감

아이들의 경우 장난감을 입으로 가져가 더 문제가 된다. 가족 간의 감염 예방을 위해서는 평소 손을 잘 닦고 항균수건 등으로 생활용품을 자주 닦는 수밖에 없다. 패브릭 장난감은 집먼지진드기와 곰팡이 등 각종 세균이 증식하기 쉽다. 사용 시에는 물세탁과 일광욕은 필수다. 40℃ 이상의 뜨거운 물로 세탁한 후 햇빛에 말린다.

휴대전화

하루에도 수십 번 이상 사용하는 휴대전화는 그야말로 세균의 온상이다. 자체의 열기로 인해 휴대전화 버튼 틈새는 세균이 살기에 좋은 환경이 된다. 또 주머니나 핸드백 등 따뜻한 곳에 휴대전화를 보관하는 것도 세균 번식을 부추긴다. 특히 통화를 한 뒤 휴대전화에 묻은 얼굴의 기름기와 땀, 침 등을 손으로 닦아내는 행동은 손의 세균이 전화기로 옮겨가고 전화기의 세균이 손으로 옮겨오는 경로가 된다.

세균 덩어리 휴대전화로 인한 질병 감염 예방을 위해 항균 수건 등을 이용해 휴대전화를 자주 닦는다. 한 달에 한 번은 틈새나 접촉 단자의 이물질을 알코올을 묻힌 칫솔이나 면봉으로 문지르고 액정 화면은 물기 없는 천으로 닦는다.

✿ 키보드

컴퓨터 키보드의 경우 자체 열기로 인해 세균이 증식하기에 딱 좋은 환경이 갖춰진다. 자판 사이에 먼지나 음식물 찌꺼기가 끼지 않도록 비닐커버를 씌워 사용하는 것이 좋다. 비닐커버도 정기적으로 청소하고 비닐커버를 씌우지 않은 키보드는 주기적으로 분해해 청소한다. 키보드용 항균 스프레이가 판매되고 있으니 틈틈이 뿌리는 것도 도움이 된다.

키보드 분해와 청소 요령

1 키보드를 컴퓨터에서 분리한다.

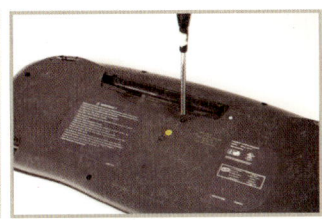

2 키보드를 뒤집어 뒷면에 나사를 모두 풀어낸다.

3 물이 닿으면 안 되는 칩 등을 분리해 둔다.

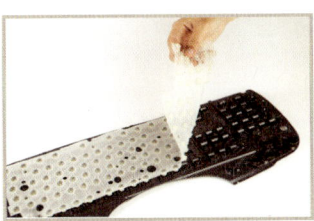

4 키보드 판만 분리해 내 자판 밑에 싸여 있는 고무 패킹을 분리한다.

5 키보드 자판을 일일이 분리한다. 손으로 쉽게 뺄 수 있다.

6 자판을 모두 빼내면 틈새에 낀 오물들이 한눈에 보인다.

7 중성세제를 풀어 자판을 하나하나 닦는다. 분리한 자판은 세제를 풀어놓은 물에 담가두면 쉽게 때가 닦인다. 이때 좁은 틈은 칫솔을 이용하면 편리하다.

8 자판을 분리해 낸 키보드판도 중성세제를 풀어 닦는다.

9 마른 수건으로 키보드의 물기를 깨끗하게 닦고 빼낸 자판을 다시 끼운다.

06
계절별 청소

봄철 황사, 여름철 습기와 곰팡이, 가을과 겨울철 건조 등 각 계절마다 특히 신경 써야 할 것들이 있다. 이러한 계절적 특징은 우리 건강에도 악영향을 끼쳐 빠르게 대처하는 것이 무엇보다 중요하다.

☀ 봄철 황사

귀가 시 먼지를 털어내고 들어간다

황사철에는 가급적 외출을 삼가는 것이 좋지만 이는 불가능한 일이므로 외출 시 항균 마스크를 착용하고 가급적 피부가 노출되지 않도록 한다. 귀가 시 옷에 묻어 있는 먼지를 충분히 털어낸 후 실내에 들어간다. 베란다나 창문을 열어둔 채 옷의 먼지를 털게 되면 외부의 먼지와 옷에 묻어 있던 먼지가 바람을 타고 다시 실내로 들어와 실내공기를 오염시킬 수 있기 때문이다. 신발 바닥도 깨끗하게 털어내고 신발 바닥은 물로 깨끗하게 씻어서 보관하도록 한다.

외출에서 돌아온 후 손발을 깨끗이 씻는 것은 무엇보다 중요하다. 이때 자극이 거의 없고 보습효과가 강한 제품을 사용해 건조한 환경에 노출되어 있던 피부를 보호해주는 것이 좋다.

진공청소기 대신 물걸레와 스팀청소기로 방을 청소한다

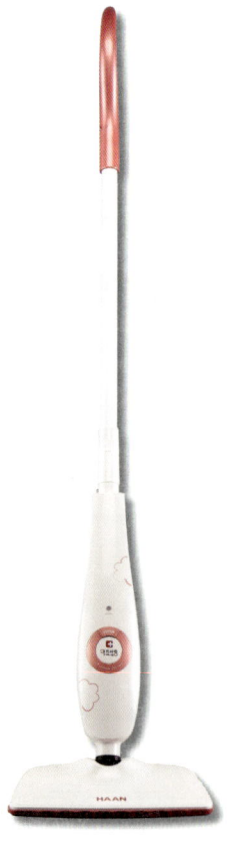

황사 먼지 속의 세균이 비염, 천식 등 각종 알레르기의 주범이기 때문에 집 안 청소에 더욱 신경 써야 한다. 흔히 사용하는 먼지떨이와 진공청소기는 먼지를 오히려 흩어지게 할 수 있으니 가능하면 물걸레와 스팀청소기를 사용하는 것이 좋다.

평소 손이 잘 닿지 않던 소파와 식탁 밑, 장식장 주변은 더욱 꼼꼼히 닦아주어야 하며 먼지가 쌓이기 쉬운 거실의 PDP나 LCD TV 화면은 정전기 방지제가 첨가된 가전용 세제를 사용해야 청소 후 먼지가 적게 달라붙는다. 신발 때문에 외부 먼지가 쌓이기 쉬운 현관은 물걸레로 자주 닦아준다.

황사가 없는 날은 방 안을 자주 환기시킨다

주기적인 환기는 실내 환경 개선에 필수지만 황사철에는 신중을 기해야 한다. 우선 일기예보를 주의 깊게 듣고 황사지수가 낮거나 황사가 없는 날을 택해 실내 환기를 시킨다. 이른 시간은 피하고 오전 10시 이후나 낮 시간대를 이용한다. 오후에는 9시 이전이 좋다. 너무 이른 시간이나 늦은 시간에는 오염된 공기가 지상에 깔려서 환기되기보다 오히려 오염된 공기가 실내로 들어올 위험이 높다. 환기시킬 때 실내 공기가 완전히 교체될 수 있도록 베란다의 창문과 반대편의 창문을 최소한 10분 정도는 열어두어야 한다. 환기시키기 전에는 창문 틈새에 쌓여 있던 먼지와 방충망에 묻어 있던 먼지를 충분히 제거한 후 환기시킨다. 지저분한 방충망을 통해 더 많은 먼지가 실내에 들어올 수 있기 때문이다.

여름철 습기와 곰팡이

옷장엔 신문지와 대나무 소재 바구니

습기가 찬 옷장은 곰팡이에 쉽게 노출되기 때문에 습기제거제나 숯 등을 넣어 습기를 제거한다. 옷을 수납할 때는 대나무 소재 바구니를 이용한다. 바닥에 신문지를 깔고 옷을 차곡차곡 정리한다. 장롱 속 이불이나 옷 사이에 신문지를 넣어두면 신문이 습기를 흡수해 이불이나 옷이 눅눅해지는 것을 막을 수 있다. 핸드백 등의 가죽 제품은 통기성 좋은 부직포 등에 넣어 보관한다. 이때 신문지로 내부를 채우면 습기를 제거하고 변형도 막을 수 있다. 가방 속에 방습제를 넣어두면 가죽이 쪼그라들거나 변색될 수 있으므로 피한다.

옷장, 이불장도 통풍이 필요하다

옷장 안에 긴 옷은 간격을 두고 걸고, 통풍이 잘 되게 가능한 한 여유를 두어 수납한다. 땀이 밴 옷은 옷장에 방치하지 말고 바로 세탁한다. 습기는 바닥에서 차오르기 때문에 습기제거제는 옷장 아래와 서랍에 넣어두는 것이 효과적이다. 장롱이나 서랍에 보관하는 침구류는 가구 문을 자주 열어 환기시킨다.

나는 습기 먹는 방습제~

선풍기, 에어컨, 환풍기 등으로 건조와 환기 필수

가장 쉽고 간편하고 제습효과가 좋은 방법이다. 선풍기나 에어컨을 틀어 놓으면 자연 통풍 효과를 줘 쾌적한 환경이 된다. 취사나 샤워 후에는 환풍기를 돌리거나 창문을 열어 실내 습기를 제거하고, 세탁물을 실내에서 말릴 때는 반드시 선풍기를 튼다. 습도가 유독 높은 장마철에는 난방을 하며 선풍기를 바깥쪽을 향해 틀어주면 제습 효과를 더할 수 있다.

곰팡이 전용제품은 부드러운 솔 이용

습기로 인한 곰팡이를 사전에 차단하기 위해서는 시중에 판매되는 곰팡이 전용 제품으로 구석구석 닦아준다. 이때 반드시 부드러운 솔로 문질러 청소하는데, 쇠 솔을 사용하면 타일에 흠집이 생겨 곰팡이가 더 잘 생기기 쉬운 환경이 되기 때문이다.

가전제품 보호하기

습도가 높은 장마철에는 가전제품 내부의 열이 외부로 발산되지 않고 안으로 쌓여 자주 고장난다. 벽에서 10cm 거리를 두고 가전제품을 배치해 열을 배출할 수 있게 해준다. 단, 창가에 두는 것은 피한다. 창문을 닫아 놓는다 해도 다른 곳에 비해 더 많은 습기가 침투할 가능성이 높은데, 가전제품에 직사광선이 비추기 때문이다. 햇빛은 가전제품의 수명을 단축시킨다. TV나 오디오의 장식 덮개 등은 통풍을 방해하므로 되도록 사용하지 않는다. 컴퓨터는 가능한 한 하루에 한 번씩 20분 정도 켜두어 자체적으로 습기를 제거한다.

습기 잡는 천연 아이템

알코올 희석액

습기가 유독 심하면 벽지가 눅눅해지거나 들뜨기도 한다. 이때는 알코올을 활용
하자. 물과 알코올을 4 : 1의 비율로 희석한 후 곰팡이가 낀 곳에 분무하면 알코
올 성분이 습기를 제거하고 곰팡이도 제거한다.

녹차잎

우려내고 남은 녹차잎을 잘 말려 양파망에 넣은 후 입구를 봉한다. 이것을 옷장에
걸어두면 찻잎의 타닌 성분과 엽록소가 곰팡이 냄새를 없애준다.
서랍장 바닥에 신문지를 깔고 그 위에 말린 찻잎을 고르게 편 후 다시 신문
지 한 장을 덮고 옷을 보관하면, 녹차잎이 방충제 역할을 할 뿐 아니라 옷의
변색까지 막는다.

굵은 소금

굵은 소금을 큰 그릇에 담아 싱크대 내부에 두면 소금이 습기를 흡수한다. 습
기를 많이 머금은 것 같으면 햇빛에 말린 후 다시 사용한다.

tip 우리집 건강 지킴이 숯, 무엇이든 물어보세요!

Q 수입산 숯을 써도 될까? 숯은 소나무 숯, 참나무 숯, 활성 숯 등이 있다. 활성 숯은 동남아
에서 많이 수입한다. 집안 곳곳에 놓아두거나 목욕할 때 사용하는 숯은 수입산도 무방하다. 숯
을 넣어 밥을 짓거나 요리할 때는 국산을 사용하는 것이 좋다.

Q 숯은 어디서 구입하나? 숯이 건강에 좋다고 알려지면서 숯을 판매하는 곳이 늘었다. 특히
온라인숍에는 숯을 전문적으로 다루는 곳이 많은데, 이들 사이트는 숯에 관한 많은 정보를 제
공하고 다양한 숯 관련 제품을 판매한다.

Q 숯에도 유효기간이 있다? 소나무 숯이나 참나무 숯을 물에 넣어보아 가라앉으면 그 효능
이 다한 것이다. 보통 숯은 바짝 말리면 다시 쓸 수 있는데, 물에 넣었을 때 가라앉거나 더 이상
기포가 발생하지 않으면 수명이 다했다고 보면 된다.

☀ 여름철 악취

패브릭은 햇빛 소독이 최고

패브릭으로 된 소파와 커튼, 카펫 등은 냄새가 쉽게 배고, 한번 배면 잘 빠지지 않으므로 햇빛에 자주 말려 소독하는 것이 가장 좋은 해결책이다. 장마철엔 자주 햇빛을 볼 수 없으므로 패브릭을 향해 선풍기를 틀어 놓으면 눅눅함과 냄새를 동시에 없앨 수 있다.

허브와 방향성 화초를 키운다

허브 화분을 거실 곳곳에 두면 값 비싼 공기청정기만큼의 효과가 있다. 방향성 화초인 캐모마일이나 공기를 정화시키는 산세베리아 등이 좋다.

음식물쓰레기통엔 녹차잎과 커피 찌꺼기

음식물 쓰레기통은 여름철 악취의 온상이다. 음식물 쓰레기는 바로 바로 버리고, 쓰레기통은 자주 닦아주는 것이 가장 좋지만 쉽지 않다. 쓰레기통 바닥에 신문지를 깔고 말린 녹차잎이나 커피 찌꺼기를 넣어두면 냄새를 줄일 수 있다.

배수구와 변기엔 콜라와 맥주

김 빠진 콜라나 사이다, 맥주는 악취제거제 역할을 한다. 배수구로 흘려보내거나 변기에 붓고 물을 내리면 누런 때가 제거되면서 악취까지 없어진다. 배수구 악취가 가시지 않을 때는 소독용 알코올을 뿌리고 1~2시간 두는 것도 효과적이다.

냉장고엔 탄 식빵

냉장고는 식빵을 검게 탈 때까지 프라이팬에 구워 재로 만든 뒤 은박지나 헝겊 주머니에 담아 넣어두면 냉장고 냄새를 흡수한다. 맥주를 행주나 천에 적셔 냉장고를 청소하면 깨끗해지는 것은 물론 냄새까지 없애준다.

악취제거! 베이킹 소다에게 맡겨주세요~

여름 세탁엔 식초와 베이킹소다

비 오는 날 세탁을 했는데 옷이나 커튼 등에서 퀴퀴한 냄새가 난다면 마지막 헹굼 물에 식초를 섞어 헹군다. 양은 물 한 대야에 한 스푼 정도가 적당하다. 베이킹소다도 악취제거에 효과적인데 세탁하기 전에 미리 베이킹소다를 뿌려두면 탈취효과가 있다.

자동차 악취는 에어컨 습기 탓

차에서 냄새가 나는 이유는 대부분 에어컨 필터와 송풍구에서 번식하는 세균·곰팡이·박테리아 때문이다. 에어컨을 틀면 이것들이 차 안으로 유입되어 불쾌한 냄새가 난다. 감기·천식·알레르기 질환을 유발시킬 수 있어 빨리 없애야 한다. 송풍구에 곰팡이 제거 약품을 뿌린 후 에어컨을 세게 작동하면 냄새가 줄어든다. 평소에 에어컨을 가동할 때마다 5분 정도 AC 버튼(에어컨 작동버튼)을 눌러 냉각핀 부분의 습기를 말려 예방한다.

여름철 벌레 퇴치

바퀴벌레

은행잎 은행잎에는 살충·살균 작용을 하는 '플라보노이드' 성분이 들어 있다. 이 성분은 각종 벌레의 유충, 곰팡이, 바이러스 등을 죽이거나 억제한다. 은행잎을 양파망에 넣어 싱크대, 신발장, 장롱 속 등 습한 곳에 걸어두면 바퀴벌레를 제거할 뿐 아니라 실내 습기도 제거한다. 잎이 눅눅해지므로 가끔 꺼내 말린 후 넣어 둔다.

붕산 붕산과 물을 섞어 되직하게 만든 후 바퀴가 들어오는 부근에 놓으면 바퀴벌레의 접근을 막을 수 있다. 붕산은 약국에서 구입할 수 있다.

김 빠진 맥주·음료수 함정을 만들어 잡는 방법도 있다. 빈 병 안에 김 빠진 맥주나 단맛 음료를 약간 넣어두면 냄새를 맡고 바퀴벌레가 병 속에 들어간다. 바퀴벌레는 병 속에 들어가면 나오지 못한다.

모기

말린 오렌지 & 레몬 껍질 바싹 말린 오렌지 껍질이나 레몬 껍질을 모아 태우면 살충효과로 인해 파리나 모기가 가까이 오지 않는다. 자기 전에 아이의 팔, 다리에 레몬즙을 발라주는 것도 효과적이다. 레몬즙을 바르고 난 다음날 아침에는 몸을 깨끗하게 닦아낸다.

말린 쑥 말린 쑥 한 줌을 찻잔 위에 놓고 모기향을 피우듯 태우면 쑥이 타들어가면서 나는 향 때문에 파리나 모기가 잘 모여 들지 않는다. 날벌레도 쫓고 집 안에 은은한 향이 퍼져 방향 효과까지 기대할 수 있다.

허브 등 모기 없애는 식물 박하, 라벤더, 제라늄, 구문초, 야래향 등은 모기가 싫어하는 향이다. 허브 종류는 물에 우려 목욕할 때 사용하고, 구문초의 잎과 줄기 등은 말려서 베개 속에 넣어보자. 향이 배어나와 모기의 접근을 막을 수 있다. 공간이 좁다면 식충식물도 활용해본다. 파리·모기는 물론이고 거미·개미 같은 작은 곤충까지 먹는다. 다만 식충식물이 하루에 먹는 벌레의 양이 많지 않다. 거실에 10개 이상의 식충식물을 키워야 어느 정도 살충효과를 얻을 수 있다. 라벤더에는 모기가 기피하는 성분이 있어 예부터 방충제로 쓰여 왔다. 거실이나 창틀에 라벤더 화분을 놓거나 라벤더 오일을 집 안 곳곳에 뿌린다. 다 쓴 전자모기향 매트에 라벤더 오일을 1~2방울 떨어뜨리면 천연 전자모기향이 된다. 라벤더 향이 나는 향초를 활용하는 것도 방법이다.

토마토주스 1.5ℓ 용량의 페트병을 반으로 잘라서 토마토주스를 담고 페트병을 검은 종이로 감싼 다음 구석에 두면 모기 함정 역할을 한다.

파리

설탕·시럽 설탕과 시럽을 물에 끓여 길게 만든 갈색 종이에 붙여 놓으면 무독성 파리 유인물이 된다. 유인한 파리는 파리채를 이용해 잡는다.

물을 담은 투명 비닐장갑 파리가 많은 집은 투명한 비닐장갑에 물을 채워 매달아 둔다. 파리는 비닐장갑에 비친 여러 개의 자기 모습을 보고 천적인 줄 알고 도망가기 때문에 파리를 쉽게 쫓을 수 있다.

쌀벌레와 개미

붕산 + 설탕이나 박하 설탕이나 박하 중 하나를 골라 붕산과 각각 반씩 섞어 개미가 집 안으로 들어오는 통로에 둔다. 붕산은 독성이 강하므로 어린이나 애완동물이 접근하는 장소에 놓지 않는다.

마늘·붉은고추 깐 마늘이나 붉은고추를 쌀통에 넣어두면 매운 냄새 때문에 쌀벌레가 생기지 않는다.

단계잔짜
DANGER !!

이젠 벌레도 **친환경**으로 막아요!

살충제에 대한 이런저런 이야기

벌레 잡는 살충제는 인체에 유해한 영향을 줄 수 있으므로 사용할 때 조심한다. 살충제 성분이 어린이의 장난감 등에 닿지 않게 주의하며, 만일 닿았으면 즉시 비눗물로 씻는다. 바르는 살충제를 어린이에게 사용할 때는 반드시 어른의 손에 묻혀 아이에게 발라주고, 어린이의 손과 눈, 입 주위에는 바르지 않는다. 스프레이 형태의 제품을 사용할 때는 환기를 잘 시켜야 한다. 밀폐된 공간이나 좁은 방에서 사용할 때는 비염, 두통, 이명, 구역 등의 증상이 나타날 수 있으니 주의한다. 가정에서 사용하는 살충제가 인체에 구체적으로 어떤 영향을 미치는지 아직 확인되지 않았다. 다만 벌레에 유해한 영향을 미치므로 막연하게 사람에게 나쁜 영향을 미칠 것으로 추측할 뿐이다. 이에 대한 논란은 아직 진행 중인데 대표적 논란거리는 모기살충제 성분인 '**퍼메쓰린**'이다.

퍼메쓰린은 환경부의 내분비계 장애 추정물질로 분류되어 유해화학물질관리법에 의해 유독물로 지정되어 있다. 세계야생동물기금(WWF)의 내분비계 장애물질 목록에도 포함되어 그동안 가정용 모기살충제 유해성 논란의 장본인이었다. 하지만 국내에서는 한국식품의약품안전청의 안전성과 유효성심사를 거쳐 가정용 살충제 성분으로 사용되어 왔다. 다른 성분에 대한 논란도 여전하지만 대부분 국내 안전기준에 부합한다. 가정용 모기살충제 중 주로 언급되는 피레스로이드계 성분은 모기의 신경을 자극해 퇴치하는 것인데 극미량만 사용하며, 인체에 사람에게 신속히 대사되기 때문에 위험하지 않은 것으로 알려져 있다. 즉, 용법과 용량을 준수하면 문제가 없다는 것이다.

벌레 퇴치에 효과적인 에센셜 오일 바르기

씨트로넬라 벌레들이 싫어하는 향을 가진 씨트로넬라 오일은 외국에서 방충제로 널리 사용되고 있다. 레몬글라스, 계피 오일을 블렌딩해서 사용하면 더욱 큰 효과를 볼 수 있다.

제라늄 벌레들이 싫어하는 독특한 향을 가진 허브로 '구문초'라고도 부른다. 에센셜 오일로 사용하거나 로즈제라늄이라는 생허브를 두어도 방충효과를 낼 수 있다.

라벤더 라벤더 향이 모기 및 벌레를 쫓는다. 라벤더 말린 잎을 솜으로 싸서 장 안에 넣어두면 좀벌레가 생기는 것도 막을 수 있다.

유칼립투스 벌레 퇴치에도 효과적이지만 진정작용이 뛰어나 에센셜 오일을 벌레에 물린 곳에 살짝 발라주면 금방 가라앉는다.

티트리 벌레 퇴치뿐 아니라 진정작용이 뛰어나다. 벌레에 물렸을 때 가렵기 전에 소독, 살균작용이 강한 티트리 오일 한 방울을 면봉에 묻혀 물린 곳에 바른다.

페퍼민트 모기가 싫어하는 향이어서 화분만 갖다놓아도 모기들이 피해다닌다. 야외에 나갔을 때 돗자리 주변에 페퍼민트 오일을 뿌려두면 각종 벌레들의 접근을 막을 수 있다.

레몬글라스 벌레 퇴치효과와 함께 항균효과, 항박테리아효과도 있다.

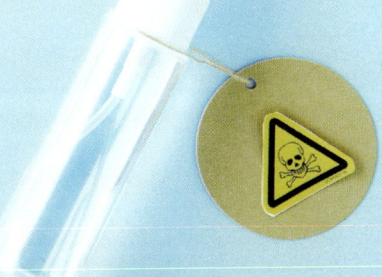

☀ 겨울철 환기

겨울철 환기요령

겨울철 실내 먼지가 여름철보다 세 배나 많다는 연구결과가 있다. 2~3시간 간격으로 창문을 여는 것이 좋으며, 하루에 3번 최소한 10~30분 정도는 창문을 열어 놓는다.

실내 구석구석 먼지가 쌓이지 않게 청소를 자주 하는 것도 환기만큼 중요하다. 실내 온도는 18~20℃로 맞추는 것이 좋다. 습도는 60% 이상 유지하기 위해 가습기를 사용하는 등 실내 습도 유지에 신경 써야 한다. 우려낸 녹차 찌꺼기를 말려 두었다가 양파망에 넣어 놓으면 습도를 맞출 수 있다. 오염된 공기가 바닥에 깔려 있는 시간을 피해 오전 10시 이후에서 저녁 7시 사이에 환기를 하는 것이 좋다.

☀ 겨울철 가습기 사용

가습기 구입시 체크리스트

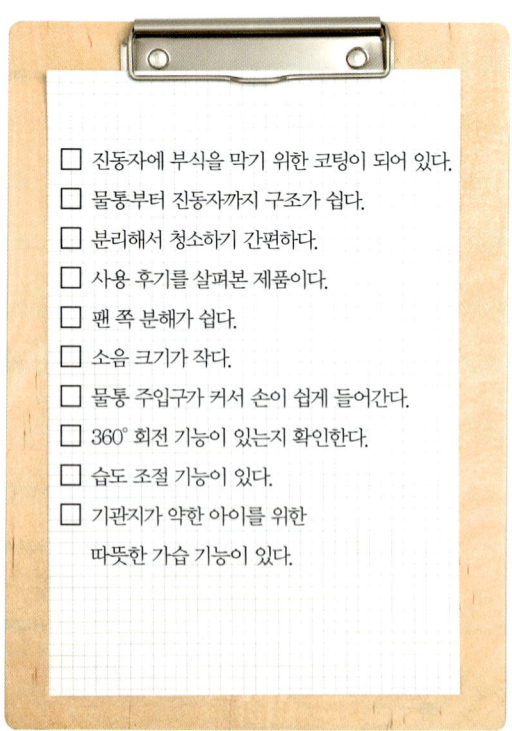

☐ 진동자에 부식을 막기 위한 코팅이 되어 있다.
☐ 물통부터 진동자까지 구조가 쉽다.
☐ 분리해서 청소하기 간편하다.
☐ 사용 후기를 살펴본 제품이다.
☐ 팬 쪽 분해가 쉽다.
☐ 소음 크기가 작다.
☐ 물통 주입구가 커서 손이 쉽게 들어간다.
☐ 360° 회전 기능이 있는지 확인한다.
☐ 습도 조절 기능이 있다.
☐ 기관지가 약한 아이를 위한
　 따뜻한 가습 기능이 있다.

가습기의 올바른 사용법

수돗물보다는 끓인 물

가능하면 수돗물보다는 끓여서 식힌 물을 사용한다. 수돗물은 하루 전 미리 떠 놓고 불순물이 가라앉은 후 사용한다. 오래된 물은 세균이 번식하기 좋으니 수시로 갈아주고, 쓰다 남은 물은 반드시 교체한다.

적당한 거리 조절이 중요

위치는 코와의 거리를 최소한 2m 이상 유지하는 것이 좋다. 코는 공기 중 산소의 불순물을 걸러 깨끗한 산소를 폐에 공급하는 역할을 한다. 가습기가 뿜는 습기에 세균이 있으면 코의 점막을 자극해 코의 기능을 떨어뜨린다. 또한 가습기와 가까운 곳에서 활동을 하거나 수면을 하면, 차갑거나 뜨거운 수증기가 바로 호흡기로 들어가 기관지점막을 자극해 기관지염을 유발한다. 아이에게 직접 닿으면 화상을 입을 가능성이 있다. 가습기는 좁은 침실보다 넓은 거실에 놓는 것이 좋으며, 밀폐된 공간에서는 사용하지 않는다.

높은 습도를 낮추는 환기

한 번에 8시간 이상 가동하지 않는다. 습기가 한 번에 증가하면 체온을 빼앗아 감기에 걸리기 쉽다. 가습기 사용 중이거나 사용한 후에는 환기를 자주 한다. 한정된 공간에 습기가 장시간 머무르면 세균이 번식한다.

가습기 청소법

1 긴 솔로 물통 내부에 낀 물때를 제거한다

가습기의 물이 떨어졌더라도 표면에 물방울이 남는 경우가 많다. 또한 사용하고 남은 물이 다음날까지 담겨 있는 일이 빈번하기 때문에 균과 곰팡이가 번식하기 쉽다. 새 물을 담기 전 남은 물을 버리고 긴 솔을 이용해 물통 안과 벽을 씻는다. 물통 입구에 손이 들어간다면 부드러운 천을 이용해 닦는다.

2 황색 이물질이나 하얀 가루는 면봉에 식초를 묻혀 닦는다

오래 사용한 가습기일수록 수조부 내에 황색 이물질이나 하얀 가루가 뭉쳐 있는 것을 종종 볼 수 있다. 이때에는 면봉에 식초를 묻혀 닦아내고 물에 적신 타월로 다시 한 번 닦는다. 이런 물질은 수돗물에 녹아 있는 석회질이나 기타 물질로 추측되며 건강에 해를 끼치는 건 아니다.

3 1주일에 두세 번은 식초나 뜨거운 물로 물통을 살균, 소독한다

세제를 사용할 경우 아무리 깨끗하게 씻어도 찌꺼기가 남는다. 남은 세제는 수증기를 통해 배출되어 실내 공기를 오염시킬 수 있으므로 세제 사용은 자제한다. 대신 인체에 무해한 베이킹소다, 식초, 소금 등을 한두 스푼 물에 풀어 헹구거나 뜨거운 물을 담아서 10분 이상 살균한다. 이때 이물질이 남아 가습기의 수명을 떨어뜨리지 않도록 충분히 헹군다.

4 송풍구에 물이 들어가지 않게 주의하며, 수조부 주변 물때를 제거한다

수조부 주변 물때는 솔을 이용해 살살 닦는다. 간혹 물을 넣어 사용하는 제품이니 안심하고 샤워기를 이용해 청소하는 사람들이 있는데, 이때 기계 내부에 물이 들어가 고장의 원인이 된다. 가습기 내부로 물이 가장 많이 들어가는 송풍구에 물이 들어가지 않도록 물을 버릴 때는 반드시 진동자 방향으로 비운다.

5작고 부드러운 솔로 진동자 주변의 이물질을 제거한다

동전 모양의 진동자가 있는 수조부 부분은 물과 직접 닿아 수증기를 만들어 내므로 청결 상태가 중요하다. 또한 진동자에 물때가 끼면 수명이 급격하게 떨어지므로 이물질이 끼지 않게 관리한다. 진동자의 주변과 표면은 부드러운 솔로 살살 닦되 흠집이 나지 않게 주의한다.

6가습이 직접 올라오는 분무통을 꼼꼼히 닦는다

가습기 청소 시 분무통 닦는 것을 잊는 경우가 많지만 분무통과 몸체는 매일 씻어야 한다. 수증기가 올라오는 곳이므로 세제는 사용하지 말아야 하며, 청소용 솔을 이용해 안쪽 부분까지 닦는다. 1주일에 한 번 정도 햇볕이 잘 드는 곳에서 건조해 세균 번식을 예방한다.

tip 쉽게 사도 다루긴 어려운 가습기, 무엇이든 물어보세요!

Q 가습기는 하루 몇 시간 정도 틀어야 할까요?

가습기는 시간당 분무량이 중요하다. 가습기 크기와 상관없이 시간당 400cc가 뿜어져 나오게 하면 적절하다.

Q 가습기도 수명이 있나요? 어떤 부분을 특히 관리해야 하나요?

가습기 수명은 진동자에 달려 있으며, 관리만 잘하면 계속해서 사용 가능하다. 다만 분무 상태가 이상해졌거나 너무 오래된 경우 새것으로 교체하는 것이 좋다.

Q 가습기에 낀 하얀 가루와 갈색 얼룩은 무엇인가요? 건강에 이상은 없는 걸까요?

'백화현상'이다. 수돗물 속에 들어 있는 물질이 굳은 것인데 물이 안개로 증발하고 남은 것이다. 특정 정수기로 정수한 물로 가습을 하면 갈변현상이 생길 수도 있다. 갈색이든 백색이든 건강에 이상을 끼치지는 않는다.

생활 속 천연 세제

싱크대 배수구에서 냄새가 나고 물이 잘 빠지지 않을 때, 기름이 심하게 낀 그릇을 설거지할 때, 손에 페인트가 묻었을 때 말끔하게 해결하는 방법은 없을까? 화학세제보다 더 잘 닦이고 환경까지 지킬 수 있는 생활 속 천연 세제와 친해져보자.

부엌에서 찾은 천연 세제

식빵

주방 벽면에 기름때가 끼거나 벽지가 지저분할 때 식빵 조각으로 표면을 문지르면 깨끗하게 닦인다. 퀴퀴한 냄새가 나는 냉장고에 오래된 식빵을 태운 뒤 은박지에 잘 싸서 넣어두면 냄새가 제거된다.

쿠킹 오일(식용유, 올리브오일)

손에 페인트가 묻으면 먼저 오일에 손을 문지르고 비누칠한다. 스테인리스 소재 그릇은 오일을 묻힌 헝겊으로 문지르면 광택이 좋아진다. 올리브오일이나 식물성 오일 2컵에 레몬즙 1개분을 섞어 부드러운 천에 적셔 흠집 난 원목가구에 문지르면 흠집이 완화된다.

쌀뜨물

입구가 좁은 병을 닦을 때는 쌀뜨물을 활용한다. 병에 따뜻한 물 4분의 3을 담고 생쌀 1큰술을 넣는다. 손으로 입구를 막고 강하게 여러 번 흔든 후 물로 헹궈내면 병 안의, 손이 닿지 않는 곳까지 깨끗하게 닦인다.

소금

조화 사이에 끼인 더러움을 제거하려면 종이 가방에 조화를 넣은 후 소금을 붓고 입구를 막은 후 세차게 흔들면 조화 속 먼지가 깨끗하게 제거된다. 기름기가 심한 그릇은 설거지 전에 소금을 뿌려 두면 쉽게 기름기를 제거할 수 있다. 단, 기름이 들러붙지 않는 프라이팬은 예외다. 카펫 청소에도 효과적이다. 카펫 위를 소금을 뿌린 후 1시간 정도 지나 진공청소기로 빨아내면 카펫 속 먼지를 제거하는 것은 물론 카펫색이 더 선명해진다.

치약

아크릴 제품에 흠집이 났을 때 칫솔에 치약을 묻혀 문지른 후 마른 수건으로 남은 치약을 닦아낸다. 바닥에 얼룩이 생겼을 때도 치약을 묻혀 힘껏 닦아내고 마른 수건으로 마무리한다. 피아노 건반은 젖은 걸레에 치약 한 덩어리를 묻혀 닦은 후 마른 걸레로 마무리하면 깨끗해진다. 은 소재 제품을 치약으로 닦으면 광택이 잘 난다.

식초

물 1컵과 식초 1/4컵을 섞어 전자레인지 안에 골고루 뿌리고 3분 정도 전자레인지를 작동해 안을 불린 후 스펀지로 닦아낸다. 세제 찌꺼기와 기름때가 엉겨 붙은 싱크대 상판에 식초 2큰술과 소금 1작은술을 섞어 닦아도 효과적이다.

레몬

더러워진 조리대 위는 레몬즙 1/2개와 베이킹소다를 섞어 젖은 스펀지로 문지른 후 마른 스펀지로 닦는다. 스테인리스 칼에 레몬이 닿으면 변색되니 주의한다. 누렇게 변한 흰옷은 헹구는 물에 레몬즙 1/2컵을 넣고 빨면 표백 효과를 얻을 수 있다. 음식물 색이 밴 플라스틱 반찬통을 레몬즙으로 닦고 햇빛에 말리면 새것 같이 깨끗해진다.

토마토케첩

칼이나 스테인리스 소재 그릇, 팬, 냄비 등이 변색되었을 때 토마토케첩으로 닦으면 제 색을 찾을 수 있다. 천에 토마토케첩을 뿌려서 제품을 닦은 후 따뜻한 물로 헹궈내고 마른 수건으로 닦아 마무리한다.

에센셜오일

대부분의 에센셜 오일은 방부 효과가 있어 박테리아의 성장을 억제한다. 물 2컵에 티트리오일 2방울을 희석해 분무기에 넣어 잘 흔든 후 욕실 타일 가장자리에 뿌리고 30분 후 문지르면 곰팡이가 제거된다. 물 1/4컵과 라벤더나 레몬그라스 오일 10방울을 섞어 창문을 닦으면 얼룩 없이 잘 닦인다.

베이킹소다

채소나 과일은 물 1ℓ당 4스푼의 베이킹소다를 풀어 씻고 물로 헹군다. 타거나 눌어붙은 음식물은 베이킹소다 가루를 물에 풀고 15분 정도 끓인 후 설거지하듯 닦으면 잘 닦인다. 그릇의 묵은 때는 물에 적신 후 베이킹소다 가루를 표면에 직접 뿌려 하룻밤 정도 두었다가 닦는다. 유리잔의 물때는 젖은 스펀지에 베이킹소다를 직접 뿌려 닦는다.

탄산수

흠집 난 싱크대는 탄산수를 축축하게 적신 천으로 닦고 깨끗한 천으로 다시 한번 닦아낸다. 흠집이 가려지고 광택도 난다.

홍차

녹슨 원예도구나 주방용품을 여러 시간 홍차에 담가 놓았다가 천으로 닦는다. 닦을 때 손에 녹이 묻을 수 있으니 장갑을 끼고 닦는다.

전분

카펫에 기름 얼룩이 있을 땐 전분을 뿌리고 15~30분 둔 후 진공청소기로 빨아들인다.

친환경 웰빙 주방세제, 석류식초로 설거지하세요!

주목할 만한 식초의 산성 성분

식초의 신맛을 내는 주성분인 초산은 인체에 해가 되는 미생물의 번식을 억제하는 효과가 뛰어나다. 또 기름기와 단백질을 분해하는 성질이 있어 찌든 때 제거에 더없이 좋은 세제다. 식초의 산성 성분이 때의 알칼리성 성분을 중화시키는 원리다. 식초와 같은 성분인 구연산(건강식품코너에서 구입)을 이용해도 효과는 마찬가지다.

천연 석류 식초 함유로 세정에서 항균까지

요즘 주부들은 주방세제의 세정력보다 오히려 안전성과 천연 성분 여부 등에 관심이 높다. 세제 하나를 사더라도 세제 잔여물이 남지 않고, 남더라도 안전한 천연 성분이 함유된 제품인지, 또한 환경 친화적 제품인지를 꼼꼼하게 따져 보게 된다. 식기와 각종 주방 기기는 물론 채소와 과일을 씻을 때도 사용할 수 있는 '참그린 석류식초 설거지'는 미국 FDA에서 승인 받은 식물성 세정 성분을 사용했으며, 항균성분이 유해세균의 99.9%를 제거해 믿고 사용할 수 있는 친환경 웰빙 주방세제다.

또한 헹굼 시 거품을 빠르게 제거해 설거지 시간을 단축시켜주고 잔여물 걱정을 덜어주는 5초 안심 헹굼 기능과 식물성 보습 성분을 함유해 손을 촉촉하게 보호해주는 것이 장점이다.

08
Let's DIY

집 안의 불쾌한 냄새를 잡고 향긋한 냄새까지 뿜어내는 방향제. 습관적으로 사용하던 방향제에서 400여 가지 화학물질이 발견되었다는 사실이 보도되면서 천연 방향제에 대한 관심이 높아지고 있다. 화학물질이 전혀 섞이지 않은 천연 방향제 만드는 방법을 소개한다.

☀ 만들어 쓰는 천연 방향제

크리스털 볼 방향제

※ **시범&도움말** 젤 캔들샵 (www.gelcandleshop.co.kr)

재료 크리스털 볼 1g, 생수 100㎖, 아로마 에센셜 오일, 색소, 용기

만들기

1 생수 100㎖에 원하는 농도를 조절하며 색소를 넣는다. 식용색소를 넣어도 되지만 색을 예쁘게 만들고 싶다면 전용 액상 색소를 넣는다.

2 에센셜 오일을 적당량 넣는다. 좁은 공간이라면 5%가 적당하며 넓은 공간은 10~15%가 좋다. 단, 최대 30%는 넘지 않는다.

3 위의 혼합물에 크리스털 볼 1g을 넣는다. 조그맣지만 물과 아로마 오일을 흡수해 팽창하므로 양을 적절히 쓴다.

4 크리스털 볼이 물을 흡수해 서서히 구슬 모양을 형성한다. 물 100g을 모두 흡수하는 데 평균 5시간이 소요된다.

5 방향제 전용 용기나 원하는 용기에 담아 보관한다.

tip 만들기 간단할 뿐 아니라 사용 중 마르면 물이나 에센셜 오일을 더 넣어 다시 사용할 수 있다는 것이 장점이다. 색상이 탁해지거나 변색되어 교체할 때까지 반복적으로 사용 가능하다.

젤 방향제

※ **시범&도움말** 젤 캔들샵 (www.gelcandleshop.co.kr)

재료 생수 40㎖, 겔화제 20㎖, 경화제 20㎖, 가용화제 20㎖,
에센셜 오일, 색소, 용기

만들기

1 끓는 물이 담긴 냄비에 중탕시킨 겔화제와 끓는 물을 섞는다.

2 위의 혼합물에 경화제를 넣은 후 60℃까지 중탕한다.

3 가용화제에 에센셜 오일 20~30방울을 넣은 후 색소를 떨어뜨리며 젓는다.

4 ②와 ③을 모두 섞어 잘 젓는다.

5 방향제 용기에 부어 굳힌다. 이때 빨리 굳기를 원한다면 중탕방식으로 열을 가하면서 저어준다.

tip 말캉한 젤리 느낌의 방향제로 굳는 데 약간 시간이 걸리지만 흘러내리지 않아 차량용으로도 적합하다.

tip 재료는 이렇게 준비하세요

방향제를 만드는 전문 재료인 크리스털 볼(향을 흡수해 보관하며 조금씩 향을 내보내는 알맹이), 겔화제(젤 상태로 만들어 주는 액체), 경화제(굳히는 역할을 하는 액체), 가용화제(재료의 혼합을 도와주는 액체) 등은 DIY 전문 재료 숍에서 구입할 수 있다. 을지로4가에 있는 방산시장이나 전문 인터넷 쇼핑몰을 이용하면 쉽게 재료를 구할 수 있다. 인터넷의 경우 초보자를 위해 모든 재료를 묶어 판매하는 곳도 있다.

가격도 저렴한 편이에요~

쌀뜨물로 만드는 주방세제

※ **시범&도움말** 남미정 (blog.naver.com/namojung)

재료 쌀뜨물 1.5ℓ, 설탕 또는 당밀 10~20g, EM 효소 20㎖

1 미리 모아둔 쌀뜨물을 컵에 조금 덜어내 설탕을 녹인다.

2 ①에 EM 효소를 넣는다.

3 쌀뜨물이 가득 든 페트병 입구에 깔대기를 꽂고 ②를 부어 흔들어 섞는다.

4 접착 라벨지에 제조 날짜를 적어 붙여둔다.

※ 실온에서 1주일 동안 발효한 후 사용한다. 발효 과정에서 가스가 생기므로 이틀에 한 번씩 마개를 열어 가스를 빼낸 후 다시 닫아 둔다. 실온에서 6개월간 사용할 수 있다.

손쉽게 사용하는 **대안 방향제**

과일이나 식물, 나무, 먹고 남은 원두 등 주위를 살펴보면 천연 방향제 아이템을 쉽게 찾을 수 있다. 이 재료는 은은하게 향을 내기 때문에 더욱 좋다. 그냥 놓아두는 것만으로 방향제 효과를 톡톡히 볼 수 있는 천연 방향 아이템을 소개한다. 조금만 눈을 돌리면 부작용 없고 몸에 안전한 천연 방향제가 있다.

시판 방향제에 고한한 불편한 진실

불쾌한 냄새는 없애고 좋은 향을 내는 시판 실내 방향제에는 에탄올, 벤젠알데히드, 벤젠알코올 등 400여 가지 화학물질이 포함되어 있다. 샌프란시스코대학의 연구결과에 따르면 일부 방향제는 폐 손상을 줄 수 있고, 특히 천식을 앓고 있거나 호흡기질환이 있는 사람에게는 더 해롭다. 건강한 사람도 오랜 시간 방향제에 노출되면 매스꺼움이나 두통, 눈 자극을 일으킬 수 있다.

방향제 대부분에 들어 있는 에탄올은 인체 유해성이 적어 사용이 허용되지만, 장시간 밀폐된 공간에서 사용하면 흡입으로 인한 피해가 우려된다. 일부 제품에 포함된 메틸알코올이나 이소프로판올 등은 개인에 따라 두통, 어지러움 등을 유발할 수 있으며, 체내에 축적될 우려가 크다. 방향제의 성분 표시는 법적 의무 사항이 아니기 때문에 성분 표시가 안 된다. 따라서 가능한 시판되는 방향제는 사용하지 않는 것이 좋다. 벽면 부착형이나 스프레이 타입 모두 유해성 정도는 비슷하다.

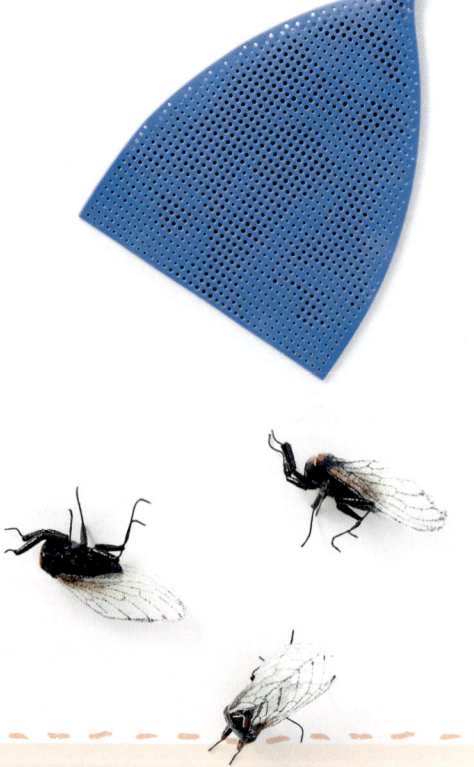

과일과 과일껍질

사과, 귤, 오렌지 껍질 등을 그릇에 넓게 펴 담아 놓으면 향긋한 과일 향이 집 안에 은은하게 퍼진다. 감귤류의 독특하고 강한 향기가 오랫동안 지속되는데, 그 향기가 스트레스를 완화시킨다는 연구결과가 있다. 모과, 유자, 탱자는 방향효과를 내는 대표적인 과일로 넓적한 볼에 담아둔다. 원하는 향의 진하기는 과일의 개수로 결정한다. 잘게 썰어 바싹 말린 후 주머니에 담아 곳곳에 걸어 두어도 좋고 바구니에 담아 그냥 실내에 놓아 두어도 좋다.

아로마향초

아로마 향초는 퀴퀴한 냄새를 잡으면서 동시에 향긋한 향을 낸다. 곳곳에 여러 개 켜 두면 단시간에 좋은 향을 내는 것은 물론 인테리어 효과까지 누릴 수 있다.

향목

말 그대로 향이 나는 나무를 키운다. 산림욕 효과까지 주면서 향이 진한 향목은 소나무와 율마다. 율마는 잎을 잘게 부순 후 주머니에 넣어 방향제로 쓰거나 작은 바구니에 담아 차 안에 두면 좋다. 향 스틱도 있다. 막대에 향을 입혀 불로 태우는 것으로 콘 모양도 있다. 짧은 시간에 즉각적인 효과를 원할 때는 콘을, 긴 시간 향을 즐기려면 스틱을 사용한다.

에센셜 오일

베이킹소다를 병에 담은 후 그 위에 원하는 향의 에센셜 오일을 한두 방울 떨어뜨리면 은은한 향이 오래 지속된다.

허브

허브는 살짝 흔들어주기만 해도 향기가 방 안 가득 퍼져 기분 좋은 방향제를 뿌린 듯하다. 특히 책상 위에 두고 머리가 무겁거나 집중이 안 될 때 손으로 건드려 향을 깊숙이 들이마시면 금세 기분 전환이 된다.

원두

원두를 그릇에 담아 두면 냄새도 잡으면서 집 안에 은은한 커피 향을 낸다. 마시고 남은 원두 가루나 원두 찌꺼기를 사용해도 좋다. 원두를 성긴 천에 넣어 걸어두면 은은한 향기를 즐길 수 있다. 커피 전문점에 가면 무료로 나누어 주는 커피 찌꺼기는 냉장고 냄새를 없애는 탈취용으로 많이 쓰인다.

숯

숯은 독성 물질을 빨아들일 뿐 아니라 음이온을 방출한다. 방향제 기능보다는 탈취 기능이 더 탁월하다. 원하는 곳 어디든 놓아두면 되고, 무엇보다 오래 쓸 수 있어 좋다.

포푸리

주된 원료는 말린 꽃. 여기에 향기 좋은 식물의 잎, 과일껍질, 향료 등을 첨가해서 만든다. 보통 천 주머니 속에 넣어 향기를 즐긴다. 강한 향보다는 은근하게 퍼지는 향이 매력이다.

Clean
Clothes

살림의 여왕이 알려주는
친환경 세탁의 법칙

깨끗해야 하는 세탁이건만 오히려 세탁 때문에 우리 몸이 병들 수 있다. 세탁 후 옷에 남은 가루세제, 세탁기에서 살다 빨래에 묻어나온 세균이 우리 몸에 닿아 피부 문제와 호흡기 문제를 일으키고 있다. 몸에 자극을 주지 않는 안전한 세제 선택법과 옷감까지 고려한 꼼꼼 세탁법 등 당신을 친환경 세탁의 여왕으로 만들어줄 기초상식을 모았다.

이 세탁법

'세탁? 그냥 세탁기에 넣고 돌리면 되지.' 하고 간단하게 넘어가기에는 건강에 세탁이 미치는 범위가 너무 넓다. 피부가 약한 아이부터 소중한 새 생명을 품고 있는 임산부까지, 우리는 알게 모르게 세제 찌꺼기와 형광증백제의 위험에 노출되어 있다. 기존에 잘못 알고 있던 빨래 상식은 지워내고 제대로 된 똑똑한 세탁법을 알아보자.

똑똑한 세탁법

빨랫감을 효율적으로 분류한다

빨랫감마다 취급표시를 확인하고 손세탁이 필요한지, 세탁기에 넣을 것인지 분류한다. 탈색 테스트를 해 탈색 여부로 분류하는 것도 중요하다. 옷 끝자락을 흰색 면으로 적당히 싼 뒤 따뜻한 비눗물로 비볐을 때 색이 묻어나오면 탈색이 되는 것이니 따로 분류해 세탁한다.

빨랫감의 무게를 알아둔다

세탁기를 사용할 때 세제와 물의 양을 눈대중으로 넣는 경우가 많다. 물이 너무 많으면 때가 잘 빠지지 않는다. 빨랫감의 무게를 대략 알아두자. 수건은 30g, 와이셔츠는 200g, 청바지는 500g이다.

젖은 옷은 즉시 빨래한다

젖은 빨랫감은 따로 분리해 세탁한다. 물 묻은 진한 색 옷의 색이 빠져 밝은 색 옷으로 번질 수 있고, 자체 변색으로 못 입게 될 수 있다. 젖은 빨래를 공기 중에 두면 습기가 퍼져 곰팡이가 생길 수 있다.

세탁 전 묵은 때에 신경 쓴다

세탁 전 옷깃, 소매 등은 더러워진 부분이 표면에 나오도록 의류를 접고 단추는 채워두는 것이 좋다. 찌든 얼룩은 본 세탁 전 애벌빨래를 한다. 묵은 때는 물 온도를 높이고 표백제를 세제와 동량을 넣어 빨래한다.

적절한 물 온도를 찾는다

물 온도를 잘못 맞추면 때가 빠지지 않아 빨래를 다시 하거나 다음 세탁 시 세제를 많이 넣게 된다. 옷에 묻은 때의 대부분을 차지하는 기름기를 없애는 데는 38~40℃ 정도의 물이 알맞다. 너무 높은 온도로 빨래하면 옷이 변형될 수 있다. 진한 색 옷은 탈색위험이 있으므로 미지근한 물이 좋다. 밝은 색 옷은 때가 잘 빠지도록 찬물보다 따뜻한 물을 이용한다.

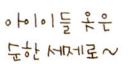

세제와 세탁물은 따로 넣는다

세탁기에 옷을 먼저 넣고 물을 받으면서 세제를 넣는 경우, 일반 세제를 사용하면 물에서 녹지 않은 형광증백제 알갱이가 옷 표면에 착색될 수 있다. 세탁기에 물을 받고 세제와 표백제를 풀어 완전히 녹인 후 의류를 넣고 세탁을 시작한다.

아이들 옷은
순한 세제로~

빨랫감은 물에 너무 오래 담가 두지 않는다

세탁하기 전 따뜻한 물에 불렸다가 하는 것이 좋다. 옷은 처음 샀을 때 물세탁하기 보다는 한두 번 드라이클리닝을 한 후 물세탁을 해야 변색을 방지할 수 있다. 얼룩이 있거나 때가 많이 탔을 때 세제를 푼 물에 빨래를 오래 담가두는 경우가 있는데 따뜻한 물이면 10분, 찬물이면 15~20분 정도 담가두면 충분하다.

가능한 한 번에 빨래해 물과 전력 낭비를 줄인다

적은 양의 빨래는 전기와 물을 낭비하게 된다. 세탁물의 양을 가늠해 1주일에 한두 번씩 세탁한다. 여름철에는 빨래가 쌓이면 불쾌한 냄새가 날 수 있다. 이때 빨래통에 베이킹소다 주머니를 만들어 넣어두면 악취를 없앨 수 있다.

세탁 후 바른 보관이 중요하다

세탁소에서 찾은 옷을 비닐에 오래 보관하면 변색되기 쉽고 곰팡이가 생겨 옷에서 냄새가 난다. 공기가 잘 통하는 곳에서 보관하고, 모든 옷은 형광등 빛과 자외선에 직접 노출되지 않도록 한다.

02
세제

세제에 들어 있는 계면활성제, 형광증백제, 합성착색료 등 인체에 나쁜 영향을 끼칠 수 있는 화학물질은 주부습진, 아토피성 피부염 등의 원인이 된다. 세제, 섬유유연제, 표백제 모두 유해물질을 포함하고 있다. 친환경 세탁에서 가장 중요한 세제 선택의 기술부터 배워보자.

안전한 세제 선택

가루세제보다는 액체세제

미국과 프랑스의 경우 세제 시장에서 액체세제의 점유율이 각 80%, 60% 이상을 차지한다. 업계에 따르면 우리나라의 경우 액체세제의 시장점유율이 2006년 7%에서 2008년 17.5%로 2년 만에 두 배 이상 급성장했다. 액체세제의 세척력이 초기에 비해 개선됐을 뿐 아니라 분말형 세제처럼 세탁 후 찌꺼기가 남지 않아 소비자로부터 좋은 반응을 얻어내고 있지만 이 역시 합성세제다.

친환경 세제와 천연 세제

국내에서는 친환경 세제와 천연 세제라는 용어가 구분 없이 사용되고 있지만, 엄연히 다른 뜻을 가진다. 친환경 세제는 석유화학 원료의 사용을 최대한 자제하고 천연 물질을 일부 첨가하거나 비소, 염산 등 유독성 첨가물을 사용하지 않는 세제이다. 천연 세제는 말 그대로 천연 재료로만 만든 것으로 계면활성제를 순식물성으로 사용하고 색소, 보존제 등 첨가물까지도 안전한 원료만을 사용한다.

섬유에 따른 세제 선택

시판 세제는 약알칼리성과 중성 2종류다. 일반적으로 널리 이용되는 섬유인 면·마·폴리에스테르 등은 어떤 종류의 세제를 사용해도 상관없지만, 울·실크·아세테이트 등 알칼리에 약한 섬유는 반드시 중성세제를 써야 한다. 한스푼, 비트, 스파크 등 대부분 세제는 약알칼리성이며, 중성세제는 울샴푸, 울센스, 울터치 등 앞에 '울'자가 붙어 있다.

🧺 알맞은 세제의 양

세제에 따른 세제의 양

농축세제는 오염물질을 제거하는 주요 성분인 계면활성제가 일반 세제보다 많이 들어 있기 때문에 소량을 사용해도 세탁 효과가 탁월해 일반 세제 사용량의 3분의 2만 넣어도 충분하다.

세탁기에 따른 세제의 양

드럼 세탁기는 일반 세탁기보다 물을 적게 사용하며 거품이 많이 발생하기 때문에 드럼 세탁기 전용 세제를 사용해야 세탁 효율을 높일 수 있다. 드럼 세탁기는 물의 낙차를 이용해 빨래를 하는데, 일반 세제를 사용할 경우 거품이 너무 많이 생기는데다 그 거품으로 인해 세척 효과도 떨어진다.

tip 세탁조 세제로 세탁기 속 세균 잡으세요

오래된 세탁기는 자체의 오염 때문에 세탁을 해도 소용없는 경우가 많다. 물때, 세탁 찌꺼기의 잔여물 등으로 오염된 세탁조는 세탁조 전용세제를 사용하거나 식초를 이용해 세척한다. 세탁기에 물을 받아 놓고 식초 2~3컵을 넣은 후 10여 분간 돌린다. 가능하면 하룻밤 그대로 두었다가 깨끗한 물로 헹군다. 잘 건조시켜야 식초 냄새가 남지 않는다. 세탁 후에는 세탁조 안을 잘 건조한 후 뚜껑을 닫는다.

살림의 여왕이라면 **친환경 세제 어때요?**

그냥 빨래에서 친환경 빨래로

친환경 살림법의 고수들은 세탁세제 선택도 색다르다. 친환경 제품 중 가장 눈에 띄는 제품군은 바로 일상생활에서 매일매일 우리들이 활용하는 생필품이며, 그 중 피부에 직접 닿는 옷을 세탁하는 세제류는 이제 '친환경'을 빼놓고 논할 수가 없는 카테고리다.

똑똑하고 깐깐한 소비자라면 세제부터 꼼꼼히 고르는 쇼핑의 기술이 필요하다. 기존 액체세제들이 대부분 알칼리성인 것과 달리, 식물성 세정성분을 사용한 중성세제는 세탁 후에 섬유의 손상을 최소화함은 물론 섬유가 피부에 닿았을 때의 자극을 최소화한다. 이러한 이유로 속옷, 아기 옷, 이불빨래 등에 안심하고 사용할 수 있어 갓난아기를 가진 주부들의 아기빨래 걱정을 덜 수 있다.

비트 액체세제 오래오래 향기가득

'오래오래 향기가득'은 제품명 그대로 세탁 후 입은 옷에 오래도록 은은향 향기가 남도록 천연 캐모마일 향을 함유하고 있다. 이외에도 세탁세제 기능에 유연 기능이 추가돼 있어 세탁 시 별도의 섬유유연제를 사용할 필요가 없다. 때문에 전체적인 세제 사용량이 감소해 경제적이다. 또한 세탁 후 빨래가 뻣뻣해지거나 뒤틀어지는 것을 막아주고, 실리콘 코팅 성분이 흐트러진 섬유 결은 물론 구김까지 관리해줘 세탁물을 상태를 최상으로 만들어준다. 천연 캐모마일에서 추출한 향기 입자를 발산시켜 건조 후에도 은은한 향이 오래 지속되고 식물성 세정성분을 사용하여 피부에 더욱 순해진 저자극 세제로 옷마저 건강해지자.

알아두고 피해야 할 합성세제의 유해성분

합성세제는 석유화학 계면활성제와 반응성을 좋게 하는 인산염 등의 유독성 물질, 자연 상태에서 분해되지 않는 첨가물, 인공향, 방부제 등을 사용한다. 합성세제는 자연 상태에서 분해가 되지 않기 때문에 하천을 오염시킨다. 또한 손이나 얼굴, 피부를 통해 우리 몸에 직접 흡수되기도 하고 채소, 과일, 식기에 묻어 몸 안에 차곡차곡 쌓인다. 합성세제가 우리 몸에 축적되면 간장 활동이 지히되어 안색이 검게 되거나 기미가 끼며 주부습진이 발생하고, 세탁한 옷에 남아있는 합성세제로 인해 피부병을 일으키기도 한다. 하지만 아직까지 세탁세제의 대부분은 이 합성세제에 속한다.

형광증백제

대부분의 세탁세제에 들어 있으며 자외선을 흡수, 가시광선으로 반사해 흰 빨래를 더 희게 보이는 효과를 준다. 생분해되지 않으며 배출되면 수중 생태계에 독성을 퍼뜨린다.

인산염

합성세제는 물 속의 칼슘이나 마그네슘의 작용을 억제하여 세척력을 높이기 위해 인산염을 첨가한다. 인산염이 하천이나 샛강에 흘러들면 플랑크톤 번식을 촉진해 과도한 녹조류 발생의 원인이 된다.

계면활성제

계면활성제는 세포막 재생을 방해해 세포가 왕성하게 분열, 생장되면서 성장하는 영·유아기 아이들에게 악영향을 미칠 수 있다. 계면활성제의 종류는 음이온 계면활성제, 양이온 계면활성제, 비이온 계면활성제, 양성(兩性) 계면활성제 등이 있다. 아래는 계면활성제의 종류에 따른 특징이다.

- **피부자극** 양이온성 〉 음이온성 〉 양성 〉 비이온성
- **세정력** 음이온성 〉 양성 〉 양이온성, 비이온성
- **음이온성** 세정력이 좋고 거품이 잘 나는 성질로 비누, 샴푸, 클렌징 폼 등에 많이 사용된다.
- **양이온성** 모발의 컨디셔닝 효과, 정전기 방지 작용이 있어 린스나 트리트먼트 등에 사용된다.
- **양성** 세정력과 거품이 약하나 피부 안전성이 높다. 저자극 샴푸나 베이비 샴푸에 많이 사용된다.

형광증백제, 유기농 제품은 100% 안전할까?

믿고 구입한 유기농 제품에 형광증백제가 숨어 있다? 한 주부 커뮤니티에 올라온 사진 속 유기농 의류는 블랙라이트 밑에서 파랗게 빛나고 있었다. 형광증백제로부터 안전해야 할 유기농 제품에 어떤 일이 일어난 건지 알아보자.

공포의 파란 빛, 형광증백제

2008년 형광증백제 유해성이 사회적 이슈로 떠오른 후 주부들은 집 안에 있던 형광제품을 하나둘씩 없앴고, 자연스레 '무형광'이라고 표기된 제품이 주목받기 시작했다.

형광증백제는 눈속임을 위해 개발된 물질이다. 누렇게 찌든 옷에 푸른색 염료로 만든 청분을 조금 넣어 빨면 하얗게 보인다. 파란색에 가려 누런색을 인식하지 못하게 하는 원리다.

현재 널리 사용되는 형광증백제는 파란 염료 대신 자외선을 이용한다. 옷이 형광등이나 태양빛에 조금씩 들어 있는 자외선을 흡수해 파란 빛을 낸다. 옷을 비롯해 화장지, 부직포, 세제, 펄프 등 다양한 제품에 사용되고 있다.

형광증백제, 전이를 조심해야

형광증백제가 무서운 건 '전이' 때문이다. 손빨래 정도로는 옮기지 않지만 세탁기에 함께 넣어 돌리거나 삶으면 100% 물든다. 우리가 믿고 구입한 유기농 의류 원단은 분명 무형광 재질이다. 그러나 무형광은 천에만 해당될 뿐, 상표나 실 등의 미세한 부분은 놓칠 수 있다.

형광물질은 아주 적은 양도 금세 무형광 천에 전이되어버린다. 한 번의 세탁으로 고심 끝에 구입한 유기농 의류가 무용지물이 될 수 있다. 유기농 의류를 구입했더라도 한번쯤 확인해볼 필요가 있다. 블랙라이트나 위조지폐 감별기는 인터넷 쇼핑몰에서 1만원대에 구입할 수 있다. 여의치 않을 땐 자외선살균기를 이용해도 된다.

숨은 형광증백제 찾기

✔ **고무줄** 아이 옷에는 지퍼 대신 고무줄이 많이 사용된다. 블랙라이트로 손목이나 허리 부분의 고무줄을 확인해 파랗게 빛난다면 형광증백제를 의심한다. 고무줄의 스판사가 고광택 합성섬유이기 때문에 반사되는 정도가 강해보이기도 하니 구입업체에 정확히 문의한다.

✔ **상표나 태그** 브랜드 명이 적힌 상표나 세탁방식을 안내해주는 태그가 새하얗다면 형광증백제를 의심해본다. 블랙라이트에 파랗게 반응했다면 구입한 후 바로 자른다.

✔ **박음질에 사용한 실** 배냇저고리, 아이의 침이나 우유를 닦는 가제수건의 테두리, 광목 기저귀의 올풀림을 막기 위한 박음질에도 형광증백제가 들어 있는 실을 사용할 수 있다. 실을 떼어낼 방법이 없으므로 즉시 반품한다.

✔ **아기용 세제** 아기용 세제라고 방심하지 말자. 이런 세제에도 형광증백제가 들어 있을 확률이 있다. 형광증백제는 주로 스틸벤, 쿠마린, 파라졸린처럼 낯선 이름의 유기물질이다. 이런 성분이 들어 있다면 사용을 중지한다.

03
얼룩 지우기

아이가 뛰놀다가 옷에 얼룩을 묻혀 오는 경우가 많다. 얼룩은 잘못 방치하면 쉽게 지워지지 않으니 올바른 방법으로 즉시 제거해야 한다. 시중 얼룩제거제를 사용하기보다 친환경적인 방법으로 얼룩을 지우자.

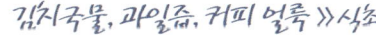

🧺 친환경 얼룩 지우기

김치국물, 과일즙, 커피 얼룩 ≫ 식초 + 주방세제

김치국물 얼룩이 잘 지워지지 않는 이유는 식물성 색소이기 때문이다. 포도즙, 꿀물, 커피 등도 마찬가지다. 식물성 색소는 산성이기 때문에 알칼리 세제를 만나면 얼룩이 더욱 고착된다. 산성용액으로 얼룩을 지운 후 세탁한다. 식초에 약간의 주방용 세제를 섞어 얼룩진 부분에 바른 후 미지근한 물에 넣어서 헹구면 70% 정도 없어진다. 그 후 일반 세제를 넣고 빨래를 한다.

볼펜 매직 얼룩 ≫ 알코올 + 주방세제

소독용 알코올과 주방세제를 섞어 볼펜 얼룩에 바르면 잘 지워진다. 알코올과 주방세제의 비율을 10:1 정도로 만든다. 알코올의 휘발성 성분이 볼펜이 지닌 색소를 파괴해 얼룩이 지워진다. 볼펜 얼룩에 물파스를 바르기도 하는데, 물파스는 바른 즉시 헹구는 것이 좋다. 방치하면 누렇게 변색될 수 있기 때문이다.

로션, 루즈, 마스카라, 파운데이션 얼룩 ≫ 클렌징 화장품

화장을 지우는 것처럼 옷에 묻은 화장품도 클렌징폼, 클렌징오일을 바르면 잘 지워진다. 적당량을 발라서 문지르고 따뜻한 흐르는 물에 비벼면 깨끗이 닦인다.

크레파스 얼룩 ≫ 베이킹소다 가루

아이 옷에 묻은 크레파스 얼룩은 베이킹소다의 중화작용을 이용한다. 베이킹소다 가루를 젖은 수건에 묻힌 후 크레파스 얼룩을 닦아낸다. 완벽하게 없어지지 않기 때문에 세탁기에 넣어 본 빨래를 한다.

삼겹살기름, 샐러드 소스 얼룩 》 알코올

기름 얼룩은 물세탁으로 제거할 수 없다. 이땐 알코올을 이용해 얼룩을 지우고 세탁한다.

와인 얼룩 》 베이킹소다 + 뜨거운 물

섬유에 와인이 묻었을 땐 베이킹소다 가루와 뜨거운 물을 함께 묻힌다. 그릇 위에 와인이 묻은 옷의 얼룩 부분을 팽팽하게 잡아당기고 와인 얼룩에 베이킹소다 가루를 듬뿍 뿌린다. 그 위에 뜨거운 물을 천천히 부으면 얼룩이 제거된다.

껌 얼룩 》 얼음 + 다리미

껌이 두껍게 묻었다면 비닐봉지에 얼음을 넣어 문질러보자. 껌이 굳어져서 떼기 쉽다. 껌이 옷 깊숙이 묻었다면 옷 위에 종이를 올린 후 다리미로 다린다. 껌이 녹아 종이에 흡수된다.

땀 얼룩 》 에탄올

땀 얼룩은 소독용 에탄올을 발라 닦은 뒤 건조시켜 얼룩의 번짐을 막는다.

얼룩 없이 깨끗한
옷으로 만들어 주세요.

집에서도 가능해요! 홈 드라이클리닝

옷의 드라이클리닝 표시는 반드시 세탁전문업소에서 해야 한다는 의미는 아니다. 중성세제나 드라이클리닝세제로 손세탁을 해도 무방하다. 면·혼방섬유는 중성세제, 울이나 실크 혼방은 드라이클리닝 전용세제를 이용한다. 하지만 장단점이 있다.

업소의 드라이클리닝은 얼룩을 말끔히 제거하지 못한다. 겨드랑이 땀 얼룩이 있는 정장을 맡기면 때가 안 빠진 채 온다. 홈 드라이클리닝은 때가 깨끗이 제거되는 반면 니트, 알파카, 실크 블라우스 등 정장 소재는 물속에서 수축, 변색 등의 문제가 많아 위험하다. 이런 제품은 전문업소에 맡기는 것이 현명하다.

홈 드라이세제를 구입하면 옷을 30~40점 정도 세탁할 수 있어 경제적이다. 홈 드라이클리닝 방법은 물에 세제를 잘 섞고 세탁물을 담가 살살 흔들어준다. 따뜻한 물에 헹군 후 잘 말린다. 실크 소재를 홈 드라이클리닝할 때는 특히 주의한다. 실크는 머리카락 같은 구조여서 가볍게 흔들기만 해도 때가 빠진다. 건조할 때는 의류를 평평한 곳에 잘 펼쳐 자연건조시킨다. 사이즈가 줄어들 수 있으니 건조기는 사용하지 않는다. 가벼운 세탁물은 마른 수건으로 감싸 물기를 빼고 두꺼운 것은 탈수기로 탈수한다. 업소에서 드라이클리닝했던 옷을 홈 드라이클리닝하면 물에서 악취가 나는 것이 일반적이다.

04
빨래 삶기

세제라고는 빨래비누 한 장밖에 없던 시절, 흰옷을 하얗게 세탁하려면 대부분 삶았다. 비눗물에 삶은 빨래는 누런 때가 빠져 하얗게 된다. 세탁으로는 한계가 있는 빨래, 살균하려면 삶기만이 능사일까?

삶기 상식

빨래를 삶아야 개운해진다면 올바르게 삶는 법을 알아보자. 빨래비누로 애벌빨래를 한 후 삶는 것이 효과적이다. 이때 오래 삶지 않는 것이 포인트. 빨래 삶는 물이 끓으면 불을 끄고 20~30분 고온상태로 두면 천이 덜 상한다.

소재에 따른 삶기 방법

면 소재의 티셔츠, 러닝, 속옷 등은 삶아도 되는 소재다. 그러나 마, 울, 합성섬유 등의 소재는 삶지 않는 것이 좋다. 와이셔츠는 면이라도 삶으면 구김이 고정화돼서 잘 펴지지 않으므로 주의한다. 속옷은 밴드, 레이스 장식이 있는 것은 삶지 않는 것이 좋으며, 진한 색은 색이 바래니 밝은 것만 삶는다. 속옷, 러닝, 천기저귀, 수건 등은 삶아서 세탁하는 경우가 많다. 빨래를 삶으면 표백작용과 살균작용의 효과를 얻는다. 하지만 끓는 물에 노출된 면 소재는 빨리 상하고 쉽게 늘어난다. 튼튼한 면이라도 자주 삶으면 약해져 찢어지기 쉽다. 한두 번 쓰고 버릴 생각이라면 상관없지만 그렇지 않다면 오히려 해가 된다.

Clean~ Clean~

삶을 수 없다면

삶을 수 없는 소재는 저온에서 살균한다. 저온에서 살균효과를 발휘하는 액체형 살균 표백제를 구입해 세탁할 때 넣는다. 삶는 것만큼 살균효과를 보려면 표백제나 표백기능이 있는 과탄산을 이용해 세탁한다. 40~50℃ 물에 산소계 표백제(옥시크린 등)를 풀어, 세탁물을 30분~1시간 담근 후 세탁하면 삶는 효과를 볼 수 있다. 세제와 표백제를 1:1의 비율로 넣어야 표백효과가 좋다. 과탄산은 온수에 세제의 절반 정도 넣어 세탁한다.

05 옷감별 세탁법

늘상 하는 빨래지만 그중에서도 제대로 된 세탁법을 모르는 옷감은 정해져 있다. 여름보다 덜 빨게 되는 겨울철 옷, 부피가 워낙 커 날 잡고 세탁해야만 하는 침구류, 생각날 때마다 그때그때 모아 빠는 작은 세탁물까지. 평소에는 너무도 당연하게 지나쳐버리기 쉬운 특정 옷감별 세탁법을 정리했다.

겨울옷 세탁

니트류, 코트류 등 방한 소재의 겨울철 옷은 피부 알레르기를 일으키고 호흡기 질환의 원인이 될 수 있다. 겨울의류 세탁 시 가장 중요한 것은 미세먼지를 털어 내고 세균번식을 막는 것이다. 옷에 남은 세제가 건조한 피부에 자극이 되므로 옷에 세제가 남지 않도록 헹굼 횟수를 늘리고, 섬유유연제의 양은 과하지 않게 한다.

가죽코트, 스웨이드, 무스탕류

세탁소에 매년 맡기기보다 거무스름한 표면이 짙어질 때쯤 3~4년에 한 번씩 맡기는 게 좋다. 가죽제품은 전용클리너로 닦고 스웨이드나 무스탕의 얼룩은 흰색 고무지우개로 살살 문지른다. 보관할 때는 면 소재의 천으로 감싸 걸어둔다.

스웨터, 니트 등의 울 소재 의류

울샴푸를 미지근한 물에 풀어 20~30분 담가 두었다가 손으로 누르듯 부드럽게 빨아야 형태가 변하지 않는다. 세탁 전 의류에 부착되어 있는 의류표시사항을 반드시 읽어봐야 하며 '물세탁 가능' 표시가 있으면 안심하고 울샴푸를 사용해도 된다.

양복, 모직코트, 오리털파커 등

부분 얼룩 제거만 필요하면 물세탁하고, 전체가 더러움이 심하면 드라이크리닝한다. 보관할 때 옷 속에 방충제를 넣어두는 것은 선택이 아닌 필수사항이다. 오리털 파커는 오리털이 뭉치거나 빠지지 않도록 고루 펴서 세탁한다. 울샴푸로 빨고 그늘에 펼쳐 말린 후 손으로 잘 두드려야 오리털이 한쪽으로 몰리지 않는다.

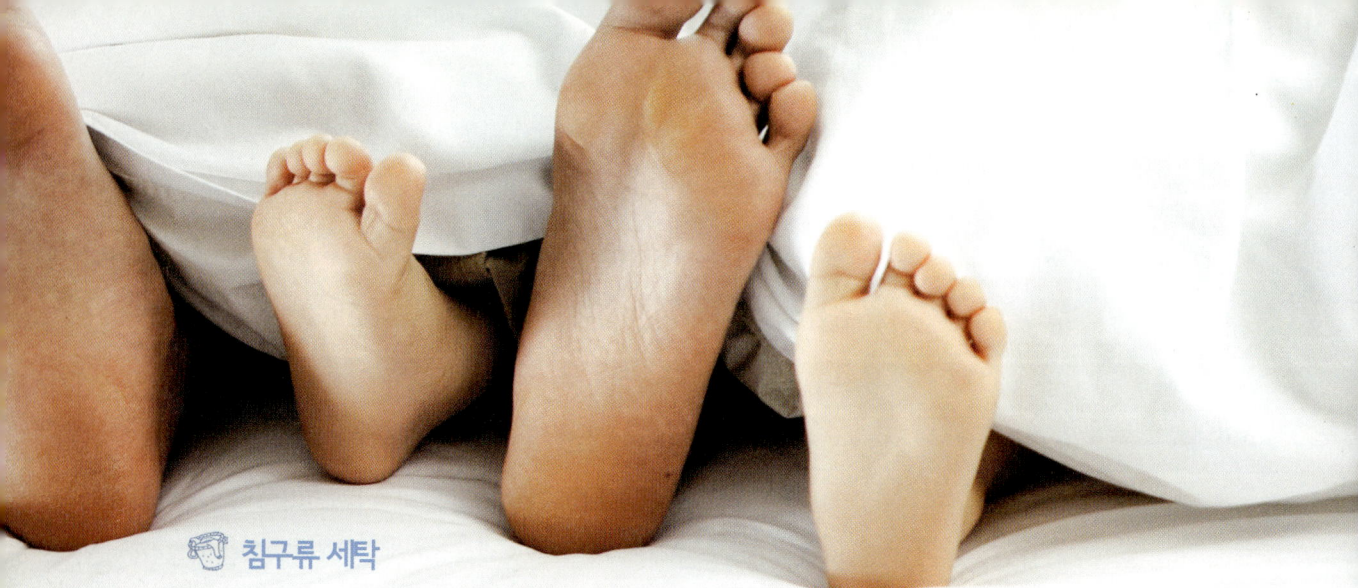

침구류 세탁

같은 이불이라 해도 소재에 따라 세탁법이 조금씩 달라진다. 천이 상하지 않게 오래 사용하려면 소재에 따라 달라지는 세탁법을 알아두자.

일반 이불 세탁법

1 이불은 홑청과 속을 분리한다

이불 홑청과 속을 분리한 후 홑청은 세탁을 하고, 솜은 따로 햇볕에 널어 살균과 건조를 한다. 이불솜은 무겁고 부피가 커서 털어서 먼지를 제거하기 힘들기 때문에 진공청소기로 먼지를 제거한다.

2 이불솜 햇볕에 널기

눅눅한 이불에 살기 쉬운 세균, 진드기를 없애려면 이불솜은 햇볕에 널어둔다.

3 세제 풀기

애벌빨래는 세탁통에 물을 담은 후 세제를 잘 풀어 이불을 넣는다. 세탁기로 빨래를 할 경우 미리 물을 받아서 세제를 넣은 후 1분 정도 돌려서 거품이 충분히 생긴 뒤에 세탁하는 것이 좋다.

4 빨래 불리기

약 10분 정도 세제 풀어낸 물에 빨래를 넣어서 때를 불린다. 이때 너무 오래 담가두면 세탁력이 오히려 감소하니 참고하자. 더러움이 유독 심한 부분은 먼저 솔로 닦아 애벌빨래한다.

5 햇볕에 빨래 널기

탈수까지 마친 이불은 탁탁 털어서 구김을 편 후 햇볕에 널어 건조시킨다.

6 다림질하기

반 건조된 이불감을 다리면 완전 건조된 것보다 다림질이 쉽다. 다림질로 이불감의 구김을 편 후 햇볕에 바싹 건조시킨 이불 속을 넣는다.

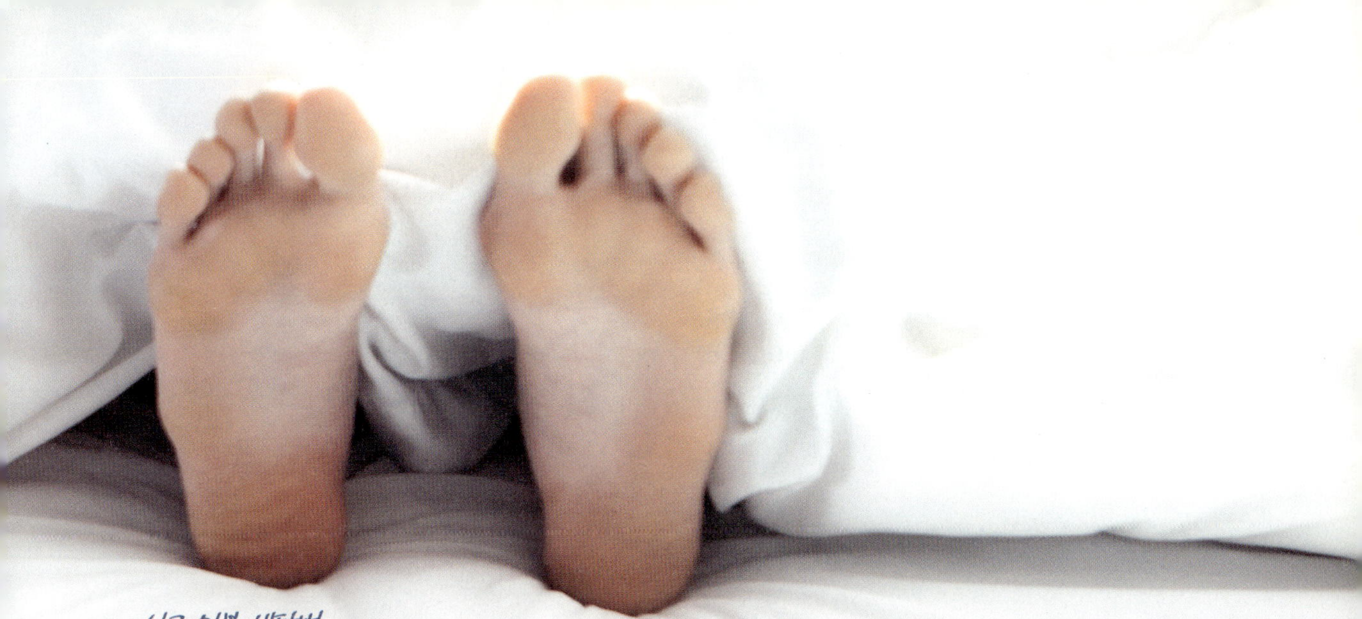

실크 이불 세탁법

1 중성세제를 풀어 세탁한다

미지근한 물에 중성세제를 풀어 거품을 낸 후 5분 정도 담가 때를 불려 손으로 살살 주물러 세탁한다.

2 마지막 헹굼은 식초로 마무리

이불감을 서너 번 맑은 물에 헹구어낸 후 마지막 마무리 헹굼에 식초를 20㎖ 넣는다. 식초로 마무리하면 섬유결이 부드러워지고 정전기 발생도 막아준다.

3 그늘에서 말린다

햇볕에서 건조시키면 색이 바랜다. 통풍이 잘되는 그늘이나 실내에서 말린다.

4 천을 깔고 다린다

실크를 다릴 때는 직접 다림질하지 말고 천을 덮은 후 간접적으로 다린다.

아무리 두꺼워도
한입에 쏙~

레이스 이불 세탁법

1 애벌빨래한다

더러움이 심한 곳은 우선 비벼 빨아 더러움을 제거한다.

2 이불 빨래 전 뜯어진 곳 손질

바느질이 뜯어지거나 레이스가 떨어진 곳이 있는지 살펴 수선한 뒤 세탁한다.

3 세탁망에 넣는다

세탁 수압으로 섬세한 레이스가 찢어질 수 있으므로 세탁망에 넣어 세탁한다.

4 세탁 후 털어 준다

단시간 탈수를 하거나 손으로 물기를 짜서 이불이 심하게 구겨지는 것을 방지하기 위해 탈수 후 털어서 그늘에 말린다.

🧤 작은 빨래

목도리 등 작은 빨랫감은 언제, 어떻게 빨아야 할지 알지 못해 따로 세탁을 하지 않을 정도로 상당 부분 잊고 지나치는 게 대부분이다. 몸에 닿는 면적이 적더라도 인체에 끼치는 영향은 무시 못하는 작은 빨랫감들을 꼼꼼히 점검하고 친환경적으로 세탁하는 방법을 알아보자.

양말, 속옷 등 소량의 면 제품

양말, 속옷, 수건 등 면소재 제품은 꼭 삶아야 한다. 면 제품을 세탁할 때는 살균제나 표백제를 헹굼물에 약간 넣으면 특유의 빨래 냄새를 없앨 수 있다. 소량의 옷을 삶을 때는 전자레인지를 이용한다. 전자레인지 전용 용기에 소량의 물과 세제를 풀어 빨래를 적시고 전자레인지에 1~2분 정도 돌린다.

목도리

겨울철 잘 빨지 않아 호흡기에 악영향을 끼치는 것이 목도리다. 목도리는 눈에 보이지 않지만 수없이 많은 미세먼지가 존재하기 때문에 일단 두드려 털어낸다. 그러고 나서 30℃ 온수에 중성세제를 풀어 20~30분 담가 불린 후 물속에서 손으로 살살 두드리듯 세탁한다. 두 번 정도 맑은 물로 헹구고 섬유유연제를 조금 풀어 5분 정도 담갔다 세탁기로 3분 정도 탈수한다. 탈수가 끝난 후 굵은 가로대가 있는 옷걸이나 빨래건조대에 널어 말린다.

아기 옷

면역력이 약한 아기는 피부에 자극을 줄 수 있는 요소를 피해 빨래하는 것이 중요하다. 아기 옷일수록 살균에 힘써야 하지만 표백제와 섬유유연제는 자제한다. 표백제 대신 베이비파우더, 섬유유연제 대신 식초를 헹굼물에 1~2방울 넣어 3분 정도 담가둔 후 세탁한다. 삶을 때는 3~4분 정도가 적당하며, 물이 끓기 시작하면 가스불을 끄고 이미 뜨거워진 물로 삶는다. 오래 삶으면 질감이 뻣뻣해지고 수명이 짧아질 수 있기 때문이다.

생활 속 천연 세제

식초, 베이킹소다는 요즘 출시되는 친환경 세제 대부분에 들어갈 정도로 가장 인기 있는 천연 재료다. 합성세제를 줄이고 천연 세제로 대체하여 빨래하는 것뿐만 아니라, 주방에서 쉽게 구할 수 있는 재료로 빨래를 하는 가정도 늘고 있다. 알고보면 주위에 널린 친환경 대체물질들을 한자리에 정리했다.

🧺 부엌에서 찾은 천연 세제

소금물

약간의 소금을 푼 물에 세탁물을 30분간 담갔다가 빨면 색상이 선명해진다. 몇 번을 빨아도 더러운 옷은 소금물에 삶는다. 물 1ℓ당 소금 1큰술을 넣고 고루 푼 다음 20분간 삶으면 기름때로 더러워진 옷까지 말끔해진다. 물과 소금을 섞은 물에 청바지를 2시간 정도 담가 헹궜다가 완전히 말린 다음 세탁기에 돌리면 청바지의 색깔이 바래지 않는다. 소금은 색이 빠지는 것을 방지한다. 물이 빠질 염려가 있는 옷이라면 소금물에 30분 정도 담가두었다가 빨래한다. 견직물이나 모직물을 세탁할 때 물 1ℓ당 소금 2g을 섞고 식초 한 큰술을 넣어 중성세제와 함께 사용하면 탈색을 방지한다.

달걀껍데기 & 레몬

옷을 삶을 때 빨래를 솥의 가장자리에 빙 둘러놓고 가운데 부분에 달걀껍데기를 넣으면 흰 옷이 더 하얘진다. 또 뜨거운 물에 레몬 2~3조각을 넣고 흰 면양말을 빨면 양말이 하얗게 표백된다. 레몬 냄새도 은은하게나 발 냄새 제거에도 효과적이다. 레몬즙이나 레몬 한 조각을 넣은 뜨거운 물에 누렇게 변색된 면 티셔츠나 흰 양말을 하룻밤 담가두면 본래의 흰색을 되찾을 수 있다.

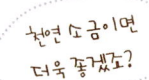

천연 소금이면 더욱 좋겠죠?

쌀뜨물

누렇게 변색된 흰 옷은 쌀뜨물을 이용해 세탁한다. 쌀뜨물을 받아 빨래를 담근 뒤 주물주물 비벼가며 헹구면 한결 윤이 나면서 하얘진다. 삶은 빨래는 잿물이 빠지지 않아 윤기를 잃는 경우가 있는데, 이때도 쌀뜨물에 몇 번 주물러 헹궈내면 잿물이 쏙 빠진다.

베이킹소다

땀 냄새로 얼룩진 옷이나 양말은 세탁하기 30분 전에 베이킹소다를 푼 물에 담갔다가 세탁하면 냄새와 찌든 때가 사라진다. 일반 세탁세제에 베이킹소다 1/2컵을 섞어 세탁하면 표백·살균 효과가 있다. 베이킹소다는 인체에 일정량 존재하는 약알칼리성 천연 물질로, 세탁계의 만능 엔터테이너다. 악취를 중화하고 찌든 때 제거에 효과적이다. 셔츠의 옷깃과 소매는 때가 잘 타는 곳인데 베이킹소다 페이스트로 거품 내 빨면 때가 잘 지워진다. 옷깃과 소매에 페이스트를 바르고 비벼 15분 정도 두었다가 식초를 뿌려 거품을 내고 세탁한다. 민감한 스웨이드 소재는 더러워진 곳 위에 베이킹소다를 뿌리고 옷감이 상하지 않게 칫솔로 살살 문지르면 깨끗해진다. 세탁조의 곰팡이도 베이킹소다로 방지할 수 있다.

베이킹소다로 세탁 고민 해결하세요~

식초

다리미 바닥이 눌어서 생긴 갈색 때는 식초로 제거할 수 있다. 헝겊에 식초를 뿌려 다리미 바닥의 눌은 때를 닦아낸다. 스타킹을 헹굴 때 식초 몇 방울을 떨어뜨린 미지근한 물에 잠시 담갔다 말리면 발 냄새가 없어지고 스타킹이 부드러워진다.

tip 베이킹소다 페이스트 만들어보세요

베이킹소다 가루와 물을 2~3 : 1의 비율로 물을 조금씩 첨가하며 잘 섞어준다. 시간이 지나면 굳거나 분리될 수 있으니 충분히 저은 다음에 사용한다. 만든 것은 한 번에 다 사용하는 것이 좋지만 남을 경우 밀폐용기에 보관한다.

과탄산

과탄산은 표백기능이 뛰어나다. 친환경 세제는 합성세제보다 세척력이 떨어지기 마련인데 이를 보완하기 위해 과탄산을 넣는다. 과탄산은 찬물에서 녹지 않으니 온수에 넣어 사용한다. 오염이 심한 옷이면 세제의 2~3배를 넣어도 무방하지만 보통 세제의 절반 정도만 넣는다. 색상이 진한 옷에는 양을 줄인다.

구연산

물 1ℓ에 구연산 40~60g을 섞어 구연산수를 만들어 섬유유연제로 활용한다. 섬유보호 기능이 있으며, 냄새가 없어 사용하기 편리하다. 행주를 빤 뒤 구연산수에 헹구면 삶은 효과가 난다. 너무 짙은 농도로 사용하면 기관지가 약한 사람에게 해가 될 수 있다.

tip 세탁링으로 친환경 세탁 실천하세요

세탁링은 세탁기 안의 물의 구조를 바꿈으로써 빨래의 때를 빼는 세탁용품이다. 세탁링 안에는 전기분해된 물이 들어 있는데 세탁기가 회전하면 이 물이 울려 진동 에너지를 상승시켜 세탁기 안의 물을 작은 입자로 쪼갠다. 작게 쪼개진 물방울이 섬유의 구석까지 침투해 더러움을 제거하는 원리다. 일본 공업규격인 JIS 실험결과, 오염성분을 묻히고 24시간 후 빨래하니 더러움이 없어졌다. 세제를 줄이고 세탁링, 세탁볼 등을 넣어 세탁하는 것도 친환경 세탁법이다. 세탁링은 세척력이 세제만큼 뛰어나지 않고 40℃ 이상 고온수에서 사용할 수 없으며, 탈수 종료 때 링을 꺼내야 하는 단점이 있다. 표백능력과 항균효과가 없기 때문에 항균, 표백, 탈취 기능이 있는 베이킹소다나 효소를 함께 사용한다.

07
Let's DIY

세탁 후 세탁물에 남아 있는 세제 찌꺼기를 제거하고 정전기, 구김 등을 없애는 섬유 유연제는 빨래의 감초격. 진한 향과 화학세제 특유의 자극에서 벗어날 수 있는 건강한 천연 섬유유연제 만드는 법을 소개한다.

※ 아래 재료와 에센셜 오일은 천연 화장품 숍이나, 고속터미널 지하상가, 인터넷 검색창에 '천연화장품 재료'를 검색해 나오는 온라인 숍에서 구입할 수 있다.

자극 없는 천연 섬유 유연제

※ 시범&도움말 최미영(미현재 로얄네이처 파트너 교육원장·핑크버블숍 교육원장)

재료 및 첨가물 1 정제수 800g, 중조 또는 베이킹소다 200g, 사과식초 100g, 레몬즙 100g, 레몬 에센셜 오일 10방울, 솔루빌라이저 40방울

재료 및 첨가물 2 정제수 500g, 구연산 또는 식초 100g, 폴리쿼터 2g, 에센셜 오일(레몬 10방울, 라벤더 10방울), 솔루빌라이저 40방울

재료 및 첨가물 3 정제수 900g, 구연산 또는 식초 2큰술, 향기캡슐 5g

재료 및 첨가물 4 정제수 800g, 중조 또는 베이킹소다 24g, 레몬식초 100g, 레몬즙 10g, 에센셜 오일(레몬오일 10방울, 로즈오일 10방울), 솔루빌라이저 40방울

만들기

정제수를 50℃로 가열한 후 준비된 각각의 재료를 넣고 섞으면 4가지 천연 섬유유연제를 만들 수 있다. 에센셜 오일을 넣어 마무리하고 24시간 숙성시킨 후 사용한다. 에센셜 오일은 원하는 향으로 선택해서 사용할 수 있다. 재료를 준비하지 못했다면 일반 식초 1/4컵을 헹굼물에 넣어보자. 시큼한 냄새는 날아가고 섬유유연제 효과는 톡톡히 볼 수 있다.

tip 일반 섬유유연제와 같이 마지막 헹굼물에 세탁물의 양에 따라 60~120g을 넣어 사용한다. 보통 크기의 종이컵을 기준으로 2.5~5cm 높이까지 담아 사용한다. 베이킹소다는 잘 녹지 않으므로 세탁기에 넣기 전에 충분히 흔든 다음 사용한다.

베이킹소다는 거품을 내서 더러움을 씻어내는 계면활성제 역할을 대신한다. 과일의 농약 성분을 제거할 때 베이킹소다를 쓰듯 오염된 세탁물을 한번 더 세정해준다.

식초와 레몬즙은 섬유유연제를 사용하기 전에 쓴 세제의 냄새를 제거하고 옷의 색을 더욱 선명하게 한다. 덤으로 세탁기의 물때와 곰팡이도 없앤다. 특히 식초는 항균작용과 옷에 부드러움을 주는 유연효과가 뛰어나며 정전기를 없앤다.

Sweet Variety Peas
CONTENTS 1LB.4OZ.

Abusolutely
Pure

Delicious
Soup

Home
Gardening

살림의 여왕이 알려주는
실내 가드닝의 법칙

식물 키우기는 우리 삶의 필수처럼 여겨지고 있다. 그러나 식물 구입은 쉽게
해도 오래 키우지 못하고 죽이기 일쑤다. 사람마다 성격이 다르듯 식물도 그
러하다. 값싸고 부담 없는 식물 하나로 실내 공기는 물론 분위기까지 마법
같이 변화시킬 수 있는 가드닝, 제대로 알고 시작해보자.

01
실내 가드닝

식물을 키워야 하는 이유는 크게 네 가지다. 첫째 내 몸과 마음의 건강을 지킬 수 있고, 둘째 환경을 정화시킬 수 있으며, 셋째 식물을 기르며 돌보는 즐거움을 함께할 수 있으며, 마지막으로 장식적인 효과를 얻을 수 있다. 이처럼 식물이 주는 효과는 우리의 기대 이상이다.

🌱 가드닝의 장점

새집증후군을 없앤다
보스턴고사리, 벤자민 등과 같은 몇몇 식물은 새집증후군과 밀접한 관련이 있는 포름알데히드를 없애준다.

신선한 산소를 내뿜는다
광합성 시 잎 뒷면의 '기공'이라 불리는 구멍을 통해 실내 이산화탄소를 흡수하고 산소를 배출해 자연스럽게 공기의 순환이 이루어진다.

천연 가습기 역할을 한다
증산작용이 좋은 식물을 실내 면적의 5~10%만 놓아도 겨울철 습도를 20~30%까지 높일 수 있다. 여름철에는 식물만으로 실내 온도를 1~3℃ 떨어뜨릴 수 있다.

천연 공기청정기 역할을 한다
실내 오염물질뿐 아니라 미세먼지와 이산화탄소의 양을 조절하고 전자파를 감소시키는 데 효과가 있다. 새집증후군을 치유하고 머리를 맑게 하는 등 건강에 이롭다.

심리적으로 좋은 영향을 미친다
사람마다 개인차가 있고, 상황에 따라 조금씩 다르지만 식물이 주는 심리적 안정감이 큰 힘이 된다. 아이에게 식물을 보살피게 하면 정서 안정과 책임감 향상에 도움이 된다.

🪴 실내 가드닝 노하우

물 주기

식물은 종류에 따라 필요한 물의 양이 다르다. 잎이 넓은 관엽식물은 대부분 물을 자주 주어야 한다. 또 잎이 얇거나 줄기가 가는 식물도 물을 자주 주어야 하는데, 자기 몸속에 물을 저장해둘 공간이 부족해 외부에서 보충하기 때문이다. 물을 줄 때는 화분 밑으로 흘러내리도록 충분히 준다. 겨울에는 물을 싫어하는 다육식물을 제외하고 대개 4~5일에 한 번씩 주면 된다. 낮에는 광합성을 하므로 오전 10시쯤 물을 주는 것이 좋고, 되도록 저녁 시간은 피한다.

식물마다 다른 물 주는 때를 잘 알아보는 것이 중요하다. 나무젓가락이나 이쑤시개를 꼽아 놓고 물 주는 때를 가늠한다. 손가락으로 2~3cm 정도 넣어서 촉촉하지 않으면 물을 주어야 한다. 이쑤시개, 나무젓가락을 뺄 때 흙이 묻어나오지 않으면 물을 준다. 건조에 강한 식물은 잎이 시들 때 줘도 상관없다.

온도와 습도 조절하기

실내 식물이 살기 좋은 온도는 18~30℃. 겨울에는 식물이 겨울을 날 수 있는 최저 온도에 신경을 써야 하는데 하루 중 가장 온도가 낮은 해 뜨기 직전의 온도를 기준으로 삼는다. 온도가 너무 낮다 싶으면 얇은 비닐 등을 덮어 한기를 막는다. 만약 물 주기를 깜빡 잊어버려 식물이 시들해졌다면 식물에 분무기로 물을 충분히 뿌린 후 비닐을 씌워 그늘에 하루에서 이틀 정도 두면 다시 싱싱해진다.

💬 tip   실내식물 가드닝 궁금증 풀이

실내 식물은 꽃 화분과 함께 둔다?
실내에 식물을 배치할 때에는 녹색식물만 두는 것이 아니라 군데군데 화려한 꽃을 피우는 식물을 함께 두는 것이 더 좋다. 조사 결과, 식물만 두었을 때보다 꽃과 식물을 함께 두었을 때 사람들의 불안증상이 더 많이 감소됐고, 안정 시 증가하는 알파파도 꽃과 식물이 함께 있는 환경에서 더 많이 증가했다.

실내에 식물을 두면 밤에는 해롭다?
식물은 낮 동안에는 광합성을 하기 때문에 이산화탄소를 제거하지만, 햇빛이 없는 밤 동안에는 오히려 호흡을 하기 때문에 이산화탄소를 방출한다. 하지만 식물이 밤에 배출하는 이산화탄소 양은 낮에 흡수하는 양의 10% 정도로 크게 걱정하지 않아도 된다.

분갈이하기

화분은 제한된 공간이기 때문에 식물이 성장하면 뿌리가 화분 안에 꽉 차서 숨을 제대로 쉴 수 없게 된다. 이때 더 큰 화분으로 분갈이를 해줘야 한다. 화분 구멍으로 뿌리가 나올 때, 흙이 너무 굳어져 물을 주어도 흙 안으로 물 흡수가 잘 안 될 때, 뿌리가 썩어 식물의 아랫부분 잎들이 누렇게 시들 때는 급히 분갈이를 해달라는 신호다. 분갈이를 끝낸 다음에는 물을 충분히 주고 바람이 불지 않는 그늘에 2~3일 두어 뿌리가 잘 내리도록 한다.

재료 분갈이할 식물, 이끼, 화분, 배양토, 그물망, 꽃삽, 작업용 장갑

1 물을 부었을 때 흙이 빠져나오지 않게 그물망을 작게 잘라 화분 밑구멍을 막는다.

2 준비한 배양토를 화분 높이만큼 채워 넣는다.

3 기존의 식물이 들어 있던 플라스틱 화분을 살짝 누르며 식물이 상하지 않게 꺼낸다.

4 꺼낸 식물을 ②에 넣고 평평하도록 살짝 눌러준다.

병충해로부터 식물 보호하기

병충해는 실내가 너무 건조하거나 공기가 통하지 않아 발생하는 경우가 대부분이다. 일단 병든 잎이나 가지를 발견하면 빨리 잘라내고 식물을 공기가 잘 통하는 밝은 곳으로 옮긴다. 그런 후에도 회복이 안 되면 식물 전용 약제를 구입해 뿌려주어야 한다. 병충해를 예방하려면 물을 제때 주고 자주 환기를 해준다.

아침마다 공중 스프레이하기

공기 중 습도가 필요한 율마, 트리안, 보스턴고사리, 천사의 눈물 등은 아침마다 분무해준다. 실내 온도가 높으면 잎이 마르는 경우가 많기 때문이다. 촉촉하다는 느낌을 받고 전체적으로 물이 흥건하다 싶으면 멈춘다. 스파트 필름 같은 경우 목욕 후 습기 찬 욕실에 20~30분 정도 옮겨두는 것도 요령이다.

비료 만들기

달걀 껍데기 탄산칼슘이 흙을 중화시켜 토양이 산성화되는 것을 막는다. 달걀 껍데기를 깨끗이 씻은 다음 흰 막을 제거한 후 잘 말려 곱게 빻는다. 파우더 입자처럼 곱게 빻는 것이 좋다. 물기 없이 믹서에 갈아도 된다. 숟가락으로 적당량(2~3숟가락)을 겉흙 주변에 올려준다.

원두커피 찌꺼기 커피 찌꺼기에는 질소, 나트륨, 인 등의 영양분이 풍부해 꽃을 피우는 식물에 특히 좋다. 간혹 흙 위에 올려두고 물을 주면 흰 곰팡이가 생기는데 식물에는 해가 없으므로 괜찮다.

계분 활용하기

계분 같은 고형 비료를 화분 위에 두세 개 올려두면 서서히 녹아 흡수된다. 계분은 소독된 것을 뭉쳐서 판매한다. 비료는 봄, 가을에 주는 것이 효과적이다. 고온 다습한 여름에는 식물이 물러질 수 있다. 겨울에는 식물도 잠을 자는 휴면기이므로 비료도 주지 않는 것이 좋다.

삽목하기

삽목은 가지, 잎을 잘라낸 후 다시 흙에 심어 식물의 개체를 늘리는 재배법이다. 좋아하는 식물을 집 안에 들이고 싶은데 씨앗을 뿌려 싹 틔우는 시간이 너무 길다면 간단하고 빠른 삽목법을 이용해보자.

성공적인 삽목은 습도가 좌우한다. 배양토에 꽂은 잎과 줄기가 건조해지지 않도록 계속 습도 상태를 살펴야 한다. 이때 신문지, 비닐, 투명한 페트병을 잘라 식물체 위를 덮어준다. 뿌리가 내릴 때까지 잎에서 수분이 빠져나가는 것을 막기 위해서는 공중 습도를 80~90%로 유지해야 한다. 뿌리를 내린 후에는 햇볕을 충분히 쪼여 양분을 만들 수 있게 한다.

1 식물 모본, 지퍼락(삽목용 화분), 가위, 물, 분무기, 모종삽, 배양토를 준비한다.
2 준비한 지퍼락에 흙을 반 이상 채운다.
3 식물의 줄기를 네 마디 이상 자른다.
4 자른 줄기를 꽂고 옆의 흙을 잘 눌러준다.
5 공중습도가 80~90%가 되게 분무기로 물을 뿌린다.
6 지퍼락을 밀봉한다. 한달동안 80~90%의 습도를 유지한다. 뿌리를 내리면 화분에 옮겨 심는다.

삽목의 종류

● 줄기 삽목

식물의 줄기를 잘라 흙에 꽂는 방법이다. 식물의 줄기를 약 6~7cm 길이로 잘라 배양토에 심은 후 습도 조건을 제공하면 뿌리가 난다. 뿌리가 나면 다른 화분에 옮겨 심은 후 기른다. 아이비, 국화 등의 삽목법이다.

● 잎 삽목

잎 삽목은 잎과 잎자루를 잘라 배양토에 꽂는 방법이다. 뿌리를 내리게 해 심으면 새로운 잎과 줄기를 만든다. 대부분의 선인장과 다육식물은 잎을 떼서 바로 꽂으면 자른 부위가 썩는다. 3~5일 말린 후 꽂는다. 관엽식물인 베고니아, 아프리칸 바이올렛, 페페로미아, 산세베리아, 허브 등의 삽목법이다.

● 공중취목

공중취목은 단단한 나무에 상처를 내서 껍데기를 벗긴 후 그 상처를 이끼로 감싸 뿌리가 나도록 유도하는 방법이다. 이끼로 감싸고 분무기로 물을 충분히 뿌려 수분을 채워 비닐로 밀봉한 후 한 달 정도 지나면 나무의 상처에 뿌리가 난다. 이것을 잘라 화분에 심는다. 벤저민 고무나무, 멜라닌 고무나무 등 고무나무류 삽목법이다. 또한 아이비 같은 영양분이 없어도 잘 자라는 식물은 물속에 꽂아만 놔도 뿌리가 잘 생긴다.

재료

원하는 가드닝이나 텃밭의 주제를 정하고 재료를 구입하러 화원으로 가자! 대부분의 씨앗과 묘목은 봄철에 가장 많으며 계절에 따라 구입할 수 있는 것이 다르니 확인하도록 한다. 직접 키워 먹을 수 있는 고추나 토마토, 오이 등의 채소 묘목은 4월 중순부터 출하된다.

흙

실내에서 화초를 기르기 위해 사용하는 흙은 믿을 수 있는 전문 회사에서 만들어 판매하는 것을 쓴다. 대부분 멸균처리된 흙으로 벌레가 나올 염려가 없어 깔끔하게 식물을 키울 수 있다. 가까운 꽃집이나 인터넷을 통해 쉽게 구할 수 있다.

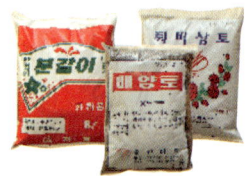

분갈이 흙 가정에서 쉽게 사용할 수 있게 여러 가지 흙을 비율에 맞게 혼합한 것이다. 이 중 '배양토'는 일반 분갈이용 배양토, 영양분이 없는 꺾꽂이용(삽목용) 배양토로 나뉘니 확인 후 구입한다. 상토는 그냥 사용할 수 있는 분갈이용 상토와, 다른 흙과 섞어 쓰는 퇴비 상토가 있다.

바크 나무껍질을 높은 온도에 쪄서 발효시킨 것이기 때문에 병해충을 걱정할 염려가 없다. 물 빠짐, 보수력, 통기성이 모두 좋아서 배수층을 만들 때 사용한다. 서양란을 심을 때 가장 많이 사용하는데, 영양분이 거의 없어 성장기인 봄과 가을에 비료를 준다.

마사토 쉽게 말해 돌가루다. 배수성이 좋은 대신 보수력은 전혀 없다. 화초 심을 때 제일 아랫부분에 마사토를 깔아 배수층을 만들어주면 물 빠짐이 잘 되고 통기성이 좋아진다.

피트모스 늪지대의 물이끼 종류가 오랜 시간 퇴적되어 만들어진 자연 유기물. 무게가 가벼워 다루기 쉽고 통기성과 보수력이 좋은 것이 장점이다. 보수력이 매우 좋아 자칫하면 과습의 우려가 있으니 배양토나 마사토 등과 섞어 사용하는 것이 안전하다. 영양분은 없다.

하이드로볼 진흙을 구워 튀겨낸 흙으로 영양분은 따로 없다. 물 빠짐과 보수력이 좋아서 화분의 배수층을 만들 때 쓴다. 수경재배 시 씻어서 사용한다.

난석 물 빠짐, 보수력, 통기성이 좋은 흙으로 동양란을 심을 때 사용하거나 화분의 맨 아랫부분에 넣어 배수층을 만들 때 쓴다.

부엽토 나뭇잎이나 나뭇가지 등이 분해되어 생긴 흙으로, 물 빠짐이 좋고 영양분을 많이 함유하고 있다. 다른 흙과 적당히 섞어 쓰는데, 분갈이 흙에는 부엽토가 알맞게 들어 있다.

비료

고형 비료 아기 감자같이 생긴 비료로 화분의 흙 위에 서너 개씩 얹어두면 물을 줄 때마다 조금씩 녹아 흙 속에 흘러들어 영양을 공급한다. 녹는 속도가 매우 느리다. 질소 성분이 많지만 워낙 침투량이 적어 꽃 피는 식물에도 괜찮다.

입자형 비료 작은 알갱이 비료로 화분의 흙 위에 여러 알을 얹어둔다. 물을 줄 때마다 서서히 녹는다. 고형 비료보다 효과가 빠른 편이다.

분말형 비료 고운 밀가루 형태로 물에 희석해 쓴다. 비교적 효과가 빠른 편이다.

액체형 비료 앰플형 작은 용기에 담아둔 액체형 비료로 링거주사를 놓듯 약해진 식물 뿌리 근처에 꽂아준다. 침투가 빠르다.

액체형 비료 희석형 고농축 액체형으로 물에 희석해 사용한다. 사용법에 나와 있는 비율로 물과 섞어 쓰며 분무기에 담아 잎에 직접 뿌려도 좋다. 효과가 빠르지만 오래가지 못하고, 가격이 비싼 편이다.

순서대로 입자형, 분말형, 액체형 비료 앰플형, 액체형 비료 희석형

tip 비료, 좋다고 마구 주면 안돼요

1 꽃 피는 식물은 질소 성분이 많은 비료를 주면, 잎만 무성해지고 꽃이 잘 피지 않으므로 질소 성분이 다른 성분보다 낮은 것을 구입한다.

2 비료는 식물이 왕성하게 성장하는 봄과 가을에만 준다. 3~5월, 9~11월이 좋다.

3 1년 내내 꽃을 피우는 식물은 여름과 겨울에도 한 달에 한번 정도 비료를 준다.

4 우유나 요구르트, 막걸리, 아무런 처리도 하지 않은 음식 찌꺼기를 비료로 주면 흙이 산성화되고 벌레가 생긴다.

5 산과 들에는 낙엽 등이 썩어 생긴 천연 부엽토가 있지만, 그 안에 동물이나 곤충의 알이 숨어 있으니 절대 사용하지 않는다.

🌱 그 밖의 가드닝 준비물

꽃삽 분갈이 등 식물을 옮겨 심을 때 필요하다. 손잡이와 금속 부분의 연결이 단단한 것을 고른다.

가위 식물의 줄기나 굵지 않은 나뭇가지를 다듬어줄 때 사용하는 꽃 가위가 적당하다.

원예용 장갑 꽃이나 나무를 만질 때 손 보호용으로 끼는 장갑. 너무 두꺼워 투박한 것 말고 손가락에 딱 맞는 것을 고른다.

화분 흙을 구워 만든 토분은 화분 표면으로 물이 증발되기 때문에 습기를 좋아하는 식물을 심었을 때는 다른 화분보다 물을 더 자주 주어야 한다.

그 밖에 재활용품을 이용한 화분은 132쪽에 있어요~

가드닝에 필요한 모든 것, 여기서 사세요

양재 화훼공판장

경매시장과 도매시장으로 나누어 있으며 생화를 비롯해 분화, 묘목, 씨앗, 정원용품, 원예도구를 살 수 있다.
위치 지하철 3호선 양재역 6번 출구
문의 02-579-8100 **홈페이지** www.yfmc.co.kr

한국화훼농협플라워마트

생화, 분재, 화분, 토양 및 꽃이 종류별로 전시돼 있어 할인마트와 같이 매장 안을 둘러보다 마음에 드는 것을 쇼핑카트에 실은 뒤 계산대에서 구입한다.
위치 지하철 3호선 대화역 4번 출구, 도보 10분
문의 031-910-8052 **홈페이지** www.kflower.com

종로5가종묘상가

지하철 1호선 종로5가에서 동대문 방면으로 가다보면 오른쪽으로 종묘상가가 있다. 씨앗과 채소모종, 초화류, 각종 꽃이 있고, 묘목은 주문하면 날짜에 맞춰준다.
위치 지하철 1호선 종로5가역에서 하차
문의 02-2274-5486

고산남서울화훼집하장

관엽, 초화, 허브, 선인장, 분재, 야생화 등과 채소를 포함한 각종 식물 씨앗, 화분과 각종 원예기구, 용토 등 가드닝에 대한 전반적인 용품을 판매한다.
위치 지하철 4호선 선바위역 하차 후
97-2, 11-3번 버스로 환승
문의 02-507-3663

온라인 가드닝 쇼핑몰

새싹채소 씨앗나라 www.seednara.com
굿가든 www.goodgarden.co.kr
새싹동산 www.seedhill.co.kr
아시아종묘 www.asiaseed.co.kr
나만의씨앗 myseed.biz

03 공간별 가드닝

사람도 자기 자리가 있는 것처럼 식물에게도 자신에게 꼭 맞는 장소가 있다. 식물을 건강하게 키우면서도 효과를 극대화할 수 있는 배치법과 종류를 알아두자.

공간별 추천 식물

부엌 - 냄새 잡고 습기 좋아하는 식물

부엌엔 생존력이 강한 화초가 좋다. 칼란코에 같은 식물은 꽃이 피면서도 환경에 크게 구애받지 않는다. 습기가 많은 곳이니 물을 좋아하는 보스턴고사리, 터피 등도 좋다. 식욕을 돋우는 허브는 주방 창가 쪽에 배치한다. 스킨답서스, 타임세이지, 로즈메리는 요리기구나 가스레인지에서 발생하는 오염 물질과 이산화탄소를 제거하는 역할을 한다. 식사와 조리를 하는 주방은 세균이 없는 인공 토양을 이용한다. 뿌리를 내리고 잘 자라는 새싹채소는 물 빠짐이 필요 없으므로 간단하게 일반 컵에 씨앗을 심어 키워도 된다.

추천 식물 로즈메리, 애플민트, 바질, 페퍼민트, 타임세이지, 적양배추싹 등 새싹채소,칼란코, 보스턴고사리, 터피 등

거실 - 건조에 강한 식물

햇빛을 좋아하고 건조에 강한 식물이 좋다. 가족이 가장 오랜 시간 머무는 거실은 공기정화가 되는 관엽식물이 좋다. 잎 뒷면의 기공과 뿌리가 오염 물질을 흡수하며 습도를 조절한다. 화분 위 흙을 만졌을 때 말라 있으면 물을 주는데, 평균 5~7일에 한 번 주면 된다.

추천 식물 아이비 바이올렛, 테이블야자, 벤자민 페페 등

베란다 - 햇빛을 좋아하는 식물

베란다에는 크기가 크고 햇볕을 좋아하는 벤자민, 고무나무, 크로톤 같은 식물들을 키우자. 광합성작용이 활발하기 때문에 산소를 내뿜어 거실 공기를 맑게 한다. 국화와 같은 화초나, 선인장을 두어 이왕이면 장식효과도 누리면 좋다. 꽃이 피는 식물도 적당하다.

추천 식물 벤자민, 고무나무, 크로튼, 아이비, 화초류, 선인장류 등

침실 - 음이온과 산소를 내뿜는 식물

하루 중 가장 편안한 시간을 보내야 하는 곳인 만큼 음이온 발생이 많은 산세베리아, 밤에 산소를 내뿜는 호접란이나 선인장과 같은 다육식물이 좋다. 향이 있으면서 벅스플랜트, 싱고니움, 테이블야자 등 추위에 약한 화초도 알맞다. 90% 이상이 수분으로 이루어진 다육식물은 물을 자주 주지 않아도 돼 누구나 쉽게 키울 수 있다. 한두 달에 한 번씩, 저녁 6시 이후에 물을 주며 낮동안은 통풍이 잘 되고 햇빛이 잘 드는 곳에 둔다.

추천 식물 산세베리아, 호접란, 선인장류, 알로에, 에케베리아, 자려전 등 다육식물

아이 방 - 편안함을 주는 식물

식물의 녹색은 눈의 피로를 덜어주고 뇌의 알파파를 증가시켜 뇌기능을 활성화한다. 편안함을 주고 집중력에 도움이 되는 싱고니움, 푸밀라가 아이 방에 알맞다. 책상 위에 올려 놓을 수 있는 허브는 세이지, 로즈메리가 있다. 산세베리아나 선인장은 컴퓨터가 내뿜는 전자파를 차단해주는 효과가 있다. 흙이 많이 필요하지 않으며 일조량이 적어도 잘 견디는 호야, 작은 선인장, 수선화, 아이비, 나비란 등이 적당하다.

추천 식물 아디안텀 등 다육식물, 아이비, 싱고니움, 푸밀라, 세이지, 로즈메리, 습도 높이는 이끼 등

현관 - 환경 변화에 잘 적응하는 식물

가장 어둡고 추운 현관에는 음지에서 잘 자라고 추위도 잘 견디는 식물을 두자. 하루에도 몇 번씩 문을 여닫으므로 겨울철 추위 등 환경 변화에 적응력이 뛰어난 침엽수로 장식한다. 공간이 좁을 경우 벽걸이 등을 이용해 효율적인 공간 활용을 시도해보자. 잎이 너무 많이 떨어지면 관리가 힘들므로 행운목, 호야 같은 식물이 적합하다.

추천 식물 행운목, 산호수, 호야, 세프렐라, 마지나타, 홍페페로미아, 스킨답서스, 테이블야자, 개운죽, 아이비, 싱고니움, 스킨답서스, 고사리류 등

집 안에 두면 좋은 식물 6

보스턴고사리

미항공우주국(NASA)에서 선정한 공기정화식물 중 포름알데히드를 제거하는 능력이 가장 우수한 식물이다. 보스턴고사리는 겨울철 실내 상대습도를 측정하는 일종의 지표식물로 이용된다. 마르지 않고 건강하게 자라면 사람들이 지내기에 적절한 실내 습도를 의미한다. 습도가 낮으면 잎이 누렇게 변하므로 분무기를 이용해 주기적으로 물을 뿌려주고 주위에도 분무한다.

게발선인장

포름알데히드와 TV 등 가전제품이 내뿜는 전자파를 제거하는 데 효과적이다. 선인장은 일반 관엽식물과 달리 낮에 이산화탄소를 배출하고 밤에 이산화탄소를 흡수한다. 일반 식물과 선인장을 함께 두면 실내 공기를 지속적으로 정화시킬 수 있다.

스파티필름

햇빛에 잘 견디며 수경재배를 해도 잘 큰다. 증산량이 높아 가습기 역할을 한다. 휘발성 유기물질 중 알코올, 아세톤, 벤젠, 포름알데히드 등을 제거하는 데 효과적이다. 실내 오존 제거율이 높다는 연구결과도 있다. 냄새와 휘발성 물질을 잡고, 낮은 조도에서 잘 자라 부엌에 놓는다.

크라슐라

밤에 산소를 내뿜어서 침실이나 아이방에 놓으면 좋다. 90% 이상이 수분으로 이루어진 다육식물은 물을 자주 주면 뿌리가 썩으므로 두 달에 한 번씩, 오후 6시 이후에 물을 준다.

아이비

식물의 증산량이 많지 않지만 휘발성 유기물질 중에서 특히 벤젠과 포름알데히드, 트리클로로에틸렌을 제거하는 데 효과적이다. 기르기가 쉽고 실내 환경에 쉽게 적응하지만, 고온에는 잘 적응하지 못한다.

클로로피텀(접란)

미항공우주국이 포름알데히드가 가득 찬 밀폐 공간에 접란 화분 하나를 두는 실험 결과, 하루 만에 포름알데히드 85%가 제거되었다. 페인트, 새 가구 등 유해한 냄새 제거에 효과적인 접란은 화분째로 두거나 끝에 매달린 작은 묘를 잘라 물컵에 담가두면 곧 독립된 식물이 된다.

식물을 기르면서 집 안 환경을 좀 더 아름답게 바꿀 수 있는 인테리어 아이디어를 더해보자. 생활 속 소품에 담긴 식물은 더욱 빛을 발한다. 먹고 난 음료수 병, 달걀 껍데기, 망태기 등으로 연출한 식물 스타일링 아이디어를 공개한다.

🌱 가드닝 인테리어 노하우

좁은 공간 활용

마땅히 화분을 놓을 공간이 없다면 상자에 화분을 담아 의자에 걸어두는 방법을 활용해보자.

겨울 온실효과, 여름 냉방효과

추운 곳에 둘 때나 빨리 크게 하고 싶다면 아크릴이나 유리 화병을 덮어 온실효과를 주자. 식물은 건조할 때 수분 밸런스를 맞춰주기도 한다. 그중 물을 좋아하는 이끼는 식물 가습기라 할 정도로 습도를 높이는 데 그만이다. 꼭 화분에 심지 않아도 물만 잘 주면 잘 자란다. 여름엔 식물만으로 실내 온도를 1~3℃ 정도 낮출 수 있어 에어컨 없이 건강한 여름을 날 수 있다.

꺾꽂이법의 다양한 활용

아이비나 허브처럼 꺾꽂이가 가능한 식물을 활용해보자. 가지를 쳐서 물이나 흙에 다시 심으면 스스로 뿌리를 내리는 식물들로, 시험관이나 가벼운 플라스틱 컵에 담아 벽에 걸어두면 보기에도 좋고, 공간활용도도 높다.

걸어 놓는 화분으로 좁은 공간 활용

토분 등 구멍을 쉽게 뚫을 수 있는 화분은 가장자리에 구멍을 뚫어 튼튼한 철사나 노끈으로 매달아 걸어두자. 좁은 공간에서 다양한 식물을 기를 수 있는 방법이다.

앙증맞은 달걀 화분

더디게 자라는 다육식물은 달걀 껍데기를 화분으로 활용한다. 달걀 양 끝에 구멍을 내 안의 내용물을 꺼내고 윗부분은 잘 도려낸다. 그 안에 마사토, 분갈이 흙을 순서대로 넣고 모래를 위에 살짝 깐 후 나무젓가락으로 구멍을 뚫어서 다육식물을 심는다. 아랫부분은 물구멍 역할을 한다.

※ 달걀 껍데기는 산성화한 흙을 중화시켜서 화분에 심은 식물에게 좋은 영향을 준다.

음료수 유리병

두유 병, 오렌지주스 병, 잼 용기 모두 좋은 화분이 된다. 그냥 사용하기 허전하고 종이태그가 지저분하게 남았다면 스티커나 영자신문을 덧붙여보자. 꺾꽂이가 가능한 아이비 등의 식물에 활용한다.

화분 커버링

옮겨 담을 화분을 준비하지 못했다면 주위를 살펴 예쁜 봉투나 소품통을 활용하자. 그냥 담아만 놔도 전혀 다른 분위기의 화분으로 변신한다.

벽돌을 활용한 3단 화분

벽돌 아랫부분엔 청테이프를 붙여 구멍을 막고 이쑤시개로 작은 구멍(물구멍)을 뚫는다. 이때 젖은 벽돌은 건조시킨다. 반대편 온전한 벽돌 구멍 하나에 마사토 3분의 1과 배양토를 넣고 식물을 넣는다. 크기가 작고 성장이 더딘 다육식물이 적당하다.

에어플랜트

흙에 심지 않고 물도 없이 그냥 공중에서 살아가는 식물인 에어플랜트. 공중에 떠다니는 습기를 먹고 자라기 때문에 한여름에는 제습기 역할을 한다. 수염처럼 생긴 식물로 점점 그 양이 많아져 적은 양일 때는 유리병에 담아, 더 자라면 벽에 걸어두면 확실한 인테리어 소품이 된다.

옹기 어항

수경식물이 아니더라도 물에 식물을 담으면 좋은 어항이 된다. 식물 자체가 산소를 내뿜고 옹기가 숨을 쉬는 그릇이기 때문에 따로 산소 주입기를 넣지 않아도 물고기가 잘 산다. 좋은 인테리어 요소가 되는 것은 물론 가습효과도 있다.

나무 소재의 와인 박스, 주변에서 쉽게 구할 수 있는 큰 사이즈의 용기 등을 재활용해
나만의 실내 정원을 꾸며보자. 여기서 소개하는 가드닝 방법을 이용해 식물의 종류만
바꿔 심으면 된다.

나만의 허브 정원~
어때요?

🌿 허브 정원

재료 양옆이 그물망으로 디자인된 목재 화기, 난석, 마사토, 배합토, 비단이끼,

장식용 돌, 원하는 허브식물(아래 사용한 식물은 로즈메리, 라벤더, 장미허브,

애플민트, 산수국, 무스카리, 바늘꽃)

※ **장소 협찬** : 까사 가드닝 스쿨

1 화기에 난석을 살짝 깔아 배수층을 만든다.

2 마사토와 배합토를 섞어 ① 위를 덮는다.

3 화기의 그물이 있는 곳에 비단이끼를 놓는다.

4 전체 그림을 머릿속에 그리면서 식물들을 알맞은 위치에 배치한다. 이때 플라스틱 포트만 벗겨내고 있는 그대로 놓으면 된다.

5 표면은 비단이끼로 장식하거나 돌을 이용해 포인트를 준다.

🌱 사과상자 미니 텃밭

재료 사과상자, 핸디코트, 크랙클 페인트, 두 가지 컬러의 페인트, 나무 조각 혹은 플라스틱 조각, 바퀴, 물이 새지 않는 커다란 비닐

※ **시범&도움말** 성금미(『산타벨라처럼 쉽게 화초 키우기』 저자)

1 상자 옆면에 난 틈은 나무조각이나 플라스틱을 길이에 맞게 자른 후 본드로 안쪽에서 붙인다.

2 상자에 핸디코트를 바르고 위에 페인트를 덧칠한다. 페인트가 마르면 '크랙클 페인트'를 전체적으로 바른다. 크랙클 페인트가 마르면 다시 그 위에 페인트를 덧바른다.

3 상자 안쪽에 비닐을 넣어 잘 맞추고, 가장자리는 스탬플러로 고정한다. 필요 없는 부분은 가위로 잘라낸다.

4 상자의 아랫부분에 물구멍을 뚫고, 바닥에 바퀴를 달아 화단을 완성한다.

5 화단의 바닥에 난석을 깔아 배수층을 만든다. 마사토를 써도 되지만 화단의 크기상 무게가 가벼운 난석을 쓰는 것이 효율적이다. 난석은 상자 높이의 5분의 1 정도로, 굵기가 큰 것부터 간다.

6 ⑤위에 상자 높이의 반쯤 되도록 분갈이 흙을 붓는다.

7 화초는 심기 전에 대충 모양을 잡는다. 화초를 상자 안에 배치하고 사이사이를 흙으로 채운다. 이때, 물이 흘러넘치는 것을 방지하기 위해 상자 위 3~5cm는 남겨놓고 흙을 채운다.

🌱 미니 연못

재료 고사리, 마디초, 석창포, 아이비, 드라세나, 산데리아나, 안시리움, 개운죽, 옥잠화 등 물에서 잘 견디거나 물속에서 자라는 수초, 금붕어 등 물고기, 마사토, 흰 자갈

※ 산에서 가져온 들꽃이나 식물로 환경을 만들고 물을 채운 후 우렁이나 물고기를 넣으면 정원의 연못 못지않은 작은 생태계가 만들어진다. 우렁이는 미니 연못 속에서 청소부 역할을 하고, 민물새우 등은 녹조류를 잡아 먹기 때문에 도움이 된다. 열대어 중에는 백운물개나 고둥이 추위에 강해서 집 밖에 내어 놓아도 월동이 가능하다.

※ **시범&도움말** 임지연(티그리스 플라워 앤 가든)

1 굵은 나뭇가지로 가운데 틀을 만든다. 생나무는 물을 부패시키기 때문에 비를 맞은 적이 있는 것을 사용하든지, 한 달 정도 물에 담갔다 이용한다.
2 모래를 넣는다. 굵고 표면이 거친 모래는 미생물이 번식하기 쉽고, 수질 정화에 도움이 된다. 0.3~3cm의 것을 섞어서 사용한다.
3 물가에서 직접 뽑아 온 식물이라면 녹조류 발생을 억제하기 위해 뿌리에 붙어 있는 흙은 어느 정도 물로 씻어 낸 다음에 심는다.
4 화분의 80% 정도 물을 흘려 넣는다.
5 물고기를 넣는다. 작은 물고기는 수온의 급격한 변화에 약하기 때문에 구입해온 봉지 그대로 물속에 띄어 놓았다가 수온을 맞춘 다음 방류한다.

모스 토피어리

물을 좋아하는 이끼가 주재료인 '모스 토피어리(Moss Topiary)'는 항상 물을 머금어 가습 효과가 뛰어나다. 두꺼운 종이나 철사만 있으면 손쉽게 만들어 집 안 인테리어 소품으로 활용하기에도 좋다. 10분이면 뚝딱 만드는 모스 토피어리를 소개한다.

모스 토피어리(Moss Topiary)란?

토피어리(Topiary)는 식물을 있는 그대로 여러 가지 모양으로 자르고 다듬어 보기 좋게 만드는 기술을 뜻한다. 우리나라에서는 물이끼를 이용해 만드는 식물 장식품 '모스 토피어리'가 몇 년 전부터 유행하고 있다. 가장 많이 알려진 모스 토피어리는 녹이 슬지 않는 철사로 각종 동물의 모형을 만든 뒤, 물이끼로 표면을 덮고 식물을 심어 만든 장식품이다. 하지만 굳이 식물을 심지 않고 이끼만으로 모스 토피어리를 완성할 수 있다. 모스 토피어리는 통풍이 잘 되고, 햇빛이 잘 드는 곳에 두되, 직사광선은 피한다. 겉이 마르고 무게가 가벼워졌을 때 물을 뿌리는데, 이끼는 항상 젖어 있어야 하므로 매일 이끼가 축축하게 젖도록 분무기로 충분히 물을 준다.

준비 재료
젖은 물이끼, 택배 박스 등 두꺼운 종이, 낚싯줄, 철사, 가위, 펜치

만들기
1 두꺼운 종이에 원하는 모양을 스케치한 후 잘라낸다.
2 ①을 이끼로 감싸며 낚싯줄로 고정한다.
3 어디에나 걸 수 있게 장식물의 위쪽에 철사를 꽂아 고리를 만든다. 철사는 이끼에 얽혀 있는 낚싯줄에 걸면 쉽게 고정된다.
4 ③에 꽃이나 식물을 꽂아 장식한다.

06 실전가드닝 채소

채소를 사 먹지 않고 집에서 길러 먹는 생활은 삶의 또 다른 변화를 가져올 것이다. 햇빛이 잘 드는 베란다 한 귀퉁이에 화분을 준비하면 텃밭이 없어도 충분히 2~3종의 채소를 키울 수 있다. 직접 길러 안심할 수 있는 채소를 보다 건강하게 키우는 데 필요한 모든 것을 알아보자.

채소 키우기 연간 스케줄

식물과 마찬가지로 채소도 어느 정도의 온도와 채광이 뒷받침이 되어야 싹을 틔워 열매를 맺는다. 씨를 뿌릴 때부터 수확할 때까지 시기를 잘 맞춰야 하는 것이 이 때문이다. 자주 먹는 19가지 채소의 재배 시기를 보기 좋게 표로 만들었으니 참고하자.

월	씨뿌리기 1 2 3 4 5 6 7 8 9 10 11 12	옮겨심기 1 2 3 4 5 6 7 8 9 10 11 12	수확하기 1 2 3 4 5 6 7 8 9 10 11 12
상추			
청경채			
쑥갓			
시금치			
근대			
배추			
양파			
양배추			
오이			
가지			
피망, 꽈리고추			
토마토			
완두콩			
고추			
쪽파			
레디시			
감자			
무			

🌱 채소 키우기 노하우

컨테이너

채소를 키우려면 흙이 듬뿍 들어가는 깊숙한 컨테이너가 필요하다. 상추와 같은 잎채소를 키우려면 가로 60cm 이상의 직사각형에 지름 25cm 이상의 원형 화분이, 양배추나 배추 등 크기가 있는 잎채소를 키울 때는 가로 85cm 이상의 직사각형에 지름 35cm 이상의 원형 화분이 알맞다. 토마토나 오이, 가지 등의 과채류나 무, 감자 등의 근채류를 키우려면 높이가 35cm 이상의 화분을 사용한다.

통풍

컨테이너를 놓을 장소는 베란다 안에서도 통풍이 좋은 곳을 고른다. 통풍이 나쁘면 화분 내부에 바람이 통하지 않아 병충해가 쉽게 생기고 싱싱한 싹을 틔울 수 없다.

물 주기

물 주기의 기본은 흙의 표면이 마르면 컨테이너의 밑으로 물이 빠져나갈 정도로 듬뿍 주어 전체적으로 부족한 부분이 없게 한다. 흙 표면이 마르기 전에 조금씩 물을 주면 수분 과잉이 되어 뿌리에 상처를 입힐 수 있다. 씨뿌리기에서 발아까지는 건조해지지 않게 특히 주의하고, 성장기에 들어서면 잎이 나오고 뿌리가 뻗기 위해 많은 양의 물이 필요하므로 밑동 가까이 화분 밑으로 물이 빠져나올 정도로 듬뿍 물을 준다.

씨뿌리기

씨뿌리기에는 재배할 컨테이너(깊이감이 있는 직사각형의 화분)에 씨를 직접 뿌리는 '직파'와 꽃가게에서 흔히 볼 수 있는 검은색 폴리에틸렌 포트(같은 모양과 크기의 화분도 가능하다)에 씨를 뿌려 묘를 키운 뒤 옮겨 심는 '포트파종'이 있다. 채소의 특성에 따라 심는 방법을 선택한다. 두 방법 모두 기본적인 배양토는 복합비료와 고토석회를 섞은 것을 사용한다.

🌱 레드치커리

주로 샐러드에 넣어서 먹거나 가볍게 익혀서 먹는다. 칼륨, 인, 나트륨, 칼슘 함량이 많고 쓴맛이 나는 인터빈이 들어 있어 소화를 촉진하고 혈관계를 강화한다. 추위에 강해서 하루 중 해가 반만 들어오는 곳에서도 쉽게 키울 수 있다.

씨뿌리기

화분의 밑부분 구멍을 철망으로 막은 뒤 흙을 넣고 표면을 평평하게 고른 후 씨 7~8개를 뿌린다. 5~10mm 두께로 흙을 덮고 손으로 살짝 누른 후 물을 듬뿍 준다.

2주일째 솎아내기

작은 쌍떡잎이 생기면 3대만 남기고 솎아낸다. 발육이 좋지 않은 것이나 형태가 나쁜 것들을 솎아낸다.

4주일 후 솎아내기

붉은 라인을 드러내는 본잎이 3~4장이 되면 솎아내기를 하여 1대로 만든다. 본잎이 5~6장이 될 때까지 계속 포트에서 키운다.

5주일 후 옮겨 심기

본잎이 5~6장 되었을 때가 옮겨 심기의 적기다. 컨테이너에 흙을 넣고 표면을 평평하게 고른 후 포기와 포기 사이의 간격이 20~25cm 되게 옮겨 심을 구멍을 판다. 포트에서 묘를 뽑아 옮겨 심은 후 컨테이너의 바닥으로 물이 흘러나갈 정도로 물을 듬뿍 준다. 2~3주 후 한 번 더 같은 분량의 웃거름을 준다.

※ 웃거름은 채소의 성장 상태를 봐가면서 주는 비료를 뜻한다. 흙 1ℓ에 비료 2~6g와 약토석회 1~3g을 잘 섞어서 사용한다.

● 포트에 심기
기르는 기간이 길거나 심을 포기의 수가
작은 식물은 포트에 씨뿌리기를 한다.

재료 포트나 화분, 배양토, 철망, 모삽
씨앗 레터스, 오이, 상추, 레드치커리, 토마토, 피망, 꽈리고추,
스틱, 브로콜리, 컬리플라워, 완두, 고추, 깻잎,
파슬리, 양배추, 콜라비, 배추 등

🌱 시금치

시금치는 카로틴과 비타민C가 풍부하고 각종 비타민과 철분, 칼슘이 많이 들어 있다. 발아와 생장에 적당한 온도는 15~20℃, 추위에는 강하지만 더위와 습기에는 약하다. 산성 토양에는 극도로 약하므로 석회를 조금 많이 넣거나 산도조절이 된 흙을 사용한다.

씨뿌리기

1주일 후 솎아내기

씨를 뿌린 후 4~5일이면 발아하며 1주일 정도면 발아가 끝난다. 쌍떡잎이 빠짐없이 다 나오면 좀 이르다 싶을 때 3cm 간격으로 솎아낸다. 솎아낸 후에는 주변의 흙을 가볍게 손가락으로 모은 다음 뿌리를 눌러서 묘를 똑바로 세운다.

2주일 후 웃거름 주기

시금치는 포기와 포기 사이가 3cm 정도만 있으면 충분히 자란다. 본잎이 2~3장이 되면 첫 번째 웃거름을 준다. 복합비료 10g을 고랑 사이에 흩뿌린다. 잎이 8~10cm가 되면 두 번째의 웃거름으로 복합비료 10g을 밑동에 뿌린다.

5주일 후 수확하기

포기와 포기 사이 간격이 적절하면 밑동까지 빛과 바람이 통해 잘 자란다. 한 포기씩 밑동에서 가위로 잘라낸다.

1 씨를 불린다.
2 컨테이너에 흙을 넣고 표면을 평평하게 고른다. 열과 열 사이의 간격이 10~15cm 정도 되도록 씨 뿌릴 고랑을 두 줄 만든다.
3 손가락으로 조절하면서 1cm 간격으로 불려놓은 씨앗을 한 알씩 뿌린다.

● **컨테이너에 심기**
수확까지의 기간이 짧은 잎채소, 뿌리가 밑으로 뻗어가는 무나 순무, 당근, 알뿌리는 직접 뿌린다.
재료 컨테이너, 배양토, 모삽
씨앗 레디시, 미니당근, 청경채, 탑채, 순무, 쑥갓, 근대, 실파, 감자, 무, 양파, 우엉 등

🌱 부엌 채소

캔화분

무순

1 먹고 남은 통조림 캔의 바닥에 물이 빠져
나가기 좋게 구멍을 뚫는다.
2 흙이 잘 빠져나가지 않게 안의 바닥에 돌
을 깔아놓고 흙을 반 정도 채운다.
3 허브 등 원하는 식물을 넣고 흙 윗면이 평
평하도록 누른다.

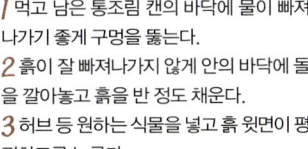

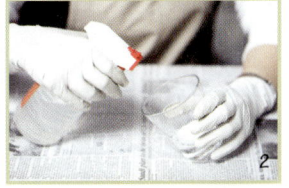

1 컵이나 깊이가 있는 용기를 준비해
압축솜을 용기 바닥에 깐다.
2 솜이 촉촉이 젖게 물을 충분히 뿌
린다.
3 무순씨앗을 뿌린다(적양배추나 새
싹, 브로콜리도 같은 방법으로 기를
수 있다).

🌱 아이디어 화분

자동급수 수경재배기

자동급수로 오랜 기간 집을 비울 때 물 걱정이 없는 영구적인 자동재배기다. 맨 아랫부분에 장착된 물저장통에 물을 넣고 콘센트를 꽂으면 가운데 수직으로 세운 물 호스를 통해 물이 올라와 채소 심은 포트마다 물이 전달된다. 물저장통에 물을 가득 채워 넣으면 20일 정도 유지된다.

문의 탑그린(02-891-5151 www.topgreen.co.kr), 가화텍(031-374-5896 www.수경자재.kr) (주)신농원예사업부 (031-353-6306, www.shinnon-gam.co.kr)

재료 수경재배기, 채소 모종, 배양토, 물

1 물저장통 가운데에 수시로 쓰일 스테인리스 호스를 수직으로 끼운다. 채소포트로 활용할 화분을 호스 사이에 끼운다.

2 4개 포트로 된 화분에 배양토를 채운다. ①, ②의 방법을 3층까지 반복한다. 층은 더 높일 수 있다.

3 모종 전체가 들어갈 만한 구덩이를 파고 구덩이에 물을 흠뻑 주고 난 뒤 물이 다 스며들면 모종을 심는다. 비닐 포트에서 뽑은 모종을 그대로 파 놓은 구덩이에 심고 다시 흙을 덮은 후 손으로 꾹꾹 누른다. 이때 모종은 수직이 아니라 45°로 심어야 뿌리가 더 넓게 퍼질 수 있다.

4 물저장통에 물을 가득 채운다. 사진에 보이는 밸브로 물이 나오는 양을 조절할 수 있다.

5 저장통 물은 가운데 호스를 통해 빨려 올라가 각 화분으로 전달된다.

아파트형 채소포트

일반 포트는 위 면적만 이용해 채소를 심는다. 채소 포트는 사방에 구멍이 뚫린 아파트형 제품으로 위 면적은 물론 포트의 벽까지 활용할 수 있어 좁은 공간에 다양한 채소를 키울 수 있다.

문의 기윤화훼자재상가 (02-575-7121)

재료 채소포트, 포트 구멍에 끼울 흙받침, 채소 모종, 그물망 또는 부직포, 배양토

1 반원 모양의 흙받침 양끝을 잡고 힘을 줘서 구부린다. 이때 힘이 너무 세면 완전히 휘어 사용할 수 없으니 구부러질 정도로 적당히 힘을 준다.

2 흙받침에 난 홈이 바깥을 향하게 든 후 포트의 안에서 밖으로 끼운다. 받침의 홈을 포트에 난 구멍 가장자리에 그대로 끼우면 된다.

3 흙받침을 모두 끼워 완성한 모습.

4 포트 바닥의 물구멍으로 흙이 빠져나가지 않게 그물망이나 부직포를 적당한 크기로 잘라 바닥에 깐다. 바로 배양토를 넣어도 되지만 바닥에 굵은 마사토를 깔면 물빠짐이 더욱 좋다.

5 준비한 배양토를 포트에 채운다. 포트의 구멍마다 어떤 채소 모종을 심을지 미리 결정한 후 한 층씩 흙을 채우면서 채소 모종을 심는다. 이때 모종은 수직이 아니라 45° 각도로 심어야 뿌리가 더 넓게 퍼진다. 포트의 윗면에는 모종 전체가 들어갈 만한 구덩이를 파고 구덩이에 물을 흠뻑 주고 물이 다 스며들면 모종을 심고 손으로 꾹꾹 눌러 평평하게 한다. 모종을 심고 난 후 물을 주고 하루쯤 반 그늘에 두었다가 다음날 햇빛을 듬뿍 쐬인다.

탐나는 열매, 이제 집에서 수확하세요

블루베리

블루베리 묘목은 약 30cm 높이로 다 자라도 2m를 넘지 않아 집에서 부담 없이 키울 수 있다. 블루베리 묘목은 화분 전체에 실뿌리가 골고루 퍼져 있고 새롭게 자란 튼튼한 가지가 1~2개 정도 있는 것을 고른다. 블루베리 묘목은 연생에 따라 1만~20만 원대까지 가격이 천차만별이다. 현재 20여 종의 블루베리 묘목을 구입할 수 있다.

블루베리는 가지만 잘라 흙에 심어도 뿌리를 내리는 삽목도 가능하다. 블루베리는 건조한 환경을 싫어한다. 주기적으로 화분 흙을 만져 보고 흙이 말랐으면 물을 준다. 비료는 2월, 3월과 블루베리 열매 수확 후인 9월에 준다. 늦가을까지 비료를 주면 줄기가 상하기 때문에 9월 한 달만 주고 그 이후는 삼간다. 질소비료를 너무 많이 주면 성장은 빠르지만 병충해에 노출되기 쉬우니 피한다. 화분에 심은 블루베리는 더 큰 화분에 옮겨도 1년이면 화분 안이 뿌리로 꽉 차기 때문에 1년에 한 번, 겨울에 분갈이를 한다. 옮겨 심을 때는 뿌리의 뭉쳐진 흙을 다 풀어서 심는다.

블루베리 묘목 살 수 있는 곳
양재화훼공판장 02-579-8100
광명블루베리농장 www.gmberry.co.kr
미루농원 www.미루농원.kr
밝은세상농원 www.0105.co.kr
김포블루베리농장 www.gimpoberry.com

토마토

열매를 알알이 잘 맺는 토마토는 초보자도 기르는 재미를 느낄 수 있는 식물이다. 배양토와 비료를 섞어 토마토를 화분에 심는다. 씨앗부터 기르는 것이 귀찮다면 화훼시장에서 묘목을 구입하는 방법도 있다. 물은 분 밑으로 물이 나오지 않을 정도로 조금씩 2~3일에 한 번 준다. 한참 자랄 때는 비료를 많이 먹으므로 화분 위에 뿌리거나 액체비료를 사용하기도 한다. 3~4번째 꽃이 피면 그 위로 잎 2매 정도를 남기고 적심(줄기를 잘라 키가 크지 않게 함)한다. 곁순이 많이 나오므로 원 줄기와 잎 사이에 나오는 곁순을 잘라 열매가 잘 자라도록 한다.

토마토는 자가수정식물이지만 꽃 구조상 수정이 쉽게 되지 않는다. 꽃이 피면 손가락으로 살짝 퉁기거나 흔들어 화분관을 터트린다. 담배가루이, 진드기 등이 생기면 살충제를 잎에 뿌려 해충으로 인한 피해를 예방한다. 토마토 씨앗은 양재동 화훼시장에서 3000원 정도에 판매한다. 토마토의 품종별로 다양한 씨앗이 있다.

07
실전 가드닝
허브

사계절이 뚜렷하고 일조량이 들쭉날쭉한 우리나라에서는, 추위와 습기를 싫어하고 햇빛을 좋아하는 허브를 일 년 내내 키우기란 여간 어려운 것이 아니다. 식품, 약초, 방충제 등 활용도 다양한 만능 허브를 집 안에서 잘 키울 수 있는 방법, 허브 종류마다 각기 다른 활용법을 알아본다.

🌱 허브 가드닝 노하우

허브 묘목 고르기

줄기가 굵고 단단한 것, 잎의 색이 짙고 생생한 것, 줄기를 잡고 약간 잡아당겨 뿌리가 잘 퍼진 것을 고른다. 축 처진 것, 색이 변색되거나 엷어진 것, 잎이 엉성하게 붙은 것은 피한다. 해충이나 병충해의 자취가 남아 있는지 살펴보고 흙이 건조하지 않은 것이 좋다.

물 주기

겉흙이 말라 있으면 화분의 밑구멍에서 여분의 물이 흘러나올 정도로 흠뻑 물을 준다. 허브는 습기를 싫어하므로 화분받침에 고인 물은 바로 버려 습하지 않게 한다.

비료 주기

허브는 다른 식물에 비해 그다지 비료를 필요로 하지 않는다. 옮겨 심을 때 기본 비료를 흙에 섞으면 추가로 주지 않아도 된다. 특히 병충해로 약해져 있을 때 비료를 주면 절대 안되니 참고하자. 캐모마일, 차이브, 바질 등은 한 달에 1~2회 액체비료를 주면 더욱 잘 자란다.

허브 늘리기

포기 나누기, 삽목, 뿌리 휘묻이 등의 방법이 있다. 삽목은 꺾꽂이로 잘라낸 줄기 끝을 가위로 잘라 30분~1시간 정도 물에 담근 후 흙에 꺾꽂이한다. 삽목상자는 물 빠짐이 좋고 청결한 배양토를 사용한다. 차이브, 민트, 레몬밤 등은 포기 나누기로 수를 늘린다. 포기 전체를 캐내서 손이나 가위로 포기를 작게 나눈 후 다시 심으면 된다.

허브 종류별 특징

민트류

살균 · 진정효과가 있고, 소화불량 · 감기에 좋다. 건조시킬 때는 오전 중에 지상 7cm 정도 되는 부분을 잘라서 통풍이 잘 되는 그늘에 말리면 좋다.

용토 적당히 습한 토질이 좋으나 특별히 토질을 가리지는 않는다.

키우기 화분에 심을 때는 30cm 이상 깊이 파주고 석회를 뿌려둔다. 4~5일 전에 퇴비를 많이 섞어 물 빠짐과 보수력이 좋은 비옥한 흙을 만든다. 1~2달에 1회 비료를 뿌린다. 포기 나누기나 삽목(꺾꽂이)으로 늘린다.

라벤더

보라색 꽃을 피우는 라벤더는 정신안정, 불안해소, 화상, 벌레 물린 데, 발의 피로, 스트레스 해소에 효과적이다.

용토 물 빠짐이 좋고, 건조한 약알칼리성 토질을 좋아하며, 고온다습을 싫어한다. 오히려 척박한 토질에서 향기가 좋은 꽃이 핀다.

키우기 잎이 무성한 곳은 가지를 쳐주고, 밑가지를 정리해서 통풍이 좋게 한다. 꽃이 핀 다음 잘라주면 다음 해에 꽃이 더 잘 달린다. 9~10월에 잘 자란 가지를 10cm 정도 잘라서 삽목하고, 3년 정도 되어서 포기가 커지면 봄과 가을에 포기 나누기를 한다.

헤리오트로프

보라색 꽃을 피우고 달콤한 향기를 가진 허브로 해열·이뇨·진해·해독작용을 한다. 온도 관리를 잘 해주면 1년 내내 꽃향기를 맡을 수 있다.

용토 습기가 약간 있는 비옥한 토지를 좋아하기 때문에 미리 적당한 흙을 만들어둔다. 심기 2주 전에 약간 깊게 퇴비와 비료를 섞어 넣으면 좋다.

키우기 여름의 고온다습과 추위를 싫어하고 해가 잘 들면서 통풍이 잘 되는 곳을 좋아한다. 월 2회 희석시킨 액체비료를 물 주기한다. 건조한 것을 싫어해 흙이 마르면 충분히 물을 준다. 봄과 가을에 삽목과 포기 나누기가 가능한데, 봄에 해야 실패가 적은 편이다.

레몬밤

식물 전체에서 상쾌하고 달콤한 레몬 향기가 나는 레몬밤은 진통, 히스테리 진정, 불안증 해소, 감기, 두통, 소화불량 해소에 도움을 준다.

용토 산성토양을 싫어하고 마른 땅보다 약간 습하고 비옥한 토지를 좋아한다. 비료나 퇴비 등을 넣어서 흙을 만든다.

키우기 장마 때는 줄기가 약해지므로 가지를 쳐서 통풍이 잘 되게 한다. 습기를 좋아하는 편이지만 물을 너무 많이 주면 레몬 향기가 약해지고 맛 또한 떨어진다.

레몬밤

세이지

류머티즘, 관절염, 근육통, 소화촉진, 살균, 항산화작용 등의 약효로 유명하다.

용토 건조하고 물이 잘 빠지는 토양을 좋아하고, 습기를 아주 싫어한다.

키우기 해가 잘 드는 곳을 좋아하지만 약간 그늘진 곳에서도 잘 자란다. 겉 흙이 마르면 물을 흠뻑 주고, 여름을 제외하고 월 1회 비료를 밑동 주위에 뿌려준다. 가지 끝의 눈은 따주어 옆눈이 많이 나오게 하면 가지가 퍼져서 포기가 무성해진다. 삽목은 4~6월에 약간 굳은 가지를 10~15cm 잘라 비료가 없는 흙에서 뿌리내리게 한다.

활용하기 생잎과 건조된 잎 모두 요리나 약재로 사용되는데 줄기, 잎을 활용한다. 대개 말려서 사용하는데 고기, 수프, 치즈 등에 넣어 향을 주거나 비린내가 심한 요리에 넣어 비린 맛을 제거한다. 차로 마셔도 좋은데, 물 250㎖에 말린 세이지 잎을 한두 스푼 넣어 천천히 끓인다.

타임류

살균 · 방충 효과, 목 아픔, 기관지염, 두통을 개선해주며, 식욕증진에 효과적이다. 생잎은 언제나 이용 가능하며, 건조용은 개화 직전에 밑동에서 약간 올려 자르고 잎을 훑어서 딴 다음 줄기째 그늘에서 말려 용기에 보관한다.

용토 석회질이 많은 토양에서 자란다. 건조한 토질을 좋아하며 습기에 약하다.

키우기 습한 것만 피하면 고온, 저온에 강해 방한을 해주지 않더라도 월동이 가능하다. 건조한 것을 좋아해 장마 때는 비가 직접 닿지 않는 장소로 화분을 옮겨주고, 흙이 마른 다음 2일 정도 지나서 물을 준다. 새로 나온 잎이 시들어 있으면 물 부족이니 바로 물을 준다.

활용하기 줄기, 잎, 꽃을 활용한다. 타임은 채소, 육류, 어패류, 달걀 등 다양한 식재료와 잘 어울리므로 요리에 향을 내는 용도로 활용한다. 타임티는 설사 · 위염 등 위장장애에 좋고, 미네랄이 풍부해 신장기능을 향상시킨다. 철분이 풍부해 빈혈 예방에 좋다. 말린 잎은 분말로 만들어 치약과 함께 사용하면 치아미백과 치석제거에 효과적이다. 생잎을 욕조에 뿌려 목욕제로 활용한다.

바질

바질은 졸음 방지, 위 활동 촉진, 벌레 물린 데 살균작용을 하며, 비타민·칼슘·철분 성분이 풍부하다. 프레시 바질은 토마토, 마늘과 잘 어울려 이탈리아 요리에서 없어서는 안 되는 식재료다.

용토 퇴비와 비료를 섞어 사용한다.

키우기 건조한 것을 싫어하기 때문에 물이 부족하면 바로 잎이 축 늘어진다. 그러나 습기가 지나치면 웃자라기 때문에 건조해지기 전에 물 주기를 하는 것이 요령이다. 가지 끝을 5cm 정도 잘라서 물올림을 한 다음 배양토에 삽목해 늘린다.

활용하기 달콤하고 상쾌한 향을 지닌 허브는 잎과 줄기를 모두 먹을 수 있으며, 특히 피자나 스파게티에 주로 쓰인다. 고기·생선·조개·달걀 요리, 샐러드 등을 만드는 데 주로 사용하며 토마토, 바질 생잎, 마늘, 치즈, 올리브오일을 넣고 토마토소스를 만들어 먹는다.

장미허브

달콤한 장미 향이 나는 허브로 잎이 두껍고, 잎 표면에 털이 나 있다. 불면증에 효과적이다. 먹지는 못한다.

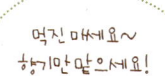

먹진 마세요~
향기만 맡으세요!

용토 건조한 토질을 좋아하며 지나친 습기에 약하다.

키우기 햇빛이 잘 들고 바람이 잘 통하는 곳에서 키우고, 겉흙이 마르면 물을 흠뻑 주면서 키운다. 키가 5cm 이상 자랐을 때는 줄기를 잘라 삽목한다.

활용하기 먹을 수 없는 허브로, 화분으로 두고 보거나 잎을 말려 면 주머니에 넣고 방향제로 활용한다.

08

실전가드닝
식충식물

식충식물은 파리·모기는 물론이고 거미·개미 같은 작은 곤충까지 먹는다. 스스로 벌레를 잡아 먹는 식충식물을 키우는 것이야말로 진정한 웰빙 벌레퇴치라 할 수 있다. 파리지옥과 끈끈이주걱 같은 종류는 일반 화원에서 쉽게 구입할 수 있고, 그밖에 종류는 전문 식충식물 숍에서 구입할 수 있다.

💡 식충식물 키우기 노하우

습도는 높게 유지한다

식충식물은 국내산 끈끈이주걱을 제외하면 대부분 고온다습한 열대 지방에서 온 것들이다. 건조하지 않게 물을 자주 분무해준다.

비료나 먹이는 따로 주지 않는다

식충식물은 벌레로만 영양을 충족한다. 파리지옥은 너무 많은 양을 먹으면 과식으로 말라 죽는다. 벌레를 잡아 먹이거나 따로 영양제를 줄 필요가 없다.

분갈이는 필수, 흙은 피트모스로

따로 영양분을 주지 않는 대신 분갈이는 제때한다. 식충식물은 배양토가 아닌 피트모스로 분갈이를 하는데, 피트모스와 부엽토를 3 : 1 비율로 섞는다.

햇빛은 충분히 쏘인다

햇빛이 좋은 정오를 중심으로 3~4시간 베란다에 내놓는다. 여의치 않다면 스탠드 등을 이용한 인공 조명을 쏘인다.

카펜시스

오라넨시스

톱니

🌵 식충식물 종류별 특징

파리지옥

톱니 모양의 잎사귀(트랩) 안에 있는 감각모를 건드리면 트랩이 조개처럼 닫히면서 소화액을 내뿜는다. 온도는 21~38℃를 유지하고 물은 저면관수(화분 밑에 물받침을 놓아 물을 빨아들이게 하는 물주기법)로 한다. 겨울잠을 자는 11~3월엔 1.7~10℃를 유지하고 저면관수를 빼고, 가끔 트랩을 피해 윗물주기를 한다. 햇빛은 직사광선보다 유리를 통과한 반차광 정도가 좋다.

사라세니아

통 모양의 잎사귀로 이루어진 식물로 통 속으로 벌레가 빠지면 소화액을 분사해 그 영양분을 빨아 먹고 자란다. 여름에는 20~35℃, 겨울에는 2~8℃의 온도를 유지해준다. 물은 저면관수법이 좋다. 겨울잠을 자는 11~3월에는 물받침을 빼주고 흙이 마르지 않을 정도로 가끔 위에서 물을 준다. 직사광선에서도 잘 자라는데 햇빛을 너무 받지 못하면 포충낭이 약해지니 최소한 하루 4시간은 햇빛을 받게 한다. 분갈이는 1~3년에 한 번 정도 겨울에 한다.

네펜데스

벌레 잡는 표주박 모양의 통(포충낭)이 달려 있어 '통풀'이라고 부른다. 습도가 60~70%일 때 가장 잘 자라고, 수시로 공중 스프레이와 물 빠짐을 좋게 해준다. 온노는 너무 높으년 살 크지 않으느로 낮에는 27~32℃, 밤에는 16~21℃로 유지한다. 겨울잠은 자지 않지만, 겨울동안은 자라지 않는다. 포충낭 안에는 물이 들어가지 않게 하는 것이 좋은데, 소화액이 완전히 없어지면 물을 소량 채워두는 것이 좋다. 포충낭을 통해 수분과 영양분을 얻으므로 포충낭이 달린 네펜데스는 따로 물을 주지 않아도 잘 산다.

끈끈이주걱

끈끈이주걱은 잎의 점액으로 벌레를 사냥한다. 점액이 씻겨지지 않도록 잎사귀 위로 물을 주지 않는다. 바람에도 점액이 씻겨갈 수 있으니 선풍기, 에어컨 앞에서 키우지 않는다. 온도는 영하로 떨어지지 않게 유지하고 물은 저면관수로 준다. 햇빛은 직사광선보다 반차광 정도가 좋다. 상태가 많이 좋지 않을 경우 양분을 빼앗아가는 꽃을 잘라준다.

썬샤인 / 리덕타 / 윌리시 / 알라타 / 토카이엔시스 / 일리시아

겨울에는 공기정화 능력은 물론 추위를 잘 견디고 다양한 스타일링이 가능해 인테리어 효과까지 더하는 분재가 제격이다. 분재란 꺾꽂이한 나무를 화분에 기르는 것으로 흙 표면에 이끼를 올리거나 물을 담은 작은 볼을 올리면 가습 효과를 겸한다. 지금부터 분재를 고르는 법부터 간단한 스타일링 노하우까지 배워보자.

분재 가드닝 노하우

건강한 분재 고르기

줄기는 밑동이 굵고 둥글며 상처가 없는 것을 고른다. 잎은 작고 뻣뻣하고 생기 있어 보이는 것이 좋다.

흙 고르기

분재엔 일반 식물과 달리 물 빠짐이 좋고 뿌리에 공기가 잘 통하는 마사토를 사용한다. 마사토의 크기별로 활용하면 좋은데 아랫부분에 굵은 마사토를 깔고, 중간층에 중간 크기의 마사토와 하이드로 볼을 1:1로 섞고, 윗부분은 고운 마사토를 얇게 깐다.

화분 고르기

분재용 화분은 재배화분과 감상화분으로 나눌 수 있다. 재배화분은 통기성이 좋고 화분 자체도 숨을 쉴 수 있게 토분을 사용한다. 감상용 화분은 물 빠짐이 좋고 물이 고이지 않는 것을 선택한다. 화분 안쪽에 손을 넣어 배수구 쪽 바닥을 만져서 평평하지 않고 구멍 부분이 쑥 올라왔으면 선택하지 않는다.

💡 우리 집에 어울리는 분재 고르기

분재는 일 년 내내 푸른 잎을 볼 수 있는 송백분재, 꽃을 피우는 상화분재, 열매가 열리는 상과분재, 단풍 등 잎을 감상할 수 있는 상엽분재로 나눈다. 모두 기본적인 나무의 기능은 가지고 있으므로 보기에 좋은 것을 고르면 된다.

보리수[1]
뽕나무과의 활엽수로, 계절에 따라 낙엽이 지는 등 잎의 색 변화가 멋스럽다. 빨간 열매가 열린다.

무늬보리수[2]
보리수과의 낙엽관목으로 잎에 잔털이 나 있는 것이 특징이다. 가을에 빨간 열매가 열린다. 잼, 파이의 원료로 사용하기도 한다.

느릅[3]
가지가 거북이 등짝과 같은 모습이다. 가을부터 늦겨울까지 낙엽이 져서 잎 관상용으로 인기가 좋다.

찔레[4]
끝 부분이 밑으로 처지고 날카로운 가시가 있다. 5월에 흰색 또는 연한 붉은 색의 꽃이 피고 열매를 맺는다.

석류[5]
붉은 꽃과 열매가 많이 열리는데 열매는 먹을 수 있고 씨앗에는 여성에게 좋은 천연 식물성 에스트로겐이 들어 있다.

치자[6]
꽃과 열매가 모두 열린다. 가을에도 잎의 색 변화는 거의 없다. 치자 꽃과 열매는 천연 염색 재료로 활용할 수 있다.

노박 [7]

꽃과 열매가 모두 열리는 분재로
5~6월에 꽃이 피고 10월에 열매를 맺
는다. 노박의 줄기 모양 때문에 노박덩굴이라고
도 불린다.

소사나무 [8]

잎 관상용으로 인기가 높은 분재의 종류로 4계절의
변화를 그대로 느낄 수 있을 정도로 계절에 따라 잎
의 색이 달라진다.

철쭉 [9]

잔가지가 많아 다양한 모양으로 스타일링
할 수 있다. 4~5월에 꽃이 핀다.

소나무 [10]

바다 바람을 맞고 자란 해송. 추위를
잘 견디고 사계절 내내 푸른 잎을 볼 수 있는
송백분재의 종류다.

삼나무 [11]

피톤치드 발생량이 많은 분재로 방 안에 두면 산
림욕 효과를 볼 수 있다.

화백나무 [12]

삼나무와 함께 피톤치드가 많이 뿜어져
나오는 분재로 인기가 높다.

💡 분재 연못

재료 2~3종류의 분재(삼나무, 화백나무 등), 물 담을 오목한 그릇, 접시 모양의 화기, 상토, 마사토, 이끼, 장식으로 활용할 돌과 자갈

※ 그릇 속 물은 2~3일에 한 번씩 갈아 준다. 작은 그릇 대신 큰 그릇을 놓고 그 안에 작은 물고기를 키워 어항으로 활용해도 좋다.

1 넓적한 화기에 흙에 물을 줘도 넘치지 않는 범위까지 상토를 깐다.
2 물을 담아 둘 오목한 그릇을 한켠에 둔다.
3 준비한 분재를 뿌리째 상토에 보기 좋게 고정한다.
4 고정되도록 마사토를 흙 위에 골고루 뿌리고 돌로 장식한다.
5 화기 위에 이끼를 깔고 물을 흠뻑 준다.
6 한켠에 비치해 둔 그릇에 물을 붓는다. 미니 연못을 만든 것인데 큰 그릇을 준비해서 어항처럼 활용해도 좋다.

🌱 이끼볼 미니 가습기

물을 좋아하는 이끼는 천연 가습기로 활
용하기 가장 좋은 아이템이다. 이끼가
마르지 않게 자주 물을 뿌리면 그만큼
실내 건조함이 사라져 호흡기 질환 예방
에 효과적이다.

재료 2~3종류의 분재(소나무, 철쭉 등),
기왓장, 상토, 마사토, 이끼, 장식으로 활
용할 돌과 자갈

1 기왓장에 물을 줘도 넘치지 않는 범위까지 상토
를 깐다.

2 흙 위에 산을 상징하는 돌로 장식한다.

3 미니포트에 담긴 분재를 꺼내 흙을 털어내고 이
미 깔아놓은 상토에 분재를 심는다.

4 고정하는 의미로 흙 위가 다 덮이게 마사토를 뿌
린다.

5 가습효과를 주는 이끼를 깔고 분무기로 이끼가
다 젖게 분무한다.

식물을 잘 키우고 싶다면? 가드닝 스쿨에 입학하세요

가드닝의 'A to Z'를 배울 수 있는 곳

식물은 고유의 성격에 따라 필요한 물의 양, 햇빛의 양(채광), 바람의 양(통풍)이 모두 다르고 조금만 그 조건을 채워주지 못하면 쉽게 죽어버린다. 심지어 미숙한 삽질에 식물의 뿌리가 상처를 입고 서서히 죽어 가고, 영양분을 너무 주어도 죽고 만다. 그동안 여러 번 허브를 키우고 채소 씨앗을 심었지만 매번 시들어 죽게 했고 싹을 틔우지 못했다면 주목하자. 가드닝 스쿨에 가면 무지한 초보 가드너도 프로 가드너가 될 수 있다.

쉽고 재미있게 알려주는 가드닝 수업

요즘 들어 크고 작은 규모의 가드닝 스쿨이 문을 열고 있다. 그중 원조격인 '까사스쿨' 가드닝 취미반의 커리큘럼은 식물에 대한 기초 상식, 서양난 연출법, 다육식물, 수경식물, 컨테이너 식물 및 허브 가든 등으로 구성된다. 12회 수업을 들으면 자연스럽게 흙의 종류부터 식물의 이름과 성격, 꽃삽 다루는 법, 전정 가위를 쥐는 법, 유리화기에 수경식물을 기르는 법, 실내정원을 만드는 '컨테이너 가드닝' 등 일상에 바로 활용할 수 있는 소소한 가드닝 기술과 스타일링 노하우까지 모두 배울 수 있는 구성이다. 따로 배우려면 지루할 수 있는 내용이지만 직접 식물을 앞에 두고 수업을 하기 때문에 모든 내용이 머릿속에 쏙쏙 들어온다.

가드닝 스쿨, 어떤 곳이 있을까?

까사 스쿨 '자연 속에서 발견한 아름다움을 새롭게 재창조한다'는 주제로 프랑스식 가드닝 스타일을 배울 수 있다. 12주의 커리큘럼 안에는 식물에 대한 기초 상식과 서양난 연출법, 다육식물, 수경식물, 컨테이너 식물 및 허브 가든 등이 포함된다.

위치 서초동 **시간** 매주 금요일 오후 2시~4시 30분 총 12회 **수강료** 120만 원(재료비 별도) **문의** 02-3442-1504

티그라스 전통 원예학을 전공한 가드너에게 탄탄한 원예 이론을 바탕으로 한 식물 종류별 식재 방법과 관리요령, 식물 스타일링 등 전반적인 가드닝 방법을 배울 수 있다. 나무 종류를 비롯해 양난, 수생식물 등 실내 가드닝이 주를 이룬다.

위치 신사동 **시간** 화·목 중 오후 2시~4시 총 12회 **수강료** 135만 원 **문의** 02-6249-2392

가드너스와이프 by 메리앤메리 플라워스쿨 디자인적인 요소보다 식물 그 자체를 제대로 이해하고 키울 수 있도록 실질적인 가드닝 방법을 강조해서 수업한다. 총 3번의 수업 동안 관엽식물, 다육식물, 난에 대한 이론 수업과 실습 수업을 병행한다. 플라워 레슨 수강생을 대상으로 한다.

위치 사간동 **시간** 일요일 오전 10시부터 2~ 3시간 총 3회 **수강료** 20만 원(재료비 별도) **문의** 02-738-5515

10

Let's DIY

식물은 꼭 화분에다 심어야 한다는 고정관념을 깨자. 흙이나 물을 담을 수 있고 뿌리가 뻗어나갈 수 있는 공간만 있다면 식물은 어떤 용기에서도 잘 자란다. 화분으로 활용하면 좋은 네 가지 리사이클 아이템을 소개한다.

🌱 과자봉지 화분

재료 과자봉지(또는 깡통·테트라 팩·종이컵), 식물, 이끼, 배양토, 삽

1 과자봉지 바닥에 구멍을 뚫은 후 구멍 안쪽에 그물망이나 부직포를 깔고 화분의 3분의 1가량 배양토를 채운다.
2 포트에서 식물을 꺼내 ①에 심는다.
3 빈 부분을 배양토로 채운다.
4 ③위에 이끼를 깔고 마무리한다. 이끼를 깔지 않아도 좋다.

🌵 프라이팬 화분

재료 프라이팬, 식물, 자갈, 배양토, 삽

1 프라이팬에 배양토를 얇게 깐 후 그 위에 식물의 자리를 잡는다.
2 자리를 잡아 세운 식물 주변으로 배양토를 채워 식물을 고정한다.
3 ② 위에 자갈을 올려 장식한다.

1 흙과 이끼를 지탱할 지지대 부분만 남기고 체의 나머지 망사 부분은 니퍼로 잘라낸다. 체 화분을 완성한 후 공중에 걸 수 있도록 남겨 놓은 망사에 낚싯줄을 걸어둔다.

2 남겨 놓은 망사를 뒤로 두고 바닥에 배양토를 깐다. 뒤에서 보기에도 좋도록 망사에 이끼를 덧대 놓는다.

3 식물의 높이와 체의 지름을 가늠해 식물의 뿌리를 잘라 높이를 맞춘다.

4 미리 깔아 놓은 배양토 위에 식물을 올리고 배양토를 조금 보태 식물을 지탱한다.

5 ④위에 이끼를 덧댄다.

🌵 체 화분

재료 체, 식물, 이끼, 배양토, 낚싯줄, 니퍼

재료

🌱 유리 식기 화분

재료 유리 소재 식기, 수경식물, 자갈, 식물 씻을 물과 화분에 담을 물

1 포트에서 식물을 빼내 뿌리의 흙을 털어 낸다. 뿌리가 상하지 않게 주의하며 식물 뿌리를 물에 씻는다.

2 식기 바닥에 자갈을 깔아 장식한다.

3 ③에 식물을 넣고 자갈을 더 넣어 식물을 고정한다.

4 식기에 물을 가득 부어 마무리한다. 물을 부으면 바닥에 있던 부유물이 떠서 물이 탁해지지만 잠시 두면 바로 가라앉는다.

Green Interior

살림의 여왕이 알려주는
친환경 인테리어의 법칙

계절이 바뀔 때마다 분위기에 맞게 인테리어를 바꾸고 싶은 주부들의 마음은 변함없다. 그러나 새집이나 리모델링한 집에 들어서면 눈이 따갑고 기침과 가려움증, 현기증, 피로감, 집중력저하 같은 증세를 보이는 경우가 많다. 일명 '새집증후군' 때문이다. 이제 새집증후군으로부터 안전해지기 위해 화학물질을 함유하고 있는 마감재 대신 친환경 소재를 사용해보자.

이
친환경 페인트

독한 냄새의 대명사이던 페인트가 변화하고 있다. 독성이 없고 냄새가 거의 나지 않는 것은 물론, 일부 제품에서는 향긋한 향이 난다. 그뿐인가. 미생물 서식을 막아 곰팡이 등을 방지하고, 음이온 기능을 강화해 집에서 삼림욕 효과까지 누릴 수 있다. 한결 순해진 페인트 시장. 건강한 우리 집 벽은 친환경 페인트로 단장해보는 것이 어떨까?

환경마크 인증제도

친환경 페인트는 사람에게 유해하고 환경을 파괴하는 유독성물질을 최소화한 페인트를 말한다. 유해물질은 크게 두 가지로 구분하는데 중금속, VOC(휘발성 유기화합물)가 그것이다. 2005년 7월 1일부터 수도권 내에서는 '환경친화형 페인트 공급판매 의무화' 제도의 시행으로 환경친화형 페인트만 판매하도록 법으로 지정했다. 페인트 통에 '수도권 내에서 사용가능한 제품임'이라는 문구가 부착되어 있다.

친환경 페인트 고르는 법

환경마크를 확인한다

동일 용도의 제품 중 생산 및 소비과정에서 오염을 상대적으로 적게 일으키거나 자원을 절약할 수 있는 제품에 환경마크를 부착한다. VOC 방출량이 가장 중요한 기준이다.

EG-Free 페인트인지 확인한다

수용성, 또는 냄새가 없다고 무독성은 아니다. 먼저 EG-Free 페인트인지 꼭 확인한다. 에틸렌글리콜(EG)은 라텍스 페인트에 사용되는 용매제인데, 이미 여러 나라에서 공기오염원이자 독성판정을 받은 물질이다. 무색무취의 액체 및 기체 EG는 사람에게 치명적이다. 피부 · 눈 · 코 · 기관지 · 허파 등 신체기관이 EG에 노출되면 과민 반응 또는 알레르기 반응이 생길 수 있다.

저독성 제품이 친환경 제품은 아니다

저독성 페인트가 친환경 페인트로 둔갑되는 일이 비일비재하다. 저독성 페인트는 독성이 낮은 페인트지 무독성이 아니다. 천연 페인트로 소개되는 제품 중 화학성분이 다량 함유된 제품이 많으니 꼼꼼하게 살핀다.

친환경 수성페인트를 선택한다

유성페인트는 쉽게 마르지 않을 뿐 아니라 바르고 난 후에도 냄새가 오래가기 때문에 집에서 사용하기에 부적합하다. 냄새와 유해성분을 없앤 친환경 수성페인트를 선택하자.

천연 페인트가 더 안전하다

친환경 페인트는 우리나라에서 지정한 환경기준에 맞춰진 제품이지만 석유화학제품이라 중금속으로부터 100% 자유로울 수 없다. 하지만 천연 페인트는 재료 자체를 석유화학 제품이 아닌 모든 원료를 식물에서만 추출해 만든 순식물성 화학제품이라 인체에 전혀 해가 없고, 환경에 전혀 문제가 되지 않는다. 몇 년 전까지만 해도 수입품뿐이었지만, 지금은 국내에서 다양한 제품이 출시되고 있다.

대표적인 친환경 페인트

삼화페인트 '아이생각' 실내용 페인트로 포름알데히드를 흡수하고 콘크리트, 시멘트벽에서 나오는 독성분인 암모니아를 제거해 실내 공기를 청정하게 유지시킨다.

KCC 페인트 '숲으로' 냄새가 순해 거부감이 적은 것이 특징이다. 방균 기능으로 곰팡이, 이끼 등 미생물 서식을 방지한다. 인체 신진대사를 촉진시켜 건강에 유익한 것으로 알려진 원적외선 발생 기능이 있다.

제비표페인트 '홈코디 수용성 페인트' 페인트 특유의 독한 냄새를 줄이고 유기용제에 의한 환경오염을 최소화하여 실내 인테리어용으로 도장하기에 적합하다. 중금속이 없는 저독성 페인트로 안전검사에 합격해 완구 및 아동용 가구에 안심하고 사용할 수 있다.

벽산페인트 '오투플러스' 곰팡이 서식 방지, 세균(대장균, 병원균 등) 억제, 탈취 효과 및 중금속이 함유되지 않은 환경친화적 제품이다. 또한 음이온과 원적외선 기능을 강화해 원기회복과 집 안에서 삼림욕 효과를 누릴 수 있어 쾌적한 실내 환경을 만들어준다.

벡크 미네랄 천연 페인트 자연환경에 무해한 성분(실리게이트수지, 무기질, 기타 첨가물)으로 만들어진 제품. 단열기능이 뛰어나 에너지 절감 효과가 있다. 습기, 결로(이슬 맺힘), 곰팡이에 강해 쾌적한 주거 환경을 만들어준다. 솔 향과 오렌지 향이 솔솔 뿜어져 나와 상쾌함을 준다.

벤자민무어 페인트 중금속, 유기용제가 첨가되지 않아 독성과 냄새가 없고, 알레르기나 호흡기질환을 일으키지 않는다. 색상의 변색이 없으며 곰팡이를 방지한다. 석고보드, 시멘트 등 실내 어디든 사용할 수 있다.

집단장에 활용하세요! 컬러테라피 인테리어

사람이 오감을 통해 얻을 수 있는 정보 중 87%는 시각을 통한다. 이 중 80%는 색에 의한 것으로 학계는 보고 있다. 컬러테라피는 이를 활용한 대체의학의 한 종류다. 각각의 색에 의해 편안함과 흥분, 따뜻함과 차가움 등 감성적 변화를 느끼게 하는 원리로 사람의 심리를 건드린다. 이를 활용한 '컬러테라피 인테리어'는 색이 가지는 긍정적인 효과를 이용해 작업 능률을 올리거나 학업 성취도를 높이는 등 생활에 긍정적인 영향을 준다.

마음을 안정시켜주는, Pink

1980년 교도소 내 폭력으로 고심하던 미국에서는 당시 회색이던 교도소 내부를 핑크색으로 바꾸자 폭력사고가 눈에 띄게 줄었다는 보고가 있다. 그만큼 핑크는 마음을 안정시켜주는 색이다. 자궁 내부 색상이라 편안함과 안정감을 주는 핑크색은 따뜻하고 화사해 가족실이나 아이방에 활용하면 좋다.

다이어트를 하고 싶다면, Violet

우아한 느낌의 보라색은 식욕을 저하시키는 역할을 하기 때문에 다이어트에 도움을 주고 심장 활동을 편안하게 해준다. 편안한 휴식과 숙면을 취할 수 있게 도와주기 때문에 불면증이 있다면 침구와 소품을 보라색으로 바꾼다.

긴장을 풀어주는, Blue

파란색은 긴장이나 불안감을 가라앉히고 알레르기 및 피부개선, 원기회복 등에 효과적이다. 색채 병리학에서 파란색은 두통, 신경성 고혈압, 불면증, 신경통, 히스테리 등의 치료에 사용된다.

식욕을 더하는 색, Yellow & Orange

노란색은 우울하거나 초조한 기분을 완화해준다. 아이가 밥을 잘 먹지 않을 때 옐로와 오렌지로 주방을 꾸미면 식욕이 높아진다. 욕실에 노란색 타일을 활용하거나 노란색 타월을 걸어두면 마음이 밝아지고 변비 해소에 도움이 된다.

집중력과 상상력을 더하는, Green

그린은 스트레스 해소, 집중력 강화, 상상력 강화, 혈액순환 등에 도움이 된다. 심리적으로 자극을 주지 않기 때문에 신경과 근육의 긴장을 완화해주고 마음을 평온하게 해준다.

02 벽지

집 안의 가장 넓은 면을 차지하는 벽지. 벽지의 성분이 인체에 미치는 영향이 크므로 친환경적인 천연 소재가 함유된 제품을 사용하는 게 좋다. 지금부터 새집증후군으로부터 안전한 친환경 소재 벽지를 소개한다.

가족의 건강을 위협하는 새집증후군

가족의 건강을 지켜줘야 할 집이 오히려 건강을 위협하고 있다. 새집증후군은 집이나 건물을 새로 지을 때 사용한 건축자재나 벽지, 접착제, 광택제 등에서 나오는 포름알데히드, 아세톤, 벤젠, 톨루엔, 클로로포름과 같은 휘발성 유기화합물의 인체 자극이 원인이다. 오랜 기간 휘발성 유기화합물에 노출되면 호흡기질환, 심장병, 암 등의 질병이 나타날 수 있다.

기존에 많이 쓰는 합지나 실크벽지는 제조과정에 톨루엔과 같은 유해화합물이 사용되어 도배했을 때 눈이 따갑고, 머리가 아프며 화재 시 유독가스가 방출된다. 또한 소각 시 다이옥신이 방출되고 재활용이 되지 않는 것도 단점이다.

건강에 좋은 천연 소재 벽지

요즘 눈길을 끌고 있는 천연 소재 벽지는 종이 위에 소나무 가루, 황토, 옥, 쑥 등의 천연 재료를 도포해 건조시킨다.

천연 소재의 종류에 따라 효능 차이가 있지만 대부분 시멘트나 페인트의 독을 탈취하는 효과가 있다. 항균, 원적외선 방사, 습도 조절, 실내 공기 정화 등의 기능도 있다. 아토피성 피부염이나 알레르기 증상 완화에 도움이 되어 호흡기질환자나 노약자, 피부병이 있는 집에 유용하다.

천연 소재 벽지는 일반 벽지에 비해 비싸고, 잘 찢어지며 이음새 부분이 표시가 나는 게 단점이다. 하지만 집 안의 대부분을 차지할 정도로 넓은 면에 사용하므로 천연 성분이 건강에 미치는 영향이 크다.

유해물질을 분해하는 음이온

음이온은 합성화학물질을 분해하는 성질이 있어 벽면 등의 시멘트가 지니고 있는 강알칼리성분이 난방 중 휘산될 때 이것을 흡착하고 중화시켜 실내 오염을 막아준다.

▼ 우리벽지 '나노초이스'(5763-1)
기술을 적용, 음이온과 은이온 방출을 통한 항균·살균·탈취 기능을 추가한 친환경 벽지로 100% 수성잉크를 사용하고 유해성 첨가제를 배제한 제품이다.

▼ DSG 대동벽지 '이온의 집'(9045-2)
수성잉크와 환경가소제를 사용해 유해한 포름알데히드를 최소화한 제품으로 벽지 내에 음이온과 원적외선을 방출하는 원석이 들어있어 삼림욕 효과까지 더한다.

실내 유해물질을 제거하는 피톤치드

피톤치드는 수목이 해충이나 미생물로부터 스스로를 방어하기 위해 발산하는 천연 항균물질로, 벽지 성분으로 쓰이면 생활공간의 공기를 청정한 숲 속과 유사하게 정화해주는 역할을 한다.

신진대사를 원활하게 해주는 황토

황토는 인체의 신진대사에 필요한 미네랄 성분을 다량 함유하고 있으며, 흡착성·생분해성이 강해 현재 오수 등의 정화에 활용되고 있다. 또한 황토의 미네랄 성분이 신진대사의 불안정으로 인한 신경통, 류머티즘, 만성관절염질환에 도움을 주는 것으로 알려져 있다.

알데히드 방출량을 낮춘 수성잉크

기존 벽지에서 방출되는 유해물질의 약 97%가 유성잉크에서 발생하는데, 안료를 희석하는 데 사용되는 유기화합물에 유해물질이 함유되어 있기 때문이다. 반면, 수성잉크는 안료를 희석하는 데 인체에 무해한 물을 사용해 유해물질이 방출되지 않는다.

▼ 개나리벽지 '트랜디'(39083-1)
피톤치드 성분을 더한 벽지로 실내 유해물질 제거와 새집증후군으로 나타나는 두통, 아토피 피부염, 비염, 각종 알레르기 피부염 등을 일으키는 포름알데히드와 톨루엔 등 휘발성 유기화합물을 중화해준다.

▼ 에덴바이오벽지 '산소벽지'(5488)
천연 소재인 황토와 소나무에 펄을 엄선 가공 처리한 벽지. 시멘트 등 마감재의 독성을 제거하고 항균, 습도조절, 피톤치드 방출 등 다양한 기능을 한다.

▼ LG Z:IN '네이처'(A101-1)
친환경 코팅층과 종이로 이루어져 연소 시에 발생하는 유해 가스량을 현격히 낮췄다. 수성잉크를 사용해 인쇄층에서 발생하는 TVOC와 포름알데히드의 방출량 또한 획기적으로 낮췄다.

보온, 습도 조절이 우수한 섬유벽지

각종 원사를 날염하여 일정한 간격과 탄력을 유지시켜준다. 자연 섬유의 포근한 질감과 풍부한 입체감이 돋보이며 보온·흡음·통기성이 우수해 습도 조절이 가능하다.

환경호르몬이 전혀 없는 옥수수벽지

옥수수벽지는 기존 PVC 벽지와 달리 사람이 먹는 옥수수 녹말가루로 만든다. 새집증후군을 일으키는 포름알데히드 등 환경호르몬이 전혀 나오지 않으며 일반 PVC 벽지와는 달리 통기성이 좋아 곰팡이가 생기지 않는다.

▼ 샬롬벽지 '카이로스엘리스'(4504)
자연 소재를 사용한 친환경 벽지. 벽지 자체가 온도와 습도 조절이 가능해 항상 쾌적한 실내를 유지할 수 있다. 방음 기능이 탁월하고 방염처리를 해서 화재가 났을 때도 안전하다.

▼ 서울벽지 '옥수수가'(6433-2)
옥수수 녹말가루로 만들어 포름알데히드 등 환경호르몬으로 인한 새집증후군이 없고 통기성이 좋아 여름에도 곰팡이 걱정이 없다.

tip 실패하지 않는 도배 요령

도배할 때는 먼저 벽의 높이보다 5~10cm의 여유를 두고 벽지를 재단한다. 이때 무늬가 이어지게 잘 재단해야 한다. 도배풀은 벽지 안쪽에 바를 것은 좀 묽게, 가장자리에 바를 것은 좀 되게 하거나 목공용 본드를 약간 섞어 따로 만들어둔다. 재단한 벽지에 꼼꼼하게 풀칠한 후 풀칠한 면을 맞대어 5~10분 놓아둔다. 이후 위에서 아래로, 넓은 면에서 좁은 면으로 붙여 나가는데 벽지가 울지 않게 마른 수건이나 붓으로 안쪽에서 바깥쪽으로 꼼꼼하게 문질러야 한다. 도배 후에는 남아 있는 여유 부분을 깔끔하게 칼로 정리한다. 실크벽지는 건조 시간이 2~3일 걸린다. 도배를 하면서 벽지가 살짝 울었더라도 마르면서 팽팽해지기 때문에 크게 걱정할 필요는 없다.

03
플라워테라피
인테리어

현대인 건강의 주적(主敵)은 단연코 스트레스. 가장 흔한 위장 질환에서부터 심장병, 뇌졸중, 우울증, 암의 발병에 이르기까지 직·간접적으로 스트레스와 연관돼 있다. 이런 스트레스를 해소함으로써 질병을 예방하고 건강을 증진시키는 심리요법, 플라워테라피가 많은 인기를 얻고 있다. 화려한 컬러와 향기로 몸과 마음의 '기(氣)'를 다스리고 인테리어 효과도 있어 일석이조다. 컬러테라피 효과까지 얻을 수 있는 공간별 플라워 스타일링을 소개한다.

플라워테라피는?

꽃을 이용하는 '플라워테라피(꽃요법)'가 도입, 확산되고 있다. 예쁜 꽃은 보기만 해도 기분이 좋다. 꽃이 내뿜는 '기(氣)' 때문일까? 이처럼 꽃의 좋은 기운을 받아 몸과 마음의 문제를 해결하자는 것이 플라워테라피다. '테라피(치료)'라는 단어를 사용하지만 구체적인 질병 치료가 1차 목적은 아니다. 일본에서는 2003년 내각부 지정 비영리법인 플라워테라피협회가 출범, 병의 치료나 간병에 활용되고 있다. 우리나라에서도 최근 활발한 연구가 진행 중이다. 꽃의 자연 컬러는 마음을 움직이는 치유의 컬러다. 꽃을 단순한 장식적 요소로만 볼 것이 아니라 꽃이 지닌 강한 에너지를 이용해 인간 내면의 카타르시스를 느끼게 함으로써 병을 치유하는 심리요법으로 활용할 수 있다.

🪑 향과 색, 다양한 꽃의 효능

플라워테라피는 보완 대체의학 중 원예치료학의 한 가지다. 중환자가 꽃을 보며 마음의 위안을 얻는 것에 착안해 꽃을 치료와 간병에 활용하기 시작했다. 실제로 꽃의 색깔, 모양, 향기는 사람의 마음뿐 아니라 몸에도 상당한 효과가 있다고 알려져 왔다. 꽃으로부터 사람이 받는 신비한 힘을 '꽃의 기'라고 하는데 꽃의 색, 향기, 형태가 발하는 꽃의 기가 '인간의 기'와 일치할 때 그 효과가 더욱 좋게 나타난다고 한다. 한의원에서는 들국화나 금은화(인동초) 등 꽃으로 된 한약재를 써서 차로 마시게 하고, 향기 치료에도 이용하고 있다. 플라워테라피에 사용되는 대표적인 꽃들을 살펴보자.

은방울꽃과 장미

직감력을 높이고, 은방울꽃처럼 예리한 모양의 꽃은 집중력과 긴장감을 높인다. 장미의 달콤한 향은 심신에 활력을 불어넣고 기분을 밝게 한다.

카네이션과 재스민

은은하고 맑은 향기는 흥분을 진정시킨다. 재스민의 자극적이고 달콤한 향기는 기분을 고양시키고 용기를 북돋운다.

매화와 들국화

상쾌하고 달콤한 향기의 꽃은 긴장을 풀어주어 편안하게 하는 효과가 있다. 이러한 꽃의 색과 형태, 향기의 균형까지 좋으면 꽃이 내뿜는 기도 강해져 효과는 증대된다.

🪑 생활 속 플라워테라피

꽃의 기를 활용하여 자연 친화적 라이프 스타일을 제안하는 것이 바로 플라워테라피다. 굳이 자신의 상태와 기분에 따라 꽃을 고르지 않더라도 평소 자신이 좋아하는 꽃으로 실내 공간을 장식하고 꽃과 대화하는 시간을 갖는다면 꽃의 기를 흡수할 수 있다. 가장 쉽고 편안하게 플라워테라피를 즐길 수 있는 방법은 테이블, 욕실, 침실 등 인테리어 소품으로 꽃을 이용하는 것이다. 특별히 시든 꽃을 따거나 물을 주는 등 '가꾸는 행위'를 동반하면 더 큰 효과를 얻을 수 있다.

꽃 종류별로 보는 효과

동양의학에서는 꽃에도 음양의 균형이 있어서 꽃이 지닌 성질에 따라 그 쓰임이 각각 다르다고 말한다.

양의 기운, 크고 화려한 양의 꽃은 자신의 능력에 한계를 느끼거나, 실수 또는 불안 등으로 의기소침해 있을 때, 기분이 우울할 때, 혈압이 높을 때 활력을 주는 효과가 있다. 적색·황색 등 따뜻한 색을 띠며 크기가 크고 화려하다. 장미, 카사블랑카(나리), 양란, 산다소니아 등이 있다.

음의 기운, 우아한 매력을 지닌 음의 꽃은 혈압이 높을 때, 타인과의 좋지 못한 일로 불안하거나 잠이 안 올 때, 기분이 들떠 있을 때 마음을 침착하게 하는 진정작용을 한다. 펄색·자색·백색을 띠며 작고 덜 화려하다. 아이리스, 안개꽃, 마가렛, 스타티스, 꽃도라지 등이 이에 속한다.

중용의 꽃, 핑크색 계열 중용의 꽃은 긴장이 지속되고 스트레스가 많을 때 편안한 기분을 느끼게 하는 긴장완화 효과가 있다. 핑크색 계열에는 금어초, 스위트피, 패랭이꽃 등이 있다.

청색 꽃 고혈압증, 불면증, 정신적 피로에 효과

적색 꽃 저혈압증과 냉증에 효과(심장 약한 사람, 고혈압 있는 사람은 강한 적색은 피하는 것이 좋다)

황색 꽃 식욕부진, 빈혈, 현기증, 당뇨병에 효과

백색 꽃 천식, 피부병, 다이어트에 효과

자색 꽃 어깨통증, 귀울림, 두통, 불면증에 효과

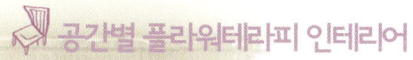

거실은 허브와 식물로 푸르게 꾸며라!

거실은 누구에게나 개방되어 있는 공간으로 손님에게는 집의 첫인상이 되고, 가족에게는 하루 중 가장 많은 시간을 보내는 공간이다. 빈 듯한 느낌이 들 정도로 소품이나 장식을 최대한 줄여 쾌적한 느낌을 주는 것이 좋다. 거실에 가장 잘 어울리는 컬러는 초록이다. 자연의 컬러인 초록은 건강, 조화를 상징하는 색으로 마음을 안정시키는 효과가 있다. 초록 계열의 꽃을 놓아도 좋지만 산세베리아, 관음죽, 벤자민, 고무나무 등 공기정화 효과가 있는 식물을 놓아 푸르고 싱그러운 느낌이 나도록 연출한다. 사방으로 향이 퍼져 천연 방향제로 불리는 허브를 곳곳에 놓아도 좋다.

For Living Room

상상력 풍부한 아이 방은 파스텔 계열로 배색하라!

다양한 색을 접하며 자란 아이는 그렇지 않은 아이보다 감성이 풍부한 것으로 밝혀져 있다. 아이 방은 컬러의 제한 없이 파스텔 톤의 파랑, 초록, 오렌지 등의 컬러를 다양하게 배색하는 것이 좋다. 비비드한 컬러도 좋지만 파스텔 톤을 권하는 이유는 화사하고 부드러운 느낌의 파스텔 톤이 아이의 마음을 편안하게 해주기 때문이다. 정서상 불안정한 아이에게는 치유나 교정의 효과를 준다. 산만한 아이의 집중력을 키우기 위해서는 파랑과 초록 계열을 배색해 심리적인 안정감을 유도한다. 소극적인 아이에게 활발하고 활동적인 성격을 심어주려면 노랑과 오렌지 컬러를 배색한다. 다양한 컬러의 꽃을 화기 하나에 꽂아두어도 좋지만, 작은 화기 여러 개에 꽃을 꽂아 각각의 컬러가 제대로 보이게 한다.

For kids Room

침실은 숙면을 유도하는 와인 컬러가 좋다!

침실은 하루 동안 쌓인 피로와 스트레스를 치유하는 공간으로 무엇보다 마음을 편안하게 하고 숙면을 유도해야 한다. 침실에 와인 컬러 꽃을 활용해보자. 와인 컬러는 뜨거운 빨강과 차가운 파랑의 중간색으로 마음에 안정을 주는 동시에 아늑함을 제공한다.

베이지 컬러도 좋다. 땅 색깔과 닮은 베이지는 마음에 편안함을 주고 긴장을 풀어주는 컬러다. 좁은 침실에 지나치게 풍성한 꽃은 피한다. 자는 동안 공기 중의 산소를 빼앗아갈 수 있다.

For Bed Room

욕실엔 상쾌한 민트그린과 아쿠아블루 컬러!

하루를 시작하고 마무리하는 공간인 욕실에는 상쾌한 기분이 드는 민트그린과
아쿠아블루 컬러의 꽃을 추천한다. 바다와 하늘을 연상시키는 블루는 자연을 상
징하는 동시에 활기, 재충전, 생명 보전의 의미를 함축하고 있다. 긴장을 풀어
주고 마음을 안정시키는 것은 물론, 시각적으로 깨끗한 느낌을 준다.

For Shower
Room

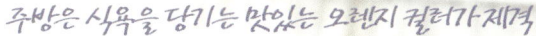
주방은 식욕을 당기는 맛있는 오렌지 컬러가 제격

주방엔 식욕을 자극하고 기분을 들뜨게 하는 오렌지 계열 컬러를 선택한다. 생생하고 화려한 성질의 오렌지 컬러는 빨강의 정열적인 느낌과 노랑의 밝고 명랑한 이미지를 다소 완화한 컬러로 따뜻한 감정을 불러일으킨다. 가족이 모여 이야기를 나누며 식사하는 주방에 이보다 더 어울리는 컬러는 없다.

따뜻한 느낌의 노랑도 식욕을 자극하는 색이다. 주방에 꽃을 놓을 때는 음식 냄새를 음미하는 데 방해가 되지 않도록 향이 지나치게 강한 것은 피한다. 꽃과 비슷한 컬러군의 과일을 담아 함께 장식하면 효과는 배가 된다.

For Sweet Kitchen

Eco
Life

살림의 여왕이 알려주는
'진짜' 에코 라이프의 법칙

'에코(Eco)'나 '그린(Green)'이라는 단어가 우리 사회에서 가장 중요한 키워드가 되었다. 환경이나 자연을 생각하지 않고 적당히 지금까지의 생활을 유지해온 대부분의 사람들도 이제 에코의 압력을 받고 있다. '결자해지(結者解之)'라 하지 않았던가. 우리가 알게 모르게 해친 환경은 우리가 되살려야 한다. 소소한 것부터 시작하는 에코 라이프에 입문해보자.

01
Eco Life
바로 알기

우리가 간과하고 있는 사소하지만 환경에는 큰 영향을 미치는 행동들을 되짚어본다. 에코 라이프를 시작하기 전 우리가 망가뜨린 환경이 우리에게 미치는 영향에 대해 정확히 알아둘 필요가 있다.

지구가 아프면 우리도 아프다

세상이 아무리 '에코'를 부르짖어도 나와는 거리가 멀다 생각했다. 일회용 식기로 밥을 먹고, 매연을 뿜는 자동차를 타도 당장 앓아눕지 않으니 그 심각성이 크게 와 닿지 않았다. 이렇게 내 한 몸만의 편안함을 추구하는 동안 우리 주변 보이지 않는 곳에서는 생태계 변화가 놀라운 속도로 이루어지고 있다.

우리는 세상의 모든 존재가 다른 존재와 유기적으로 연결되었다는 사실을 쉽게 잊는다. 예를 들어 한 지역의 나무를 모조리 베어내면 반드시 홍수가 일어난다. 홍수로 인해 그 지역에 살던 어떤 생물이 멸종위기에 처하면, 그 생물의 천적은 무한정 증가한다.

이렇듯 인간의 손이 닿는 즉시, 조화롭던 생태계는 아비규환으로 변하기 시작한다. 결국 당장 나 자신, 내 가족에게 아무 해가 없다고 해서 행한 환경파괴 행동이 부메랑이 되어 다시 내게 돌아온다. 아니 이미 돌아오고 있다. 몇 년째 이어지는 홍수, 가뭄, 태풍, 산불 등이 그것이다. 생태계 파괴의 결과는 대상을 가려서 찾아오지 않는다. 쇼핑할 때, 여행할 때, 심지어 식사할 때도 환경을 떠올려야 하는 이유다. 거꾸로 생각해보면 조금 불편하더라도 환경을 생각한 생활습관이 결국 우리 모두에게 이득으로 돌아온다는 사실을 잊어서는 안 된다.

🌱 나 자신이 건강을 망치고 있다

현재 지구와 인간의 삶을 위협하는 가장 큰 원인은 기후 변화, 환경 호르몬, 식생활 변화다. 이 세 가지 현상의 주범은 나 자신이다. 이것들이 어떻게 우리 삶의 질을 떨어뜨리고 건강을 해치고 있는지 파악해보자.

지구온난화의 직접적인 영향

UN 기후 변화기구인 IPCC(Intergovernmental Panel on Climate Change)는 여러 차례 보고서를 통해 '기후변화는 결국 인간의 건강을 위협할 것'이라고 경고했다. 지구온난화는 폭염, 홍수, 폭풍, 가뭄과 같은 기상재해를 통해 직접적으로 건강에 악영향을 끼치며, 특히 알레르기 질환의 급증을 초래했다.

우리나라는 1994년 7월과 8월 서울지역 평균기온이 28.0℃로 예년보다 월등히 높았다. 하루 평균기온이 30℃를 넘은 7월 22일부터 29일까지의 사망자 수는 교통사고 등 사고사를 제외하고 1074명으로 이전 3년간 같은 기간에 비해 72.9% 증가했다. 심혈관계 질환으로 사망한 사람은 96.3% 증가했다. 1991년부터 2000년까지 10년 동안 서울의 체감 무더위가 질병 사망자에 미치는 영향을 분석한 결과 '37℃ 이상의 높은 열지수가 1℃씩 증가할 때마다 약 8명씩 사망자가 증가한다'는 보고가 있다.

지구 온난화의 간접적인 영향

오존 농도 증가로 호흡기질환유발오존은 이산화질소 등 1차 오염 물질이 자외선과 반응해 생성되는 2차 오염 물질로서 기온과 비례해 발생량이 증가한다. 오존은 자극성 기체로 천식을 비롯한 다양한 호흡기 질환을 유발하는 물질이다.

최근의 경향을 보면 봄철 기온이 상승함에 따라 식중독 발생시기가 앞당겨지고 있으며, 발생횟수가 증가한다. 그 외 세균성이질, A형간염, 무균성뇌수막염 등의 증가가 기온 상승과 관련돼 있다.

기후변화로 알레르기 질환 급증

건강보험공단의 연도별 주요 환경성 질환 진료 인원 추이를 살펴보면 아토피피부염, 알레르기비염, 천식 등 환경성 질환은 2002년 545만 명에서 꾸준히 증가해 2006년 665만 명으로 늘었다. 증가율이 가장 높은 알레르기 비염은 5년 새 무려 35.6% 증가했다. 특히 최근 20년간 국내에서는 노인과 어린이의 알레르기 질환 증가가 뚜렷하다.

전문가들은 환경 변화가 원인인데 그중에서도 주거 환경의 서구화, 대기 오염, 자동차 수의 증가와 관련성이 높다고 입을 모은다. 온도가 높아지면 꽃가루를 생성하는 나무나 잡초의 성장이 촉진되고, 꽃가루 수의 생산과 확산능력이 증가한다. 자연히 꽃가루에 대한 노출이 많아질 수밖에 없는데, 꽃가루는 직접적으로 기도점막에 알레르기 반응을 일으킨다. 그밖에 벌 등 곤충의 번식도 왕성해져 벌독알레르기 등 곤충알레르기가 늘어나고 있다.

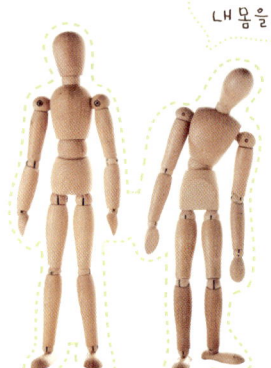

지구 사랑 환경 사랑!
내 몸을 사랑하는 첫걸음!

당신의 에코지수는 몇 점인가요?

Check!

1 전자제품을 고르는 조건은?
① 디자인 ② 에너지 효율
2 샤워할 때 물 사용 방법은?
① 수압이 센 샤워기를 이용한다.
② 대야에 받아 사용한다.
3 공과금 청구서를 받는 방법은?
① 우편 ② 이메일
4 욕실 조명의 종류는?
① 백열등이나 할로겐 ② 형광등
5 평소 멀티탭 관리법은?
① 항상 멀티탭 스위치를 켜둔다.
② 외출할 때나 잠자리에 들 때는 멀티탭
  스위치를 끈다.
6 마트에서 장을 본 후 물건을 담아 오는 것은?
① 마트 비닐봉지 ② 준비해 간 장바구니
7 애용하는 교통수단은?
① 자동차 ② 대중교통이나 자전거
8 집에서 키우는 식물이 있는가?
① 아니오 ② 네
9 TV를 보거나 음악을 들을 때 소리는?
① 크게 ② 작게
10 평균 샤워 시간은?
① 10분 이상 ② 10분 미만
(① = 0점, ② = 10점)

Q1 에너지 효율은 1~5등급으로 나뉘고 1등급에 가까울수록 에너지가 절약된다. 자동차의 경우 1등급 제품과 5등급 제품이 최고 60%까지 차이 난다.

Q2 수압이 센 샤워기로 샤워를 하는 것보다 욕조에 물을 받아 30분 동안 입욕을 하면 약 150ℓ의 물을 줄일 수 있다.

Q3 청구서의 제작비와 우편비 등을 포함해 400원 정도가 소요된다. 전화요금과 인터넷요금을 이메일로 받아보면 매달 150원까지 할인받을 수 있다.

Q4 형광등은 백열등보다 65% 이상 절전효과가 있다. LED 조명은 평균 40% 에너지 절감효과가 있어 녹색 에너지로 각광받고 있다.

Q5 외출할 때나 잠자리에 들 때는 멀티탭 스위치를 끈다. 텔레비전의 경우 코드를 꽂아 두는 것만으로 시간당 5W의 전력이 소모된다. 특히 리모콘을 사용하는 가전기기인 TV, 오디오, 컴퓨터 등은 자체 스위치를 꺼도 플러그를 빼지 않는 한 전기가 소모된다.

Q6 일회용 비닐백 한 장을 분해하는데 1000년이 넘게 걸리며, 한국인의 연간 사용량은 1억5000만~2억 장이다. 가방 안에 장바구니와 과일·채소를 담을 수 있는 투명망, 방수망을 넣어 다니면 비닐백을 소비할 일이 줄어든다.

Q7 자전거는 공해를 발생하지 않는 최고의 이동수단이다. 대중교통도 좋지만 가까운 거리는 자전거를 이용한다.

Q8 호흡을 하는 초록 식물을 키우면 공기청정기와 가습기를 가동시키는 에너지를 절감할 수 있으며, 집 안의 각종 유해성분을 없앨 수 있다.

Q9 오디오 볼륨은 줄일수록 전력이 감소되기 때문에 에너지 절약이 가능하다.

Q10 샤워 시간을 1분만 줄여도 물 1900ℓ를 아낄 수 있다. 샤워 시 온도를 5℃ 정도 낮추면 연간 230kg의 이산화탄소 배출을 줄일 수 있다.

🌱 에코 라이프 실천 Tip 30

에코 라이프에 동참하자. '지구 환경 수호대'가 되기 위한 일은 거창하지도 어렵지
도 않다. 처음에는 귀찮고 깜빡 잊기도 하겠지만, 곧 자연스럽게 일상 속에 녹아
들 것이다. 집에서 할 수 있는 작은 실천, 일상 속에서 찾아보자.

01 물건을 산 즉시 포장지는 벗겨 매장에 돌려줘요

이중 삼중으로 된 포장지. 물건을 산 후 그 자리에서 포장을 벗겨 상점에 두고 온
다. 생산업체와 매장에 과대포장에 대한 자신의 의사를 전달할 수 있을 뿐 아니
라 집에서 분리 배출하는 것보다 재활용도가 높아진다.

02 옷은 싼 것보다 오래 입을 수 있는 것을 구입해요

유행에 따라 옷을 수시로 사고 버리는 '패스트 패션'이 대량 옷 쓰레기를 만들어
환경파괴의 주원인이 되고 있다. 가능하면 질리지 않고 유행에 민감하지 않으며
오래 입을 수 있는 '슬로 패션'으로 바꿔보자.

03 모든 공과금은 이메일로 받아요

우체통에 가득 쌓이는 청구서는 이제 메일로 받자. 클릭 한 번으로 제작비와 우
편비 등을 포함해 400원을 아낄 수 있다. 전화요금과 인터넷 요금은 매달 150원
까지 할인 받을 수 있다.

04 수압을 조절해 물 낭비를 막아요

수압이 너무 세면 물이 낭비되기 쉽다. 조절밸브를 알맞게 조절해 한 번에 많은 양의 물이 나오는 것을 방지한다.

05 동네 재활용품점에 물건 들어오는 날을 체크하세요

환경과 가계를 살리는 재활용센터를 사랑하자. 시간 날 때마다 틈틈이 방문하면 어떤 요일에 좋은 물건이 들어오는지 정보를 수집할 수 있다. 운동기구의 경우 상태가 좋은 제품이 많이 들어오기 때문에 시세보다 싸게 구입할 수 있다.

06 린스 대신 식초로 머리를 헹궈요

샴푸 대신 비누로 머리를 감고, 린스나 섬유유연제 대신 식초로 헹군다. 청소할 때는 환경친화적 제품인 베이킹파우더를, 하수구가 막혔을 때 강력세제 대신 뜨거운 물에 베이킹파우더 반 컵과 식초 반 컵을 섞어 부으면 뚫린다.

07 아파트 베란다에 상추와 고추를 길러 먹어요

앞마당에 텃밭을 가꾸거나 채소를 길러보자. 아파트라면 베란다에 큰 화분을 놓고 기르기 쉬운 고추나 상추 등을 기른다. 신선한 채소를 먹는 즐거움과 기르는 즐거움, 아이들의 생태교육장으로 활용할 수 있다. 이때 먹고 남은 음식쓰레기를 활용해 퇴비로 사용한다.

08 다림질할 때 손수건 정도는 여열을 사용해요

다리미와 드라이어는 될 수 있으면 쓰지 않는다. 가정용 다리미와 드라이어 등은 순간전력이 1000kW가 넘는 '전기 먹는 하마'다. 한 번 사용하면 짧게 집중적으로 끝내고 사용하지 않을 때는 반드시 코드를 뽑아둔다.

09 살아 있는 음식물 쓰레기 처리기, 지렁이를 키워요

지렁이는 음식물쓰레기를 해치우는 일등공신이다. 염분이 함유된 음식물 쓰레기는 줄 수 없지만 과일 껍질이나 채소뿌리는 3~4일 정도면 모두 먹어치운다. 지렁이로 잘 퇴비화한 토양은 식물에게 질소, 인, 칼륨화합물 같은 영양소뿐 아니라 풍부한 단백질과 아미노산을 공급한다. 좀 더 자세한 내용을 확인하고 싶다면 '에코붓다' 홈페이지(www.ecobuddha.org)를 참고하자.

10 날짜 지난 신문은 차곡차곡 모아둬요

하루가 지나면 짐이 되는 신문은 매일 버리는 것보다 모아 한 번에 재활용품으로 분리한다. 설거지 전 기름을 닦거나 유리창 청소할 때 쓰고, 잘게 잘라서 땅에 묻었다가 몇 개월 후 화분의 배양토로 활용한다.

11 변기청정제 대신 붕산, 소다로 자주 청소해요

변기청정제에는 염소, 포름알데히드를 비롯한 많은 화학물질이 들어 있다. 소변을 볼 때마다 물을 한 번씩 내려서 하루에 버려지는 변기청정제의 양도 많을 것이다. 결국 고스란히 생태계의 고통이 된다.

12 뜨거운 음식은 미지근해지면 냉장고에 넣어요

냉장고 내부온도를 계절에 따라 조절한다. 내부 온도를 1℃ 낮추는 데 7%의 전력이 더 소요된다. 냉장고의 적정 냉장온도는 여름철에는 5~6℃, 봄·가을에는 3~4℃, 겨울철에는 1~2℃다. 냉장고는 통풍이 잘 되는 곳에 두고 냉장고 안의 품목을 적어 바깥에 붙여둔다. 냉장고 안에 무엇이 있는지 여는 횟수를 줄여 전력 낭비를 막을 수 있다.

13 빨래는 날씨 좋은 날 밖에 널어 말려요

세탁기의 건조 기능은 '에너지 먹는 하마'다. 젖은 옷은 세탁기의 건조 기능을 사용하기보다 야외에 널어 말리자. 햇볕을 쬐면 살균효과까지 얻을 수 있어 건강에 더 이롭다.

14 포일 대신 친환경 종이포일을, 플라스틱 대신 유리제품을 사용해요

PVC(폴리염화비닐) 재질의 식품포장용 랩은 밀착성·신축성이 뛰어나 편리하지만, 납·아연 등 중금속과 환경호르몬의 심물질이 검출되고 있다. 남은 음식물을 냉장고에 넣어 보관할 때 비닐 랩이나 포일 대신 뚜껑 있는 통을 쓴다. 생선 등을 그릴에 구울 때 포일을 쓰지 않는다.

15 해진 면 티셔츠나 옷감은 기름기를 닦는 데 써요

기름이 묻는 용기를 바로 씻을 경우 기름과 세제 때문에 물의 오염을 가중시킨다. 해진 면 티셔츠나 옷감을 적당한 크기로 잘라두었다가 기름기를 제거한 후 설거지하면 물을 줄일 수 있다. 그냥 버리는 쌀뜨물, 채소 데친 물, 국수 삶은 물을 받아두었다가 세제 대신 설거지물로 쓴다. 이때 쌀뜨물은 두 번째 나오는 물을 사용한다.

16 외출할 때, 잠자리에 들 때는 멀티탭 스위치를 끕니다

전원을 꺼도 코드를 뽑기 전까지는 전기가 소모된다. 텔레비전의 경우 코드를 꽂아두는 것만으로 시간당 5W의 전력이 소모된다. 특히 리모콘을 사용하는 가전기기인 TV, 오디오, 컴퓨터 등은 자체 스위치를 꺼도 플러그를 빼지 않는 한 전기가 소모된다.

17 화장실의 노란 불빛을 흰색으로 바꿔요

미국 에코맘들의 환경 실천 조항 중 하나가 백열등, 할로겐 등을 형광등으로 바꾸는 것이다. 형광등은 백열등 소비전력의 3분의 1만으로 같은 밝기를 낸다. 눈이 너무 부시다면 한지 등을 이용해 전구를 감싸 불빛을 부드럽게 바꾼다.

18 장바구니는 꼭 핸드백에 넣어 다녀요

비닐봉지 9장에는 승용차 한 대를 1km 운행할 수 있는 석유 에너지가 들어 있다. 한 장 분해되는 데 1000년이 걸리며 한국인의 연간 사용량은 1억5000만~2억 장이다. 가방 안에 장바구니와 과일·채소를 담을 수 있는 투명망, 방수망을 넣어 다닌다. 오늘부터 당장 주변에서 비닐봉투를 없애라.

19 방향제 대신 자주 환기를 시켜요

방향제 성분을 한번 살펴보자. 방향제의 성분표시는 법적 의무사항이 아니기 때문에 표시되어 있지 않은 것도 있다. 방향제에 들어 있는 에탄올의 경우 인체유해성이 적어 허용되고 있지만, 장시간 밀폐된 공간에서 사용하면 흡입으로 인한 피해가 생긴다. 방향제보다는 자주 환기시키거나 식물을 키우는 것이 실내 공기정화는 물론 건강에 훨씬 좋다.

20 밥을 지을 때 따뜻한 물로 해요

전기밥솥에 밥을 할 때 따뜻한 물을 사용하면 찬물로 할 때보다 전기를 3분의 1 정도 절약할 수 있다.

21 쌀뜨물은 모아 두었다 다용도로 활용해요

쌀뜨물은 주방의 효자 아이템이다. 우엉이나 죽순, 무 등을 삶을 때 사용하면 쌀
뜨물 속에 있는 전분입자가 표면을 감싸주어 하얗게 삶아진다. 빨래 삶을 때 표백
제 대신으로 사용 가능하다. 쌀뜨물을 더러워진 유리창에 하룻밤 뿌려 두었다가
이튿날 아침에 닦으면 유리가 반짝반짝 빛난다.

22 하루에 한 번 수돗물을 받아 보리차를 끓여 먹어요

생수 한 병을 만들기 위해 청정지역을 개발하고 물을 뽑아내고 플라스틱 병에 담
아 물류창고에서 차량에 실어 각 마트로 이동한다. 쉽게 사먹는 생수가 얼마나 많
은 에너지를 필요로 하고 자연을 훼손하는지, 플라스틱 병은 자연에 얼마나 힘든
쓰레기가 되는지 알아야 한다. 가능한 한 수돗물을 마시거나 끓여 마신다.

23 1주일에 하루는 화장하지 않는 날로 정해요

화장품에는 물과 기름이 잘 섞이게 하는 '유화제(계면활성제)'가 들어간다. 그밖에
방부제·살균제·산화방지제·향료타르계 색소가 들어가는데, 이 물질들은 피부의
멜라닌 세포를 자극해 피부트러블·손상의 원인 물질이 된다. 우선 1주일에 하루
를 화장하지 않는 것으로 시작해 점차 늘려나간다.

24 에어컨을 틀 때는 선풍기도 함께 돌려요

에어컨은 선풍기보다 약 30배의 전력이 더 소모되며, 에어컨 필터에 먼지가 끼면 5% 정도 에너지 효율이 떨어진다. 2주일에 한 번씩 청소해 에너지를 절약하고, 에어컨을 사용할 때는 창문을 닫고 커튼을 쳐 직사광선을 막아 냉기가 새어나가지 않게 한다. 또한 에어컨 온도를 너무 낮게 하지 말고 대신 선풍기를 함께 틀면 좀 더 에너지를 줄이면서 시원한 여름을 보낼 수 있다.

25 전구는 절전형인지 확인하고 사요

3파장 절전형 형광등은 일반 전구보다 두 배 정도 비싸지만 전력 소모량은 일반 전구의 5분의 1 수준에 불과해 에너지를 아낄 수 있다.

26 아이들이 게임한 후에는 꼭 모니터를 껐는지 확인해요

컴퓨터 모니터는 절전모드로 설정한다. 모니터는 컴퓨터의 시스템 중 전력소모가 가장 큰 부분이다. 컴퓨터를 사용하지 않는 상태에서 모니터를 켜두면 시간당 평균 60W의 전력이 소모되며, 컴퓨터 본체도 마찬가지다. 2분 이상 사용하지 않는다면 끈다.

27 겨울에는 꼭 내복을 챙겨 입어요

옷맵시 때문에, 혹은 창피하다는 이유로 내복을 꺼린다. 하지만 내복을 입는 것만으로 겨울철 난방 에너지를 20% 절감해 연간 1조 원 이상을 절약할 수 있다. 결국 얇은 천 한 장으로 자연스럽게 환경보호를 실천할 수 있다.

28 자전거 타는 연습을 해요

자전거는 공해를 발생하지 않는 최고의 이동수단이다. 대중교통을 이용하는 것도 좋지만 가까운 거리는 자전거를 이용, 생활화하자.

29 TV를 보거나 음악을 들을 때 소리를 작게 해요

오디오 볼륨을 줄일수록 전력이 감소되기 때문에 에너지 절약이 가능하다. 이어폰이나 헤드폰을 쓰면 볼륨을 줄일 수 있다.

30 욕심내지 말고 먹을 만큼만 그릇에 담아요

날마다 전 세계 다섯 살 미만의 어린이 3만 명이 먹을 것이 없어 죽어간다. 음식물 쓰레기의 경제적 손실가치는 1년간 15조 원으로 우리나라 한 해 식량 수입액의 1.5배에 달한다. 음식물 쓰레기를 처리하는 데 드는 비용이 연간 4000억 원이 드는 실정이다. 먹을 만큼만 덜어 먹는 것을 시작으로 음식물 쓰레기 줄이기에 동참하자. 이는 소식하는 습관을 들일 수 있어 신체 건강에 도움이 되고, 소식은 배설물을 줄여 정화에 드는 에너지 및 비용을 줄이는 중요한 항목이다.

02
에코 쇼핑

가격과 디자인만 보고 쇼핑하는 시대는 지났다. 이제는 얼마나 친환경적인 제품인지 따져야 한다. 새로운 트렌드로 급부상한 '에코 쇼핑(Eco Shopping)'에 대한 모든 것을 담았다. 에코 쇼핑이 무엇이며, 어떻게 하는지, 그리고 에코 쇼핑하기에 좋은 믿을 만한 에코숍 리스트를 살펴본다.

에코 쇼핑이란?

시대 흐름에 발맞춰 소비자들의 쇼핑 방법이 바뀌고 있다. 가격이나 디자인을 따지던 것에서 벗어나 '얼마나 친환경적인 과정을 거친 제품'인지가 쇼핑 기준이 되었다. 환경 전문가들은 '윤리적 소비'를 강조한다. 이는 개인적이고 도덕적인 믿음에 근거한 의식적인 소비를 의미한다. 당장 자신에게 이득이 되지 않더라도 장기적인 관점에서 이웃과 자연환경을 생각하면서 물건을 구입하는 것이다.

에코 푸드, 바르게 알기

유기농과 친환경은 다르다. 친환경 제품을 구입하기 전, 유기농과 친환경의 차이를 정확히 알 필요가 있다. 농산물은 농약과 화학비료의 사용 여부에 따라 4단계로 나뉜다. 농약과 화학비료를 3년 이상 사용하지 않은 '유기농산물', 1년 이상 사용하지 않은 '전환기 유기농산물', 농약은 사용하지 않고 화학비료는 권장량의 3분의 1 이하로 사용한 '무농약농산물', 농약은 사용하지 않고 화학비료는 2분의 1 이하로 사용한 '저농약농산물'이다. 이 모든 것을 통틀어서 친환경 농산물이라고 부른다. 친환경 농산물은 농약, 화학비료, 사료첨가제 같은 화학 자재를 전혀 사용하지 않거나 최소량을 사용해 생산한 농산물이다.

로컬 푸드의 중요성을 깨닫자

자기가 사는 지역에서 생산된 식품을 먹는 것이 에너지를 절약하고 건강을 지키는 길이다. 이것이 '로컬 푸드(Local Food)' 운동이다.

직거래나 '생협'을 통해 구매하면 음식이 식탁에 오르기까지 발생하는 이산화탄소를 최소화하고 지역 경제를 돕는다. 흙과 물을 오염시키는 화석연료 기반의 대규모 화학농업의 피해에서 벗어날 수 있고, 식품의 영양가가 손실되기 전에 먹을 수 있다.

제철 우리 농산물이 최고

수입 농산물이 아닌 제철에 나는 우리 농산물을 선택하는 것이 중요하다. 수입 농산물은 운송거리와 기간이 길기 때문에 농약과 방부제를 많이 뿌려야 하고, 운송되는 동안 많은 에너지가 소비된다. 반면 우리 땅에서 나는 제철식품은 성분량이 최고이며 최대의 영양소를 보유하고 있다.

제철식품이 아닌 것은 비닐하우스에서 키워야 하는데, 햇빛이 들지 않고 습해 해충이 많아 과다한 농약과 화학비료를 쓴다. 어떤 경우는 비쌀 때 팔기 위해, 약으로 성장을 빠르게 하기도 늦추기도 한다. 이런 농산물을 먹으면 몸에 독성이 쌓인다. 또한 난방을 해야 하기 때문에 자원을 낭비하고 환경오염을 일으킨다.

한살림의 '가까운 먹을거리 운동'

친환경농산물 업체인 '한살림'의 '가까운 먹을거리 운동'이 주목받고 있다. 먹을거리의 발자국 즉, 이동거리가 가까운 먹을거리를 선택하자는 것이다. 에너지 소비와 이산화탄소 배출을 줄여 기후 변화를 막고 환경을 지킬 수 있다.

이 운동은 먹을거리의 안전을 보장하는 일이다. 우리 사회를 뒤흔든 미국산 쇠고기 광우병파동과 중국산 멜라민 파동은 근원적으로 농업생산지와 밥상의 물리적 거리가 멀어져 생긴 일이다. 전세계적 식량위기 속에서 우리 농업을 지켜 안전한 식량 생산과 소비를 보장하는 일이기도 하다.

'녹색' 포장에 속지 않고 '진짜 에코'를 가려내는 법

한 시사 프로그램에서 프리미엄 과자의 실체에 대해 폭로한 이후 친환경 재료를 사용해 만들었다는 프리미엄 과자를 바라보는 시선이 곱지 않다. 한 백화점에서 파는 웰빙달걀의 1/3이 가짜라는 뉴스도 충격적이었다. 연일 들려오는 '에코'의 탈을 쓴 가짜들의 소식에 지금껏 비싼 가격을 지불해온 소비자들은 배신감에 몸을 떨 수밖에 없다. 더 이상 겉포장에 속지 말자.

내용물은 예전 그대로, 광고만 초록빛 일색인가요?

'그린마케팅'은 환경을 보호하면서 동시에 소비자는 안전한 제품을 믿고 구매할 수 있게 생산에서 마케팅까지 관리하는 것을 뜻하지만 이런 인기를 이용해 무늬만 에코, 친환경을 외치는 '그린코드' 기업들도 눈에 띈다. 현 환경법상 에코나 친환경 광고문구에 대한 기준이 없어 아무렇게나 선전할 수 있기 때문이다. 소비자들은 이 점에 속지 않게 주의해야 한다. 그러기 위해서는 포장지에 적힌 문구를 꼼꼼히 읽어 에코, 혹은 친환경상품이라 할 수 있는 근거를 찾아내자.

생활용품, 안전한 원료와 재활용 가능한 포장인가요?

생활용품은 종류가 다양하고 소비하는 양도 많으므로 다양한 시도가 끊임없이 이루어지는 분야다. 일반적으로 어떤 원료로 생산했는지, 포장재는 재활용이 가능한지, 몸에 해가되는 성분은 들어가지 않았는지 따져보자. 에코&친환경 컨셉으로 잡은 브랜드는 제품설명서를 콩기름으로 인쇄하고 생활용품 원료에서 형광증백제, 색소 등의 화학성분을 제외해야 하는 등 엄격한 규칙 속에서 생산되고 있다.

제품 포장은 간결한가요?

제품을 구입할 때 포장이 차지하는 비중이 적지 않다. 진짜 에코&친환경 제품이라면 환경에 악영향을 주지 않아야 하므로 과대포장을 하지 않는다. 포장을 한 단계 없애는 것만으로 자원낭비는 물론 쓰레기까지 줄일 수 있다.

소비자, 생산자, 환경 모두 행복해지는 제품인가요?

웰빙이 그저 나 하나만을 위한 것이라면 에코와 친환경은 우리, 넓게는 지구를 배려하는 것이다. 제품을 생산하기까지 배출되는 이산화탄소의 양을 적은 탄소라벨제품이나 제3세계 생산자들을 위한 공정무역상품 등이 에코&친환경 제품군에 속한다. 제품을 생산하는 기업이 환경보호에 얼마나 앞장서고 있는지, 추구하는 이념이 에코와 친환경에 얼마나 부합하는지 고려해보자.

집 가까이에서 생산되는 제철식품인가요?

신선식품은 건강한 먹을거리에 대한 관심이 가장 뜨거운 부분이다. 지금까지는 유기농, 저농약 등에 집중되었지만 이제는 유통과정을 생각해야 한다. 에코 제품은 본래 최단거리 이동을 원칙으로 한다. 먹을거리를 고르기 전 '지역내 생산물인가,''유통기한이 짧은 제철식품인가,''유기농, 친환경으로 재배되었는가'를 살펴보자.
가공식품은 제품의 원료가 표시되어 있는 라벨을 잘 살펴본다. 유통기한이 너무 긴 것은 방부제가 많이 들어갔다는 뜻이므로 제외한다.

✿ 에코 제품 판매하는 곳

요즘 주부들의 선택은 남다르다. 먹는 것, 입는 것, 하나하나에 민감한 우리 엄마들이 찾아내 세상에 알린 인기 에코숍을 만나보자.

에코숍

롯데백화점과 '환경재단'이 손을 잡고 만든 친환경 전문 매장. 유기농 의류, 친환경 비누, 친환경 장난감 등 세계 각국의 친환경 제품을 판매한다. 모든 제품은 '환경재단'의 제품 선정기준에 맞춰 상품선정위원회를 통해 선정되는데, 선정기준에만 부합하면 어떤 제품이든지 입점할 수 있다.

문의 02-730-7333 **홈페이지** www.ecoshop.kr

올가

'올가'는 풀무원 계열사인 내추럴하우스오가닉에서 운영·관리하는 친환경 제품 전문숍이다. 과일, 채소, 유제품, 가공식품 등은 물론 비타민 등의 건강식품을 판매한다. 모든 농·임산물에 이력추적제를 도입해 소비자가 제품의 생산에서 가공, 포장, 출고까지 모든 과정을 한눈에 확인할 수 있다.

문의 080-596-0086 **홈페이지** www.orga.co.kr

믿을 수 있는 제품을 판매하는 곳들이랍니다~

페어트레이드코리아

국내 최대 공정무역 쇼핑몰 '페어트레이드코리아'는 희망무역을 지지하는 NGO 단체와 희망무역을 사랑하는 시민이 주주로 참여해 세운 시민주식회사이자 사회 기업이다. 의류, 장신구, 도자기, 차 등 120여 종 제품을 온라인에서 판매하고 있으며, 서울 안국동에 공정무역 전문 오프라인 매장인 '그루'를 오픈했다.

문의 02-739-7944 **홈페이지** www.fairtrade.gru.com

아름다운가게

2002년 3월 처음 문을 연 이후 사람들에게 기증받은 물품을 손질해 저렴한 가격으로 새 주인을 찾아주고, 그 수익으로 어려운 이웃과 단체를 돕는 비영리 시민 단체다. 재활용품 매장의 특성상 매일 새 물품이 들어오기 때문에 자주 들르면 좋은 물품을 구입할 수 있는 기회는 그만큼 커진다.

문의 1577-1113 **홈페이지** www.beautifulstore.org

'탄소성적표지'를 확인하세요!

'탄소라벨'은 하나의 제품이 시장에 나오기까지 생산·유통·폐기되는 데 쓰이는 이산화탄소의 양을 수치로 환산해 라벨에 표기하는 것을 말한다. 이 라벨은 가격표와 함께 제품의 이산화탄소 환경오염 꼬리표가 되어 따라다닌다. 유럽에서 활발하게 실행되고 있는 탄소라벨제도가 2009년부터 '탄소성적표지'라는 이름으로 우리나라에서 실행됐다.

탄소성적표지에 찍히는 '탄소발자국'

일명 '탄소라벨'이라 불리는 이 라벨로 제품의 생산·유통·폐기 과정에서 이산화탄소를 얼마나 배출하는지를 판단할 수 있다. 이 제도가 활발하게 실행되고 있는 영국에선 소비자가 제품을 고를 때 이 수치가 제품 선택의 기준이 된다고 한다.

탄소라벨제도는 유럽의 선진국에서 2008년부터 실시하고 있으며, 우리나라에서 2009년부터 시범인증대상제품에 한해 '탄소성적표지(Cool 마크)'라는 이름으로 시행되고 있다.

'탄소발자국'이라 불리기도 하는 이 수치는 제품 전 과정인 원료 채취, 생산, 수송 및 유통, 사용, 폐기 과정에서 발생하는 온실가스 발생량을 CO_2 배출량으로 환산한 것이다. 탄소발자국 계산에 포함되는 온실가스 종류는 이산화탄소, 메탄, 이산화질소, 수소불화탄소, 과불화탄소, 육불화황 등 모두 6가지다.

탄소성적표지 바로 읽기

탄소성적표지 인증은 제품 온실가스 배출량 인증과 저탄소산소 인증으로 나누어지는데, 어떤 인증을 받느냐에 따라 붙는 라벨의 모양이 조금씩 달라진다.

'온실가스 배출량 인증'은 쉽게 말해 온실가스 배출량을 표기하는 모든 제품에 붙이는 라벨이다. '저탄소산소 인증'은 온실가스 배출량을 표기하는 제품 중 국가에서 제시한 최소 감축 목표를 달성하면 주어진다. 식품, 생활기기는 물론 이동수단 서비스까지 이산화탄소를 배출하는 생활 전반에서 다시 한 번 '환경'을 생각한 소비를 유도할 것으로 기대를 모으고 있다.

03 생협

생협이 가치 있는 것은 '안심 먹을거리'를 제공하면서 '윤리적 소비'를 추구하기 때문이다. 매출에만 눈이 멀어 식품에 터무니없는 가격을 매기지 않으며, 커피나 설탕처럼 수입에 의존해야 하는 식품은 공정무역을 통한다. 참 착한 생협, 제대로 이용할 수 있는 완벽 가이드를 소개한다.

'생협'은?

생협은 소비자가 중심인 협동조합이다. 소비조합, 구매조합, 소비자협동조합 등으로 불리다가 90년대 들어 '소비자생활협동조합'이란 용어로 통일됐다. 우리나라에서는 아직 생소하지만 선진국은 생협의 사회적 위치와 인지도가 꽤 크다. 일본은 전체 4800만 가구 중 45%에 해당하는 2200만 가구가 생협 조합원이고, 스위스나 스웨덴은 거의 모든 가구가 생협에 가입해 있다.

생협은 왜곡된 유통구조와 비합리적 가격구조에 대항해 질 좋은 상품을 저렴하게 이용하기 위한 구매자의 움직임에 뿌리를 두고 있다. 현재 생협에서는 문화, 교육, 복지 등의 분야에서 협동의 힘으로 문제를 해결하고 대안을 만들기 위해 다양한 활동을 벌이고 있다.

생협 회원은 친환경 농산물과 안전한 가공품 등을 공동으로 구매한다. 조합원에게 다양한 강좌와 문화활동을 지원하고 살기 좋은 마을을 만들기 위해 지역주민이 공동으로 이용하는 병원이나 유치원, 카센터 등을 조합원 출자(사업을 유지하고 운영하기 위한 자본)로 설립해 운영한다. 물론 이렇게 만들어진 시설도 조합원이 운영 주체로 참여한다.

생협은 투자자, 운영자, 이용자가 각각 분리되어 있는 일반 기업과 달리 출자, 운영, 이용을 모두 조합원이 한다. 또한 기업은 이윤을 목적으로 소비자에게 상품과 사업을 제공하지만, 생협은 이윤을 목적으로 하지 않으며 조합원의 의사와 요구에 의해 운영한다. 조합원 모두가 평등하다는 것도 일반 기업과 다른 점이다.

🌱 가장 활발한 3대 생협 제대로 알기

생협이 생활협동조합임을 알게 됐지만 아직도 어떻게 이용해야 할지 막막한 당신을 위해 생협의 세계에 입문하기 전 꼭 알아두어야 할 정보와 생협별 특징을 한곳에 모았다. 하나하나 비교하고 따져보아 자신에게 맞는 생협을 선택하자.

생협의 시작, 한살림   🌱 한살림

1986년 작은 쌀가게로 시작한 생협은 현재 전국 19개 지역, 20여만 명의 조합원과 생산자를 거느리게 되었다. 한살림은 우리나라에 생협 시스템을 구축한 선구자로, 도시와 농촌이 함께 사는 세상을 만들기 위해 공동체를 이루고자 조성된 비영리단체다.

'한살림'이란 '하나의 생명을 살려낸다'는 뜻이다. 한살림은 우리 땅에서 나지 않는 것은 취급하지 않는다. 채소와 과일 모두 국내산, 그것도 제철식품만 고집한다. 한살림에서 가공식품을 잘 찾아볼 수 없는 이유다.

주문에 맞춰 농산물을 수확하기 때문에 갓 수확한 신선한 농산물을 구입할 수 있다. 하지만 주 1회의 느린 배송, 철 지난 농산물은 볼 수 없다는 것이 아쉽다.

지역 특성에 맞게 다른 시민단체와 연대해 자연과 생명을 지키는 활동을 한다. 농촌 회원은 우리 땅과 우리 생명을 살리는 친환경 유기농업을 실천해 도시 회원에게 안전한 먹을거리를 제공하며, 자신의 지역에서 '한살림 운동'을 펼치고 있다.

한살림 조합원은 인터넷으로 가입하거나 지역 매장을 방문해 가입할 수 있다. 지역 한살림의 조합원이 되기 위해서는 별도의 교육 등을 거쳐 출자금과 가입비를 납부한다. 지역마다 출자금과 가입비가 조금씩 다를 수 있으나 서울은 출자금 3만원, 가입비 3000원이다.

홈페이지 www.hansalim.or.kr
문의 02-3498-3600, 1588-3603

모두 한살림에서 파는 것이랍니다~

윤리적 소비의 실천, 아이쿱생협  iCOOP

아이쿱(iCOOP)생협은 '나(I)'를 중심으로 생협운동을 펼쳐가는 소비자생활협동조합의 줄인 말로 윤리적 소비를 실천하고 있다. 또한 농업과 환경을 보호하기 위해 우리밀을 사먹고 친환경 물품을 구매하는 등 나와 이웃, 나아가 지구 환경을 살리는 소비를 지향한다.

아이쿱생협은 생산자와 직거래를 기본으로 한다. 일반 시장처럼 소비가 얼마나 될지 알 수 없는 상태에서 물량을 다량 확보하고 판매하는 것이 아니라, 조합원의 주문을 받아 예상 소비물량만큼 생산하는 방식이다. 유통이 이루어지기 위해서는 조합원이 3일 전에 주문해야 한다. 장보기를 미리 해야 하는 불편함이 있지만 직거래·사전주문 방식으로 진행되고, 별도의 유통업체가 없어 비용이 가장 적게 들며 가격 변동이 적다는 것이 장점이다.

아이쿱생협은 공정무역(Fair Trade)으로 필리핀, 동티모르, 콜롬비아 등 제3세계 생산자에게 노동에 대한 공정한 가격을 지불하고 물품을 구입한다. 공정무역은 전 세계적으로 이루어지는 대안무역운동인데 생산자의 사회경제적 자립과 지속 가능한 발전을 추구한다.

아이쿱생협은 국내에서 생산되지 않는 커피, 카카오, 설탕, 올리브오일 등을 공정무역을 통해 조합원에게 공급하고 있다. 아이쿱생협은 '자연드림'이라는 브랜드를 가지고 있다. 자연드림은 친환경 유기농산물, 베이커리, 외식사업 등을 통해 그동안 아이쿱에서 판매하지 않던 가공식품을 선보인다.

아이쿱생협은 유기농 아이스크림에서 초콜릿까지 국내 3대 생협 중 가장 다양한 가공식품을 갖추었다. 아이쿱과 자연드림의 모든 제품은 전화, 인터넷, 자연드림 매장에서 구입할 수 있다.

홈페이지 www.icoop.or.kr
문의 및 주문 1577-6009

어머니들이 똘똘 뭉쳤다! 두레생협연합회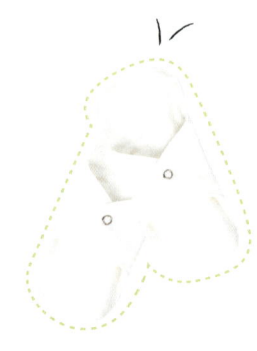

'두레'는 조상이 모내기나 추수철에 마을 공동의 일이나 행사를 치를 때 서로 도와주던 공동체 조직이다. 이 전통 공동체에서 이름을 가져온 '두레생협'은 이름에 걸맞게 '생활공동체'를 지향한다. 지역별로 모임이 활성화되어 있는 것이 특징이다. 지역의 탄탄한 연대를 이용해 지역 내에서만 사용할 수 있는 화폐도 발행했다. 조합원은 생협모임에서 비누를 만들거나 면개재미(면생리대) 등을 만드는 공동 작업을 한다. 이렇게 만든 물품은 다시 생협매장을 통해 다른 조합원에게 판매한다. 두레생협에는 식료품 외에 화장품, 비누 등 생활재도 다양하다. 단, 3일 전에 예약해야 상품 제작이 가능하다.

조합원이 어머니들이다보니 공급되는 먹을거리를 고르는 눈이 여간 까다로운 게 아니다. 두레생협연합회의 먹을거리는 '무첨가'를 원칙으로 가공된다. 불가피한 경우 첨가물을 사용하지만 식품첨가물 사용 여부는 각 조합원이 모여 결정한다. 두레생협은 인터넷 쇼핑몰, 전화 주문, 매장 방문을 통해 이용할 수 있다. 조합원으로 가입하고 싶다면 홈페이지나 각 지역 매장을 통해 신청한다. 가입 시 출자금을 내며, 생활재 이용 시 주 1회 500~1000원의 출자금을 추가로 낸다.

홈페이지 www.dure.coop
문의 02-3283-7290

---

tip 생협! 무엇이든 물어보세요!

출자금은 무엇인가요? 생협의 주체는 조합원과 생산자다. 생협을 운영하기 위해서는 운영비가 필요한데, 그것을 충당하는 것이 출자금이다. 출자금은 생협 사업을 위한 자본금으로 사용되며 탈퇴 시 돌려받을 수 있다. 하지만 가입비는 돌려받을 수 없다. 이용출자금을 내는 이유는 보통 3만원 수준인 가입출자금만으로 사업을 꾸려가는 데 필요한 자본금을 충당하기 부족하기 때문이다. 이용출자금을 통해 조금씩 증자하는 것이다. 물론 이용출자금은 탈퇴 시 출자금에 포함되어 돌려받을 수 있다.

조합비란 무엇인가요? 조합비는 조합원 관리, 교육, 홍보, 물품주문·결제, 사무실 운영 및 관리 등 지역생협을 운영하는 데 필요한 운영비를 통틀어 말한다. 조합원은 조합 지역에 따라 2만원~2만7000원의 조합비를 납부한다. 조합비를 납부하면 조합원은 소매 마진이 빠진 가격으로 물건을 공급받는다. 조합비는 조합원의 규모에 따라 예산이 정해지기 때문에 조합의 사정이나 상황, 지역에 따라 다를 수 있다.

삶을 바꾸는 아름다운 힘, 파생생협

생협이라고 다 지역 중심은 아니다. 직장, 대학교 등 자신이 속한 조직에서, 또 의료서비스 부문에서 다양한 형태의 생협이 있다.

워킹맘을 위한 직장생협

생활에 꼭 필요하지만 일반 시장에서는 구하기 힘들거나 고가인 제품을 직장 조합원의 구매력을 모아 공동으로 개발하는 생협이다. 생산지와의 직거래를 통해 조합원은 상품 개발 및 개선에 참여하거나 생산지 견학을 통해 생활재가 만들어지는 과정을 확인한다. 일반 생협과 달리 조합원의 자격을 사업장 직원으로 제한한다. 노조 조합원은 일반 직원보다 할인된 가격으로 가입할 수 있다. 직장생협은 철도생협, 한국은행생협, 생명보험생협 등이 활동 중이다.

대학 구성원이라면 누구나! 대학생협

대학 구성원인 교직원과 학생이 좀더 나은 대학생활을 위해 자발적으로 결성한 생활협동조합이다. 생협 운영을 통해 남은 잉여금은 다른 시설에 재투자하거나 장학금을 지급한다. 현재 서울대, 부산대, 경희대, 이화여대 등 22개 대학에 대학생협이 있다.

대학생협 특별위원회 www.univcoop.or.kr

주민 스스로 건강을 지킨다! 의료생협

의료생협은 '누구나 건강하게 살고 싶다'는 바람을 담아 지역 주민과 의료인이 함께 만든 협동조합이다. 의료, 건강, 생활 등과 관련한 문제를 해결하며 주민이 질병의 예방 및 조기발견을 통해 스스로 건강을 지킬 수 있게 돕는 것이 목적이다. 의료생협은 건강한 사람이 다수여야 하며, 의료기관을 가지고 있어야 한다. 활동 특성상 마을단위 소모임이 적합하다. 현재 서울, 인천, 대전 등 지역을 중심으로 총 12개 의료생협이 활동하고 있다.

한국의료생협연대 http://medcoop.ewonju.com

Plus tip

우리 동네 생협, 어디에 있을까?

한살림 www.hansalim.or.kr

한살림 서울 02-3498-3600
한살림 고양파주 031-913-8647
한살림 경기남부 031-383-1414
한살림 성남용인 031-778-7778
한살림 여주이천광주 031-884-9098
한살림 원주 033-763-1025
한살림 강릉 033-645-3371
한살림 청주 043-213-3150
한살림 충주제천 070-8228-4770
한살림 대전 042-484-1225
한살림 천안 아산 041-553-1720
한살림 대구 053-654-5979
한살림 울산 052-260-8485
한살림 부산 051-512-4337
한살림 경남 055-298-0527
한살림 광주 062-430-3539
한살림 정읍전주 063-532-4526
한살림 여수목포 061-682-2355
한살림 제주 064-712-5988

아이쿱생협 www.icoop.or.kr

● 서울
icoop 강서생협 02-2661-0519
icoop 구로생협 02-2611-2124
icoop 구로시민생협 02-838-9688
icoop 금천한우물생협 02-896-8333
icoop 서초생협 02-836-4738
icoop 서울생협(준) 02-836-4738
icoop 송파생협(준) 02-663-4763
icoop 양천생협 02-2062-1053~4

● 경기
icoop 고양생협 031-918-0620
icoop 덕양햇살생협 031-974-0496
icoop 군포생협 031-394-0098
icoop 광명생협 02-2681-1043
icoop 부천생협 032-652-7418
icoop 부천시민생협 032-661-3230
icoop 수원생협 031-214-6260
icoop 안산시민들의생협 031-484-8874
icoop 안양율목생협 031-426-6422
icoop 김포생협 031-992-9595
icoop 고양녹색살림생협(준) 031-817-6641
icoop 군포시민생협(준) 032-611-4793
icoop 성남분당생협(준) 031-717-7032
icoop 수지기승생협(준) 031-302-2075
icoop 평택화성생협(준) 031-656-0250
icoop 구리남양주생협(준) 032-611-4763
icoop 의정부생협 031-876-3275
icoop 광주하남생협(준) 031-699-6899

●인천
icoop 강화생협 032-934-1913
icoop 계양생협 032-541-5956
icoop 인천생협 032-515-9939
icoop 남동연수생협(준) 032-469-4432
●충북
icoop 청주생협 043-252-8125
icoop 청주YWCA생협 043·207·3100
●충남
icoop 아산YMCA생협 041-541-9877
icoop 천안생협 041-575-2191
icoop 공주생협 041-856-0846
icoop 충남내포생협(준) 041-662-6245
●대전
icoop 대전생협 042-483-9171
●경북
icoop 포항생협 054-273-0667(8)
icoop 구미생협(준) 054-472-9879
icoop 김천생협(준) 054-472-9879
●대구
icoop 대구성서생협 053-564-9090
icoop 대구생협(준) 053-311-9414
icoop 대구달서행복생협 053-631-8167
icoop 대구북구참누리생협 053-321-6401
icoop 대구녹색살림소비자생협
053-986-9793
●경남
icoop 진주생협 055-747-3122
icoop 김해생협 055-902-3127
icoop 창원생협 055-267-5505
icoop 마산생협(준) 055-255-8030
●울산
icoop 울산시민생협 052-227-8950
icoop 울산생협 052-287-3633
부산
icoop 부산동래생협 051-557-5354
icoop 푸른바다생협 051-343-2220
●전북
icoop 전주생협 063-246-2588
icoop 익산솜리생협 063-834-2287

icoop 남원생협 063-631-3264
●광주
icoop 빛고을생협 062-514-5868
icoop 빛고을서구생협 062-382-5868
icoop 빛고을시민생협062-432-4868
●제주
icoop 제주생협 064-725-5253
●강원
icoop 춘천시민생협 033-261-0092

두레생협 www.dure.coop
●서울
마포두레생협 성산점 02-3141-0518
마포두레생협 용강점 02-715-0518
마포두레생협 신내점 02-3423-0518
서울남부두레생협 보라매점 02-873-4490
서울남부두레생협 상도점 02-826-3385
서울남부두레생협 미성점 02-855-0495
에코생협 종로점 02-733-7117
에코생협 강서양천점 02-3663-6335
에코생협 도곡점 02-3462-7117
에코생협 화곡점 02-2692-7117
에코생협 과천점 02-507-3007
에코생협 방이점 02-420-5626
은평두레생협 구산점 02-385-6233
아름다운생협 구로점 02-862-2862, 4862
한누리생협 양천점 02-2644-6204
한울안생협 동작점 02-816-6249
●고양·파주지역
고양파주두레생협 일산점 031-919-5855
고양파주두레생협 덕양점 031-968-5710
고양파주두레생협 금촌점 031-949-8986
고양파주두레생협 풍동점 031-902 - 5730
●부천·시흥지역
부천시흥두레생협 중동점 032-664-0072
부천시흥두레생협 은행점 031-311-3886
부천시흥두레생협 소사점 032-343-0077
부천시흥두레생협 상동점 032-233-0072
부천시흥두레생협 중동역점 032-652-0072
부천시흥두레생협 연성점 031-435-0071

부천YMCA생협 중1동점 032-321-2477
복사골생협 심곡본동점 032-668 - 1718
●안양·수원·안산지역
경기남부두레생협 의왕점 031-426-6665
경기남부두레생협 본오점 031-437-8787
경기남부두레생협 고잔점 031-413 - 9747
경기남부두레생협 서수원점 031-271-1077
경기남부두레생협 죽전점 031-889-8849
바른생협 안양점 031-468-2800
바른생협 영통점 031-273-1258
바른생협 평촌점 031-383-6625
바른생협 천천점 031-269-6625
바른생협 동탄점 031-8003-4422
바른생협 인덕원점 031-426-6662
●인천·김포지역
참좋은생협 계양점 032-541-9600
참좋은생협 김포점 031-985-6621~2
참좋은생협 부평점 032-512-2288
참좋은생협 서구점 032-563-8971
참좋은생협 신현점 032-571-8946
참좋은생협 장기점 031-998-6289
푸른생협 연수점 032-815-2311
푸른생협 남동점 032-466-2341
푸른생협 부평점 032-525 - 5249
푸른생협 논현점 032-421 - 4913
푸른생협 송도점 032-858-8878
●기타지역
원주생협 단관점 033-766-1891
원주생협 무실점 033-735-1891
팔당생명살림생협 진중점 031-577-8020
팔당생명살림생협 구리점 031-566-6263
팔당생명살림생협 덕소점 031-576-8062
팔당생명살림생협 하남점 031-791-5085
팔당생명살림생협 화도점 031-559-8092
오창두레장터 오창점 043-293-6633
오창두레장터 상당점 043-218-6202
평택두레생협 031-651-0620
안성두레생협 031-671-2066

Let's DIY

아이가 입는 옷과 장난감도 형광증백제가 들어 있지 않은 유기농 천을 끊어 직접 만드는 주부가 늘고 있다. 친환경 DIY 바람의 중심에 선 손바느질, 선물포장, 리폼 등 재활용품 활용의 대가가 제안하는 건강 담은 소품 만들기를 소개한다.

자투리 천으로 만드는 생활용품

※ **시범&도움말** 정진희(blog.naver.com/isa0814)

이곳저곳 쓸모가 많은 다용도 장바구니

재료 자투리 천, 줄자, 가위, 바늘, 실, 수성펜, 시침핀

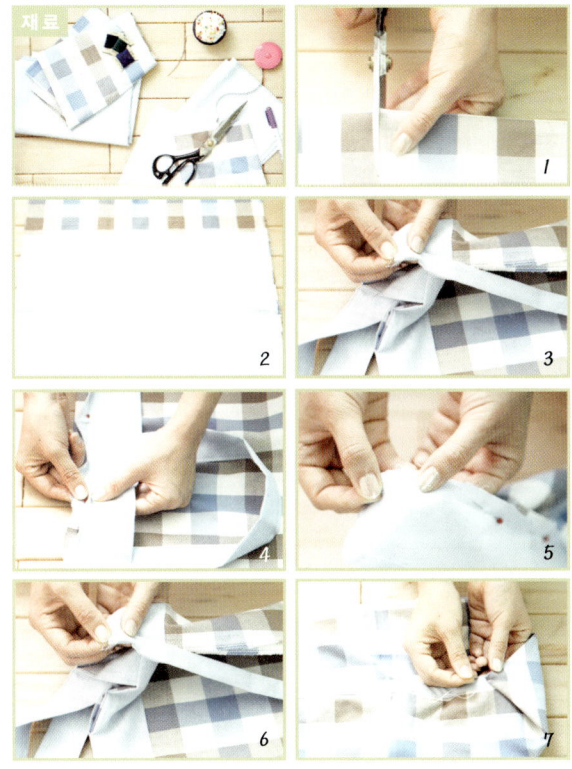

1 원하는 크기로 재단한다. 촬영 제품의 경우 체크 천은 길이 100cm, 너비 40cm, 밑판에 덧댄 블루 컬러 천은 길이 34cm, 너비 40cm로 재단했다.

2 가방 바닥이 튼튼하게 체크 천의 가운데에 블루 천을 덧댄 후 양끝을 박음질한다.

3 손잡이로 쓸 바이어스테이프를 만든다. 원하는 길이로 만들면 되는데 촬영 제품의 경우 길이 56cm, 총 너비 13cm, 양쪽 시접분을 접어 넣은 후 너비 4cm로 재단했다. 미리 양끝을 접어 다림질해두면 편하다.

4 본판의 안쪽 면 끝에 손잡이 자리를 잡고 시침핀으로 고정한다.

5 깔끔한 마무리를 위해 손잡이 고정 후 바이어스테이프(길이 40cm, 너비 8cm, 시접분 2cm 재단)를 또 만들어 손잡이 위에 덧대 박음질한다.

6 바이어스테이프는 너비 7cm 재단한 후 가운데를 접은 다음에 양쪽 시접분 1cm를 접어 넣어 만들고, 이것을 옆선에 덧대 박음질한다.

7 옆선 박음질까지 완성되면 뒤집는다. 가방 밑단 끝 양쪽 모서리를 삼각형(밑변 12cm, 높이 7cm) 모양으로 접어 꼭지점을 두세 땀 정도 살짝 떠서 고정시킨다.

🌿 오가닉 코튼으로 만드는 생활소품

※ **시범&도움말** 윤아영(blog.naver.com/weebeehouse)

물고 빨아도 안심인 장난감공

재료 오가닉 원단, 방울, 솜, 싸개단추, 실, 바늘, 수성펜

1 천은 길이 20cm, 너비 5cm 나뭇잎 모양으로 5조각 재단한다. 그중 한 장에 원하는 모양을 수놓는다. 이때 안쪽으로 들어가는 시접을 생각해 양옆으로 1.5cm 정도 여유분이 있어야 한다. 수실이나 십자수실 3줄로 수놓는다. 뒷면에서 박음질해도 되지만 바느질이 서툴다면 앞면에 수성펜으로 도안을 그리고 그냥 박음질한다. 수성펜은 세탁 후 쉽게 지워지므로 겉면에 그리고 바느질해도 괜찮다.

2 안쪽 면이 위로 오게 공조각을 겉면끼리 포개어 놓고 안쪽으로 0.7cm 들어가서 박음질한다. 공조각을 같은 방법으로 겉면끼리 포개어 놓고 연결해 나가면 된다. 이때 천의 패턴이 다양해야 예쁘다. 마지막 조각을 연결할 때는 겉면으로 뒤집을 중간 창구멍 5cm 남기고 박음질한다.

3 중간에 남겨 놓은 창구멍으로 공을 뒤집고, 솜을 3분의 2가량 넣은 후 방울을 넣고 다시 솜을 채운다. 창구멍은 공그르기로 시접을 안쪽으로 밀어 넣고 촘촘히 막는다.

4 싸개단추를 공의 위아래 부분에 달아준다.

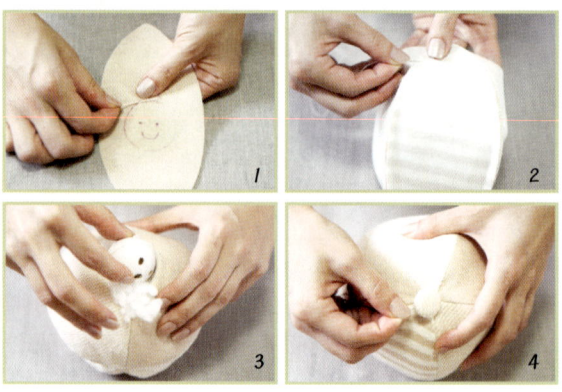

치아가 나기 시작한 아이 위한 치발기

재료 인형 도안, 오가닉 원단, 솜, 인형 눈, 실, 바늘, 수성펜

1 천의 안쪽에 인형 도안을 대고 수성펜으로 따라 그린다.

2 두 눈의 위치를 잡고 안쪽 면에 실의 매듭이 오게 바느질한다. 입은 박음질로 수놓는데, 실매듭이 안쪽 면으로 오게 한다. 아기가 물어뜯는 인형이므로 눈도 수놓아 표현하는 것이 안전하다.

3 수놓은 아이보리 원단과 같은 색상의 원단을 겉면끼리 마주 보게 겹쳐 미리 그려 놓은 라인을 따라 모두 바느질한 후 시접을 0.2~0.3cm로 깔끔하게 정리한다.

4 뒷면 등허리 부분에 4cm 정도의 창구멍을 낸다. 이때 원단을 살짝 들어서 한 겹 자른다. 창구멍으로 뒤집기 전에 라인이 예쁘게 살도록 곡선 부위마다 가윗밥을 주고 뒤집는다.

5 창구멍으로 솜을 넣는다. 팔과 다리 끝 부분까지 골고루 솜이 들어가게 볼펜과 같이 뾰족한 것으로 살살 밀어 넣는다.

6 공그르기로 창구멍을 막는다.

자극 없고 사용이 편리한 면생리대

재료 생리대 모양의 도안, 오가닉 원단, 방수천, 가위, 바늘, 실, 똑딱이 단추,
수성펜, 시침핀

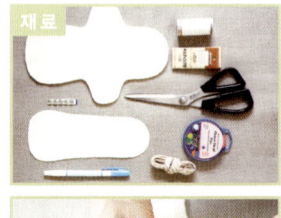

1 천에 도안을 대고 모양 그대로 2장을 자른다. 그 사이에 방수천을 끼워 넣은 후 방수천이 고정되게 방수천 선 안쪽을 따라 박음질한다
2 바이어스테이프는 너비 3.5~4cm로 재단한 후 양쪽 시접분을 안쪽으로 접어 만든다. 이것으로 생리대 테두리를 감싸며 박음질한다.
3 양 날개 뒤쪽에 똑딱이 단추를 단다.

tip 오가닉 코튼(유기농 면)이란?

오가닉 코튼은 3년 이상 화학 재료를 전혀 사용하지 않은 건강한 토양에서 거둬들인 면화를 사용해 만든다. 화학재료를 전혀 사용하지 않기 때문에 피부가 약한 아이들이나 아토피 피부염을 앓고 있는 사람들이 사용하기에 좋다. 국내에서 생산되지 않아 100% 수입에 의존하기 때문에 가격이 고가인 것이 단점이다. 염색하지 않은 천연 고유의 색을 쓰기 때문에 컬러도 베이지, 브라운, 그린으로 제한된다.

오가닉 코튼 원단을 살 수 있는 곳
더오가닉코튼 www.ocotton.co.kr 02-514-7931
반디스오가닉 www.vandis.kr 070-7652-6676
오가닉에스케이 www.organicsk.co.kr 02-6674-7355

손바느질로 만드는 아이용품

※ **시범&도움말** 이은순 (www.selfmom.net)

못 쓰는 수건으로 만든 샤워 타월

재료 수건, 가위, 바늘, 실, 도안용 펜, 도안

1 수건 2장을 포개 놓고 그 위에 몸통과 귀 도안을 대고 본뜬다.

2 사진과 같은 모양으로 귀의 위치를 잡고 도안선대로 바느질한 후 시접 2cm를 남기고 자른다.

3 뒤집었을 때 예쁜 라인이 나오도록 곡선 부분에는 가위집을 준다.

4 테두리를 따라서 감침질한다. 안으로 들어가는 부분이므로 안 해도 무관하다.

5 겉면이 나오게 뒤집어서 미리 스케치한 후 자수로 눈, 코를 만든다. 자수를 놓을 때는 실을 3줄로 하면 두세 땀만으로 쉽게 눈, 코를 만들 수 있다.

유기농 면으로 만든 호랑이 아이베개
재료 유기농 면, 펠트 천, 가위, 바늘, 실, 도안용 펜, 솜

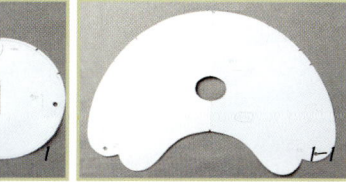

1 빳빳한 종이에 원하는 크기로 얼굴, 꼬리, 귀 2개, 코, 몸통을 그린 후 2장을 포개 놓은 천에 옮겨 그린 후 자른다.

2 귀 겉면에 적당한 크기로 자른 펠트천을 대고 감침질이나 홈질로 단다. 겉끼리 맞대고 바느질한 후 뒤집어둔다.

3 코 천 중 한 장에는 가운데 1cm 정도 창구멍을 만든다. 두 장을 겉끼리 맞대어 바느질하고 뒤집어 솜을 살짝 채운 후 창구멍은 공그르기로 막는다.

4 얼굴에 펠트 천을 사진과 같이 잘라 감침질이나 홈질로 단다. 얼굴 겉면에 사진과 같은 방법으로 ②를 단다.

5 ③을 달고 얼굴에 코 선을 그려 홈질로 표현하고 입을 그려 박음질로 표현하고, 눈은 자수나 단추로 단다.

6 뒷머리가 될 천 가운데에 창구멍을 자른 후 ⑤에 얹고 바느질한다. 뒤집어 솜을 채우고 공그르기로 막는다.

7 꼬리는 두 장 겉면끼리 맞대어 바느질 후 뒤집어 솜을 채운다. 몸통 겉면에 그림과 같이 적당한 위치에 얹어 살짝 홈질해서 미리 달아둔다.

8 몸통 천 겉면을 맞대고 창구멍을 제외하고 모두 바느질 후 뒤집는다.

자투리 천으로 만든 머리끈

재료 자투리 천 5조각, 레이스 리본, 머리끈이나 헤어밴드, 가위, 바늘, 실,
도안용 펜, 단추

1 꽃잎 크기를 정해서 자투리 천 위에 원을 그리고
원 모양대로 자른다.
2 시접 0.5cm를 남기고 가장자리를 홈질한 후
실의 끝을 잡아당기면 꽃잎이 완성된다.
3 5개 천으로 꽃잎을 만든 후 홈질해서 잇는다.
4 ③ 위에 올릴 레이스 리본은 꽃의 크기와 어우러
지는 길이로 자른 후 시접 0.5cm를 남기고 홈질
하고 실의 끝을 잡아당긴다. 레이스 리본을 올리
고 단추를 붙여 가운데 뻥 뚫린 것을 가린다.
5 글루건을 이용해서 머리끈이나 헤어밴드에
④를 붙인다.

헌옷을 활용한 폭신한 주사위

재료 못 입는 티셔츠, 12 x 12" 펠트 천(12 x 12cm), 자투리 천, 가위, 10 x 10" 정육면체 스펀지, 바늘, 실, 노안용 펜

1 12 x 12cm 크기의 천을 6조각 만들고 펠트 천으로 1~6까지 숫자를 만든다.
2 천 위에 펠트 숫자를 올려 아플리케한다.
3 시접분 1cm를 남기고 천을 이어서 박음질한다.
4 그림처럼 모양이 나오면 된다.
5 뚜껑만 남기고 박음질한 숫자 안에 스펀지를 넣는다. 뚜껑 부분 3면을 공그르기한다.

🌱 재활용품을 활용한 생활소품 (1)

※ 시범&도움말 류정순 (blog.naver.com/peanut0723)

참치캔으로 만든 양초

재료 참치캔, 양초, 은박지, 크레파스, 명주실

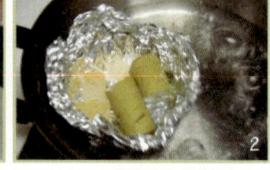

1 참치캔은 페인팅 후 프린트한 라벨지를 붙여서 장식한다.
2 접시 모양으로 만든 은박지에 초를 썰어 넣고 중탕으로 녹인다.
3 녹인 촛물에 원하는 색의 크레파스를 넣어 색을 만든다.
4 명주실을 촛물에 담갔다 빼서 빳빳한 심지를 만든다. ①에 색을 낸 촛물을 천천히 붓고 심지를 나무젓가락에 끼워 초 가운데에 넣어 자리를 잡는다.

잼병으로 만든 수납통

재료 잼병, 코르크 마개, 양철 손
잡이, 피스, 드라이버

1 라벨지를 떼어낸 잼병을 준비한다.
2 코르크 마개 위에 양철 손잡이를 피스로
고정한다.
3 스티커를 제거한 유리병에 스탬프 찍은 종
이를 붙인다.

재활용품을 활용한 생활소품 (2)

※ 시범&도움말 우명희 (blog.navr.com/harooe)

옥수수 통조림 캔으로 만든 수납통

재료 옥수수 통조림 캔 1개, 원하는 글자를 프린트한 색지, 칼이나 가위, 양면테이프 적당량, 철사 적당량, 미니 단추 4개

1 원하는 글자나 모양을 색지에 프린트해서 그 부분을 칼로 도려낸다. 칼로 도려낸 부분 뒷면엔 다른 컬러의 색지를 겹쳐 글자가 잘 보이게 한다.

2 캔 둘레에 맞게 색지를 자른 후 한쪽 끝에 양면테이프를 붙여 캔에 둘러 붙인다.

3 캔 윗부분 양옆을 송곳으로 뚫은 후 철사로 고정한다. 이때 양옆을 송곳으로 뚫은 구멍보다 약간 큰 단추로 고정하면 더 튼튼하게 마무리된다.

우유병 뚜껑으로 만든 칫솔꽂이

재료 지름 약 5cm의 우유병 뚜껑 여러
개, 칼, 자석, 글루건

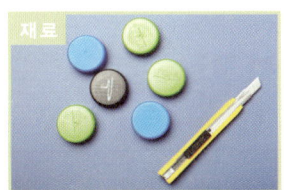

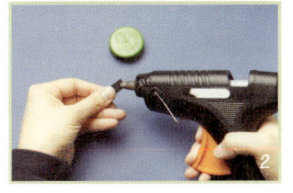

1 뚜껑의 양옆에 칫솔 손잡이 너비에 맞게 홈
을 낸다.
2 글루건으로 뚜껑 뒷면에 자석을 붙인다.

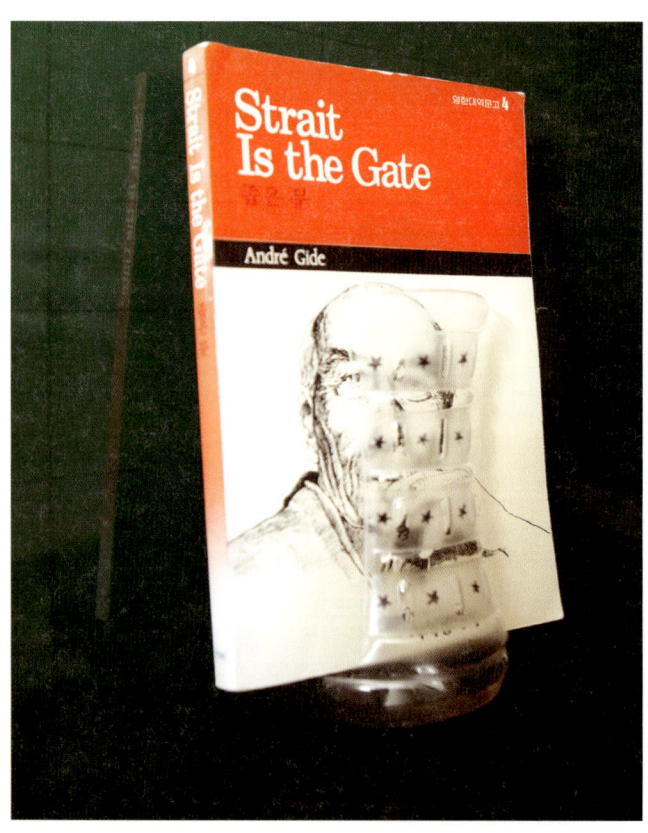

페트병으로 만든 벽걸이형 책꽂이

재료 스포츠음료 패트병 1개, 네임펜, 가위나 칼, 나무젓가락, 고무 흡착판

1 500㎖ 페트병을 반으로 자른다. 책을 꽂을 수 있도록 밑면만 남기고 양옆을 자른다.
2 펜으로 병 전면에 별 등 무늬를 그려 넣는다.
3 뒷면에 칼로 +자로 자른 후 고무 흡착판을 고정한다.
4 더 튼튼하게 고정하기 위해 나무젓가락을 흡착판의 구멍에 맞게 자른 후 세로로 꽂아 고정한다.

요구르트병으로 만든 연필꽂이

재료 요구르트병 6개, 원하는 프린트로 출력한 라벨지, 칼이나 가위, EVA 재질이나 두께감이 있는 종이, 음료수 캔 고리, 철사 적당량, 글루건, 송곳, 미니 단추 4개

1 비닐을 떼어낸 요구르트 병에 준비한 라벨지를 병 몸통 사이즈에 맞게 잘라 붙인다.

2 사진처럼 병이 V자 모양이 되게 엇갈려 붙인다.

3 병을 고정할 판을 적당한 크기로 자른다. EVA 재질의 종이나 두께감이 있는 종이를 활용하고 직사각형, 하트 등 원하는 모양으로 자른 후 그 위에 글루건으로 ②를 붙인다.

4 판 윗부분에 송곳으로 자리를 잡아 뚫고 철사를 이용해 판 뒷면에 캔 고리를 붙인다. 판 양면에 송곳으로 뚫은 구멍보다 약간 큰 단추로 고정한다.

🌱 특별한 날을 위한 에코 포장법

※ **시범&도움말** 하민지 ((사) 한국선물포장디자이너협회 모아 디자인 아카데미 강사)

신문을 활용한 봉투 포장법

재료 신문지, 집게, 양면테이프, 잎사귀, 가위

1 가로는 (원하는 폭 X 2) + 시접분 1cm를, 높이는 원하는 길이만큼 자른다. 가로 시접분 1cm를 접은 후 다시 절반을 접어 시접분에 양면테이프를 붙여 위아래가 뚫린 직사각형 모양을 만든다.

2 바닥은 (두께 + 1cm)만큼 접고 다시 펴서 사진처럼 양옆이 삼각형이 나오게 접는다.

3 아래 종이가 가운데 선 위로 올라가게 접는다. 위쪽 종이도 접어내린 후 양면테이프로 바닥을 고정한다.

4 위를 접어 잎사귀와 집게로 장식한다.

꽃을 활용한 사각 포장

재료 사각 상자, 포장지, 송이가 큰 꽃, 리본테이프, 양면테이프, 가위, 글루건

1 포장지 위에 상자를 대각선으로 올려놓고 포장지가 양 모서리에서 2cm가 올라오도록 접는다.

2 시접 1cm를 접으면서 4개 모서리를 접는다.

3 마지막 모서리를 깔끔하게 마무리하며 양면테이프로 고정한다.

4 리본테이프를 十자로 엮어 매듭을 짓고 리본을 묶는다.

5 꽃에서 꽃송이만 잘라 글루건을 이용해 ④ 위에 붙여 장식한다.

포장지 하나로 멋을 낸 원형 포장

재료 원형 통, 포장지, 가위,
양면테이프, 글루건

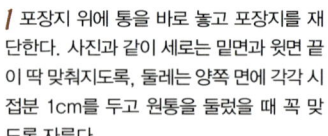

1 포장지 위에 통을 바로 놓고 포장지를 재
단한다. 사진과 같이 세로는 밑면과 윗면 끝
이 딱 맞춰지도록, 둘레는 양쪽 면에 각각 시
접분 1cm를 두고 원통을 둘렀을 때 꼭 맞
도록 자른다.

2 자른 포장지를 양쪽 면 시접분 1cm를 접
어둔 상태에서 아코디언처럼 8면을 접는다.

3 ②를 이용해 한쪽 시접분 위에 양면테이프
를 붙여 둘레를 고정하고 위아래 양면을 접힌
그대로 오므린다.

4 자연스럽게 맞물려 사진과 같은 모양이
되게 한다.

5 바람개비 모양 등 원하는 모양을 만들어
윗면에 붙인다.

못 쓰는 단추를 활용한 봉투 포장

재료 포장지나 소포지, 철사, 단추,
양면테이프, 가위, 글루건

1 가로는 (원하는 폭 X 2) + 시접분 1cm를,
높이는 원하는 길이만큼 자른다. 가로 시접분
1cm를 접은 후 다시 절반을 접어 시접분에 양
면테이프를 붙여 위아래가 뚫린 직사각형 모양
을 만든다.

2 바닥은 (두께 + 1cm)만큼 접고 다시 편다.

3 양옆이 삼각형이 나오게 접는다.

4 아래 종이가 가운데 선 위로 올라가게 접는
다. 위쪽 종이도 접어내린 후 양면테이프로 바
닥을 고정한다.

5 윗면을 두 번 접은 후 글루건으로 철사를 건
단추를 고정해 완성한다.

Healthy Food

살림의 여왕이 알려주는
식품 보관과 활용의 법칙

히포크라테스는 '음식으로 고칠 수 없는 질병은 약으로도 고칠 수 없다'고 했다. 그만큼 먹는 것은 중요하며, 잘 챙겨 먹으면 건강하게 살 수 있다는 의미다. 먹을거리에 대한 불신과 불안감은 엄마들의 최대 고민거리다. 무엇을 먹어야 할까? 어떻게 먹어야 할까? 이 안에 모든 해답이 있다.

이
식품보관

냉장고, 베란다, 다용도실, 옥상, 마당 등 집안 곳곳에 저장하고 있는 식품들을 살펴보자. 식품은 저마다 최적의 맛과 최적의 영향상태를 유지하는 조건이 있다. 올바르게 저장해 오래오래 신선하게 먹는 방법, 보관을 잘못해 음식을 버리는 불상사를 막아주는 식품보관의 기술, 지금부터 알아보자.

냉장보관 시 유의사항

냉장보관 식품은 반드시 포장한다

냉장고에 주로 보관하는 육류, 생선, 채소 등은 세균에 오염되었을 경우 냉장고 안에서 다른 식품을 오염시키는 2차 오염의 원인이 될 수 있다. 반드시 뚜껑이 있는 용기나 비닐봉지에 넣고 밀봉해 보관한다.

냉장고는 70%만 채운다

냉장고 가득 식품을 채워 넣으면 찬 공기가 제대로 순환하지 못해 냉장·냉동 효과가 떨어진다. 냉장실이든 냉동실이든 내부 용량의 70% 정도만 채운다. 부피가 큰 식품은 소량으로 나누어 랩이나 비닐봉지에 밀봉해 보관한다.

먹을 만큼만 해동한다

식중독을 일으키는 원인균 중에는 냉장고의 저온상태에서도 살아남는 종류가 많다. 냉장보관한 음식이라도 반드시 70℃ 이상으로 3분 이상 재가열해 먹는 것이 안전하다. 냉동한 음식을 녹일 때 남은 음식을 다시 냉동하면 맛이 떨어지는 것은 물론 식중독균에 오염될 가능성이 높으므로 먹을 만큼 녹여 조리하고, 먹다 남은 음식은 버린다.

한 달에 한 번씩 청소한다

채소에서 떨어지는 흙이나 음식 찌꺼기는 그대로 세균의 서식처가 된다. 냉장고에 식품을 보관하기 전에는 이물질이나 흙 등을 깨끗이 제거한다. 냉장고는 최소한 한 달에 한 번씩 청소하되 흙이나 채소 찌꺼기가 많이 떨어지는 채소 전용 칸은 좀 더 자주 청소한다.

냉동식품 해동 후 실온에 방치하지 않는다

식품을 냉동보관하면 미생물이 사멸되지 않고 번식이 정지되어 식품의 부패와 변질을 막을 수 있다. 하지만 해동하여 오랫동안 실온에 방치하면 미생물이 빠르게 증식하기 때문에 식중독을 일으킬 수도 있으니 주의한다.

1회 사용량씩 나누어 보관한다

신선하고 위생적으로 관리하려면 1회 용량씩 나누어 공기와의 접촉을 차단하도록 랩 등으로 밀봉한다. 포장용기는 식품의 양에 맞추어 크지 않은 것을 선택한다.

냉동식품 구입 시 얼음결정체를 확인한다

포장지 표면에 얼음 결정체가 있다는 것은 냉동실에 장기간 보관되거나 재 냉동되어 품질이 좋지 않다는 것을 의미한다. 얼음 결정체가 보이는 제품은 구입하지 않는다.

※익힌 **생선** 1개월, 익히지 않은 **생선** 2~3개월, **해산물** 2~3개월, **베이컨 소시지** 1~2개월, **햄과 핫도그** 1~2개월, 익힌 **쇠고기 혹은 익히지 않은 쇠고기** 2~3개월, **옥수수** 8개월, **당근** 8개월, **건조 완두콩** 8개월

🥕 식품별 보관법

과일&채소류

채소와 과일에 묻은 흙에는 각종 세균이 살기 때문에 다른 식품과 함께 보관하면 흙 속 세균이 다른 식품까지 오염시킬 수 있다. 채소와 과일을 보관할 때는 이러한 교차오염을 막기 위해 씻은 채소와 씻지 않은 채소를 분리해 보관한다.

씻지 않은 채소는 가능한 한 손질하거나 자르지 말고 통째로 신문지에 싼 다음 채소 전용 칸에 보관하되 상한 부분이 있으면 그 부분만 제거한다. 씻은 채소는 채반에 걸쳐 물기를 뺀 후 밀폐해 보관한다.

감자, 고구마 감자, 고구마 등의 감자류는 저온에 약하기 때문에 냉장고에 보관하지 말고, 통풍이 잘되는 서늘한 곳에 보관한다. 빛에 닿으면 싹이 나기 쉽다. 오래 보관 가능하고 냉동하면 식감이 변하기 때문에 냉동할 필요는 없다.

딸기, 체리 딸기와 체리같이 무른 과일은 눌리지 않도록 용기에 담아 랩을 씌우거나 뚜껑을 덮어 냉장실과 채소칸에 보관한다.

귤 어둡고 서늘한 곳에 보관하되 실온이 높으면 채소칸에 넣어도 무관하다. 상자에 들어 있다면 전부 꺼내 상한 것을 가려낸다.

바나나 냉장고에 넣으면 저온장해를 일으키는 대표적인 식품이다. 저온장해는 생육에 알맞은 온도보다 낮았을 때 생기는 현상으로 색깔이 변하는 현상이다. 껍질이 닿는 부분부터 쉽게 상하기 때문에 입구가 넓은 병을 이용해 매달아 놓는 것도 방법이다.

시금치 뿌리 부분이 묶여 있으면 테이프를 잘라 낸 뒤 비닐봉투에 여유 있게 담고 입구를 접어 냉장고 채소칸에 넣는다. 2~3일 정도 보관할 수 있다. 냉동하려면 살짝 데쳐서 잘 짠 다음 물기를 닦아낸 후 랩으로 싸서 지퍼백에 넣는다. 나물·무침으로 이용하면 자연 해동하고 가열 조리하면 언 상태로 이용가능하다.

청경채 비닐봉투에 넣어 가능한 세워서 보관한다. 생것 그대로 큼직하게 통째로 썰거나 살짝 데쳐서 랩으로 싸서 냉동 보관한다. 언 상태로 가열 조리해도 무방하다.

호박 통째로 신문지에 싸서 어둡고 서늘한 곳에 1개월 정도 보관 가능하다. 호박을 잘랐다면 랩으로 확실히 싸서 채소칸에 넣고 4~5일 안에 먹는다. 속과 씨 부분을 파내고 자른 단면만 랩으로 싸는 것이 좋다. 냉동하려면 살짝 데쳐 지퍼백에 넣어 보관한다.

버섯 포장상태 그대로 넣거나 랩으로 싸서 채소칸에 넣는다. 비닐봉투에 넣을 경우 입구를 묶지 않고 그대로 보관하면 1주일 정도 보관할 수 있다. 물에 닿으면 쉽게 상하니 주의한다.

세워서 쏙쏙~
넣어주세요~

양배추 비닐봉투에 넣어 채소칸에 보관하면 되지만 겨울에는 통째로 신문지에 싸서 어둡고 서늘한 곳에 보관한다. 양배추는 자르는 것보다 바깥쪽에서부터 한 장씩 떼어 사용하면 좋다. 잘라서 파는 것은 랩으로 싸서 채소칸에 넣는다.

오이 비닐봉투에 넣어 꼭지 부분을 위로 오게 하여 채소칸에 넣으면 4~5일 정도 보관 가능하다. 냉동하려면 얇게 잘라 소금을 뿌려 주물러 짜서 지퍼백에 넣는다. 식감이 살짝 변해서 식초를 뿌려 절임처럼 먹는 것이 좋다.

무 통째로 보관하면 신문지에 싸서 서늘한 곳에 보관하고 비닐봉투에 넣어 채소칸에 넣는다. 남은 것은 랩으로 싸서 봉투에 넣어 채소칸에 보관한다.

토마토 파란 토마토는 실온에 두어 보관하여 숙성한다. 냉장보관할 때는 꼭지를 아래쪽으로 향하게 두면 쉽게 상하지 않는다. 소스나 스튜에 이용할 때는 냉동시킨다. 통째로 랩으로 싸서 지퍼백에 넣는다. 냉동한 것은 물에 담그면 껍질이 쉽게 벗겨진다.

대파 흙이 묻은 파는 흙을 털어 내지 말고 파가 들어 있던 봉투 그대로 시원한 곳에 보관한다. 뿌리를 아래쪽으로 향하게 세워두면 10일 정도 보관한다. 국건더기나 볶음 요리에 사용하려면 작은 크기로 잘라 지퍼백에 얇게 펴서 넣는다. 해동해서 양념으론 사용하지 않는 것이 좋다.

셀러리, 파슬리 물에 젖은 채 그대로 두면 곧 시들어 버리므로 컵에 물을 붓고 꽃처럼 꽂아 둔다. 빈병에 잎사귀가 잠기지 않을 만큼 물을 넣고 다발째 집어넣으면 된다. 이때 셀러리나 파슬리의 잎이 물에 젖지 않도록 주의하고 뚜껑을 꼭 맞게 덮어 냉장보관한다.

복숭아 숙성할 때까지 실온에 둔다. 너무 차가우면 맛이 떨어지므로 먹기 1~2시간 전에 냉장고에 넣는다.

tip 세균 막는 헬시 보관법, 진공포장

진공포장은 미국, 유럽, 일본, 대만 등에서 널리 사용되는 식품보관법 중 하나다. 식품을 진공필름으로 감싸 내부 공기를 제거하고 미생물, 먼지 등을 원천적으로 차단하는 포장법이라 공기가 있어야 자라는 호기성 세균과 곰팡이를 방지할 수 있다. 진공포장한 뒤 냉장보관하면 랩으로 싸서 보관하는 것에 비해 보관기간을 1~2주 이상 연장할 수 있다. 예전에는 공업용 진공포장기만 출시됐지만 최근엔 10만원 안팎의 가정용 진공포장기가 있다.

고기 공기와 접촉하지 않도록 랩으로 싸서 밀폐용기, 지퍼백에 넣어 냉장보관한다. 냉동할 때는 가능한 한 얇게 펴서 지퍼백에 넣는다. 다진 고기는 생으로 냉동하면 쉽게 상하기 때문에 볶아서 냉동한다. 덩어리 고기를 보관할 땐 표면에 식용유를 살짝 바르면 고기의 산화를 지연시킬 수 있다. 큰 덩어리로 보관하지 말고 1회 사용량으로 나누어 식용유를 바르고 랩으로 싸서 냉동보관해야 오랜 시간 신선함과 본연의 맛이 유지된다. 얇게 썬 고기는 공기와 접촉하는 표면적이 넓어 덩어리 고기보다 빨리 상한다. 반드시 냉동실에 보관하는데, 이때는 진공포장이 가장 안전하다. 닭고기는 돼지고기나 쇠고기보다 냉장보관 기간이 좀 더 길다. 닭고기 표면에 식용유를 바르고 랩으로 씌우면 3~4일 정도 보관할 수 있다. 냉동할 때는 고기에 소금을 뿌린 후 청주 등의 술을 조금 부어 밀폐용기에 담아 보관하는 것이 좋다. 사용 시 냉장실에서 자연 해동하는 것이 좋다.

육류 가공식품 사용하고 남은 햄·소시지 등 육류 가공식품은 쉽게 산화되기 때문에 공기가 닿지 않게 잘 포장한다. 일반 봉지나 그릇에 넣으면 표면의 색이 변하면서 급속도로 상한다. 이때는 잘라낸 육류 면에 식초를 바른 뒤 랩으로 싸서 냉장보관한다. 버터를 발라두면 말라붙지 않아 오래 보관할 수 있다.

건어물 오징어, 멸치 등의 건어물은 상하지 않지만 잘못 보관하면 쉽게 곰팡이가 생긴다. 멸치는 한 번 먹을 만큼씩 작은 밀폐용기에 나누어 담아 냉장보관하고, 한 달 이상 보관할 때는 냉동실에 보관한다. 키친타월이나 신문지에 싸서 보관하면 냄새가 새는 것을 방지할 수 있다.

생선 & 어패류 생선은 내장을 제거하고 흐르는 물에 깨끗이 씻은 뒤 물기를 잘 닦는다. 그 위에 소금을 뿌리고 배 부분에 키친타월을 끼워 한 마리씩 랩으로 싸서 공기와의 접촉을 막는다.

오징어와 낙지는 내장을 빼고 껍질을 벗겨 깨끗이 씻은 다음 키친타월로 물기를 없앤 뒤 비닐팩에 넣어 냉동보관한다. 조개는 신문지로 감싸거나 종이봉투에 넣어 냉동하되, 해감한 것은 소금물에 넣어 냉장보관한다.

물론 생선이나 어패류 모두 그날 먹을 것만 사서 바로 요리해 먹는 것이 가장 안전하다. 쇠고기나 생선, 어패류 모두 온도 변화가 적은 냉장고 안쪽에 넣어둔다. 5℃ 이하 냉장보관은 1~2일, 영하 16~18℃ 이하 냉동보관은 1~2개월이 적당하다.

두부 밀폐용기에 담아 잠길 정도로 물을 부어 냉장 보관한다. 1~2일 내에 사용하는 것이 좋다. 물이 나오면 두부 고유의 맛이 변하므로 냉동은 적합하지 않다. 두부의 표면이 붉게 변한다면 세라티아균이 검출된 것으로 인체에 대한 병원성이 없지만 다른 세균이 증식하고 있을 가능성이 있으므로 먹지 않는다.

두부를 오래 보관해야 할 때는 차가운 물에 담가 밀폐한다. 이때 물에 소금을 조금 넣으면 신선함이 좀 더 오래 간다. 두부는 변질이 쉬우므로 매번 먹을 만큼 사서 즉시 먹는 것이 안전하다.

통조림 통조림은 개봉 시 산소와 결합해 부식되므로 개봉 후에는 깡통째 보관하지 말고 별도의 깨끗한 밀폐용기에 담아 보관한다. 골뱅이, 옥수수 등은 다른 그릇에 담아도 금세 상하니 물을 버리고 분량만큼 비닐에 나누어 담아 냉장보관한다. 먹다 남은 통조림은 공기와 만나 금세 산화되기 때문에 반드시 뚜껑이 있는 그릇에 옮겨 냉장보관한다.

과자 입구를 개봉한 과자는 습기 때문에 금세 눅눅해진다. 눅눅함을 방지하기 위해서는 뚜껑이 있는 병에 과자를 넣고 각설탕 한 개를 넣어 둔다. 각설탕이 습기를 빨아들이면서 과자가 눅눅해지는 것을 방지한다. 단맛과 향 때문에 벌레가 꼬이기 쉬우므로 병 입구는 철저히 막는다.

곡류

녹말은 냉장온도에서 쉽게 노화된다. 밥이나 빵은 남은 것을 보관할 경우 맛이 떨어지므로 냉장보관은 피하고 냉동보관하는 것이 좋다.

쌀 건조한 용기, 봉투 그대로 밀폐용기에 담아 서늘한 장소에 보관한다. 쌀과 같은 곡류는 고온다습할 때 곰팡이 독소인 아플라톡신이 발생하기 때문에 이를 방지하기 위해 건조한 환경에서 저장한다. 여름에는 냉장고 채소칸에 넣으면 맛을 유지한다. 쌀을 넣을 용기는 오래된 쌀겨가 붙어 있지 않도록 깨끗하게 닦아 말려 사용한다.

떡,겨자 남은 떡은 랩으로 포장해 지퍼백에 넣어두면 건조해지거나 쉽게 부서지지 않는다. 겨자, 고추냉이를 함께 넣어 두면 곰팡이 피는 것을 잠시 지연시킨다. 자른 떡은 쉽게 곰팡이가 생기는데 이는 떡 안에 들어 있는 '고물에 곰팡이 포자가 포함되어 있는 경우가 많기 때문이다. 오래 보관하려면 고물을 제거하고 정리하여 하나씩 랩으로 싸서 냉동하는 것이 좋다.

빵 랩으로 사서 지퍼백에 넣은 후 상온에 두거나 냉동보관한다. 냉동 상태에서 그대로 굽는 것이 좋고 두꺼운 빵은 잠시 상온에 해동하여 굽는다.

밀가루, 빵가루 습기나 다른 식품의 냄새를 쉽게 흡수한다. 종이봉투 그대로 두지 말고 밀폐용기나 비닐봉투에 넣어 서늘한 곳에 보관한다. 사용하고 남은 것은 다시 넣으면 곰팡이가 생기니 주의한다.

설탕 벌레가 들어가지 않도록 밀폐용기에 담아 온도나 습도 변화가 적은 곳에 보관한다. 굳은 설탕은 부숴 사용하거나 비닐봉투에 넣어 분무기로 물을 뿌려 입구를 막아 하루 정도 놓아둔다.

소금 햇빛이 들지 않고 습기가 적은 장소에 보관하며, 평소 젖은 손으로 만지는 것을 피한다. 개봉했다면 밀폐용기에 담아 보관한다.

된장 항아리에 담은 집된장은 굳이 냉장보관할 필요가 없다. 여름철에는 곰팡이 등 이물질이 생기기 쉽지만 윗부분을 꼭꼭 눌러 편편하게 한 다음 소금과 설탕을 반반씩 섞어 뿌리고 투명 비닐을 덮어둔다. 시판 된장은 밀폐용기째 냉장보관한다. 개봉 전에는 어둡고 서늘한 곳에 개봉 후에는 밀폐해서 냉장보관한다. 실온에서 보관하면 발효과정에서 생성된 아미노산과 당이 반응해 검게 변한다. 이를 늦추기 위해 산소와 빛의 영향을 덜 받도록 냉장보관하는 것이 바람직하다. 보관 과정에서 색이 변했다 하더라도 위생상의 문제는 없다.

깨소금&참기름 깨소금이나 참기름은 상대적으로 부패 확률이 낮지만 더운 여름에는 예외다. 깨소금은 작은 병에 나누어 냉장보관하고 많은 양을 장기간 보관할 때는 두장 겹친 비닐봉지에 담아 공기를 빼고 밀봉하거나 진공포장해 냉동보관한다. 깨는 통깨 상태로 보관했다가 먹을 때마다 조금씩 빻아 먹어야 고소한 맛을 오랫동안 즐길 수 있다.

고춧가루 고춧가루는 잘못 보관하면 벌레가 생기거나 뭉치기 쉽다. 당장 쓸 것만 밀폐용기에 담아 상온에 두고 나머지는 밀폐용기에 넣어 냉동한다. 고춧가루에 물이 들어가면 쉽게 굳고 변질되므로 물이 들어가지 않게 주의하고 전용 스푼을 정해 하나씩 꽂아두고 사용하면 좀 더 위생적으로 요리할 수 있다.

유제품류

우유 우유는 변질 정도를 가늠하기 힘든 식품 중 하나로 반드시 4℃ 이하에서 냉장보관한다. 유통기한이 남았더라도 겉으로 봤을 때 볼록하게 부풀었으면 상한 것이니 버린다. 개봉한 우유를 보관할 때는 꼭 마개 혹은 클립으로 단단히 오픈 부위를 고정한다. 한 번 개봉하면 부패 속도가 빨라지니 오픈하자마자 마신다.

치즈 가공 치즈는 개봉했다면 입구를 랩으로 싸서 2주 이내에 먹고, 자연 치즈는 구매 후에도 계속 숙성하기 때문에 필요한 만큼만 사서 빠른 시간에 먹는다. 남았다면 단면을 랩, 호일에 싸서 밀폐용기에 담아 채소칸에 넣는다. 피자 치즈를 제외하고 냉동하지 않는 것이 좋다.
치즈가 조금 남아 있을 때는 건조되기 전에 강판에 갈아 가루로 만든 다음 밀폐용기에 넣어 얼린다.

버터 버터는 랩이나 쿠킹호일로 꼼꼼히 싸서 보관해야 지방 산화를 막을 수 있다. 보통은 2℃ 이하 냉장고에 보관하지만 오랜 시간 저장할 때는 영하 18℃ 이하 냉동실에 넣어둔다. 냉동실에서 60일간 보관 가능하다.
요구르트 요구르트는 냉동을 권장하지 않는 식품이다. 굳이 냉동하고 싶다면 거품을 낸 생크림이나 설탕과 섞어 냉동하면 아이스 요구르트로 즐길 수 있다.

초보주부들의 질문! 냉장보관에 관한 궁금증

Q 냉장고에 보관한 두부 표면이 붉게 변하는 이유는 무엇인가요?

A 세라티아균이 생겼기 때문이다. 세라티아균은 인체에 해를 주지 않지만 다른 세균이 증식할 가능성이 높으므로 먹지 않는다. 두부는 유통기간이 있지만 바로 먹는 것이 좋으며 쉰내가 나면 상한 것이므로 버린다.

Q 북어에 곰팡이가 생겼어요. 어떻게 보관하는 것이 좋을까요?

A 북어는 습기에 매우 약해 곰팡이가 생기기 쉽다. 이럴 때는 건조된 녹차잎을 함께 보관하면 방습과 방충을 해결할 수 있다. 금방 먹을 북어는 바람이 통하고 그늘진 곳에 매달아 물이 닿지 않게 보관한다. 오랜 시간 보관할 때는 북어 표면에 분무기로 물을 뿌린 다음 머리와 지느러미, 꼬리를 잘라내고 2~3등분 해 비닐에 차곡차곡 포개 담아 끈으로 묶어 냉동실에 보관한다.

Q 쇠고기를 여러 번 냉동과 해동을 되풀이했더니 색깔이 검게 변했어요. 어떻게 하면 쇠고기를 늘 신선하게 먹을 수 있나요?

A 쇠고기를 덩어리째 냉동보관하면 냉동과 해동을 되풀이하는 과정에서 육질의 세포가 파괴되어 색깔이 검게 변하고 맛이 없어지고 신선도도 떨어진다. 한 번 먹을 만큼씩 포장해 냉동보관하고 조리할 때마다 하나씩 꺼내 쓰면 늘 신선하게 먹을 수 있다.

Q 달걀 껍질에 기름 얼룩 같은 것이 생겼는데 왜 그러죠?

A 상한 달걀은 껍질에 기름이 배어 나온 것 같은 모양이 생긴다. 이런 달걀은 바로 버린다.

Q 먹다 남은 조리식품은 어떻게 보관할까?

A 육류 볶음요리는 보관 전에 국물까지 바짝 조려 한번 더 볶아 냉장실에 두어도 하루 이틀밖에 안심할 수 없다. 기름이 산화되어 부패하기 쉬운 전 종류는 밀폐용기에 넣어 냉기가 많은 안쪽에 보관하되 이틀을 넘기지 않는다. 다시 먹을 때는 뜨겁게 데워 먹는다.
어묵조림처럼 간장에 졸인 음식은 3~4일간 보관할 수 있으나 보관용기의 오염을 막기 위해 깨끗한 도구를 이용해 덜어 먹는다. 간장이 식재료 속까지 배어 있는 장조림은 3주까지 보관할 수 있다. 좀 더 오래 보관하려면 3주에 한 번 정도 팔팔 끓여 보관한다. 닭고기는 살모넬라균에 노출되기 쉬우므로 백숙이나 삼계탕을 먹다가 남으면 반드시 그 다음 날 중으로 끓여서 모두 먹는다.

02
제철식품

'제철식품은 보약과도 같다'는 말이 있다. 제철식품은 그 계절의 자연환경을 고스란히 받아들여 우리에게 현재 가장 필요한 것을 전해준다. 건강 먹을거리의 제1법칙은 우리 땅에서 난 제철식품을 먹는 것이다.

봄(3~5월) 제철 건강식품

고사리 ▶

취 ▶

병어 ▶

참나물 ▶

임연수 ▶

딸기 ▶

조기 ▶

뽕잎 ▶

피조개 ▶

꼬막 ▶

양파 ▶

미나리 ▶

도미 ▶

죽순 ▶

머위 ▶

◀ 파프리카

쑥 ▶

가지 ▶

복숭아 ▶

껍질콩 ▶

깻잎 ▶

쑥갓 ▶

민어 ▶

감자 ▶

참외 ▶

문어 ▶

상추 ▶

준치 ▶

부추 ▶

수박 ▶

오징어 ▶

토마토 ▶

양배추 ▶

자두 ▶

애호박 ▶

포도 ▶

마늘 ▶

단호박 ▶

사과 ▶

고구마 ▶

게 ▶

연어 ▶

무 ▶

꽁치 ▶

감 ▶

배추 ▶

배 ▶

고등어 ▶

갈치 ▶

늙은호박 ▶

표고버섯 ▶

우엉 ▶

낙지 ▶

 겨울(12~2월) 제철 건강식품

레몬 ▶

봄동 ▶

당근 ▶

아귀 ▲

김 ▶

달래 ▶

귤 ▶

메생이 ▶

가자미 ▶

전복 ▶

냉이 ▶

청각 ▶

유자 ▶

고비 ▶

파래 ▶

🫙 채소&과일 고르는 법

건강을 위해 싱싱한 식재료 선택이 중요한 것은 보관, 저장 시간에 따라 식품의 영양가가 달라지기 때문이다. 언뜻 보기에 흠집이 없다고 싱싱할 거라 생각하면 오산이다. 지금 슈퍼에 가면 살 수 있는 채소와 과일 각각에 맞는 구별법을 알아두고 신선한 재료 고르기에 만전을 기해보자.

감자

표피에 광택과 침이 있고 모양이 포동포동한 것이 좋다. 사과와 함께 보관하면 싹 트는 시기를 늦출 수 있다.

고구마

수염뿌리와 오목한 자국이 적을수록 좋으며 표면을 잘 말려 종이로 싸서 서늘하고 그늘진 곳에 두고 먹는다.

고추

고추는 색이 선명하고 통통하고 연하며 표면이 매끄러운 것이 좋다. 씨를 빼면 더 오래 보관할 수 있다.

냉이

뿌리가 너무 굵은 것은 질기기 때문에 피한다.

느타리버섯

갓이 매끈하고 살이 두터운 것, 대가 굵고 끈적거리지 않은 것으로 고른다.

달래

시들고 누런 부분이 없는 것으로 고른다. 잎이 가늘어지기 쉬우니 구입 후 빨리 먹는 게 좋다.

당근

색이 선명하면서 줄기 절단면이 작을수록 맛있고, 뿌리의 털구멍이 깊거나 갈라짐이 있는 것은 좋지 않다.

쑥갓

상하기 쉬운 채소이므로 구입 시 들어서 잎을 일일이 확인한다. 잎이 싱싱하고 색이 진하며 광택이 있는 것이 좋다. 줄기는 너무 굵지 않으며 줄기 아래쪽에도 잎이 잘 붙어 있는지 확인한다.

여러 가지
채소, 과일 들~

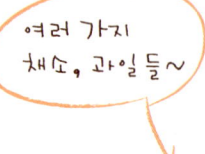

감자 ▶

셀러리 ▶

브로콜리 ▶

무

털구멍이 두드러지게 깊은 것이나 끝 뿌리가 긴 것
은 피한다.

미나리

잎의 녹색이 진한 것일수록 좋으며 줄기가 굵은 것은
질길 수 있으니 가급적 피한다.

배추

바깥 잎이 크고 하얀 부분이 윤기 나는 것을 고른다.
반으로 잘랐을 때, 심이 크게 올라와 있으면 수확시
기가 오래돼 신선도가 떨어진 것이다.

부추

상처가 있으면 회복되지 않으므로 상처 유무를 잘 살
펴야 하며 잎이 연하고 색이 선명할수록 좋다.

브로콜리

봉오리가 작고 단단한 것이 좋으며 녹색이 진할수록
연하고 맛도 달다.

상추

잎이 부드럽고 광택이 있는 것으로 녹색이 진할수
록 맛과 영양 면에서 우수하다.

생표고버섯

만졌을 때 단단함이 느껴질 정도로 탄력이 있어야
하며 갓 안쪽 주름이 선명한 것이 좋다.

셀러리

잎에 광택이 있고 시들거나 누런 잎이 없는 것이 좋
다. 줄기는 두껍고 심줄이 또렷하며 줄기의 굴곡이
확실한 것으로 고른다.

시금치

잎이 크고 뾰족한 침이 있는 것이 싱싱하다. 줄기가
굵은 것은 많이 자란 것이기 때문에 맛이 덜하다.

쑥

어린잎의 질감이 부드러워야 맛과 향이 좋다. 색이
고르게 녹색이며 누렇게 뜬 잎이 없는지 살핀다. 줄
기가 길게 자란 것은 질기므로 피한다.

쑥 ▶

상추 ▶

무 ▶

대파

흰 부분과 녹색 부분의 경계가 뚜렷한 것일수록 좋다. 대파는 만졌을 때 탄력 있고 단단한 것을 선택한다. 푸석푸석하거나 무른 것은 그 속에 모래나 흙이 들어간 경우가 많다.

양배추

손에 쥐었을 때 단단하고 딱딱하면서 무거운 것을 고른다. 반으로 잘라놓은 것을 구입할 때는 가운데 심이 위까지 자라지 않은 것이 쓴맛이 덜하다.

양상추

밑둥 절단면이 100원짜리 동전 크기인 것이 좋으며, 건조하지 않은 것을 택한다. 잎이 부드럽고 녹색이 진할수록 맛도 좋고 영양가도 높다.

토마토

품종에 따른 고유의 모양을 유지하고 있고 색깔이 고른 것이 좋다. 꼭지 부분이 싱싱하고 노란색 별 모양이 큰 것은 당도가 높은 편이다. 풋내가 나거나 갈라짐이 있는 과일은 상품 가치가 떨어진다. 광택이 나고 단단하고 무거운 것을 골라야 맛있다.

양송이버섯

갓이 둥글게 자란 것이 좋으며 표면이 반들반들할수록 신선하다. 상처나 변색이 있는 것은 피한다.

양파

햇양파는 껍질이 부드럽고 속은 단단한 것이 싱싱하다. 가을 양파는 껍질이 잘 건조된 것을 선택한다.

오이

굵기가 균일하고 가시가 아플 정도로 돋아 있는 것이 신선하다. 껍질에 주름이 있는 것은 수분이 증발하고 있다는 증거로, 수확 시간이 매우 경과된 것이다.

애호박

표면이 고르고 윤기가 도는 것이 좋다. 꼭지 주변이 들어가 있고 크기에 비해 무거울수록 맛있다.

청경채

잎이 청록색이어야 하고 광택과 침이 있는 것이 좋으며 시들지 않았는지 살핀다. 녹색이 너무 짙을 경우 질기고 떫은맛이 날 수 있다.

여러 가지
채소, 과일 들~

양파 ▶

토마토 ▶

딸기 ▶

파프리카

비교적 모양과 맛의 관계는 없는 편이라 찌그러진 것이라 해도 맛이 떨어지지는 않는다. 표면에 광택이 있고 단단함과 무거움이 느껴지는 것이 좋다.

딸기

꼭지가 마르지 않고 녹색이 선명한 것으로 골라야 신선하며 표면이 탄력 있는 것이 좋다.

키위

겉모습만으로는 익었는지 잘 알 수 없기 때문에 손으로 가볍게 쥐었을 때 전체적으로 약간 무른 느낌이 드는 것을 고른다.

바나나

파란 빛깔에서 노랗게 익는 데까지 상온에서 5일 정도 걸린다. 갈색 반점이 생기면 단맛이 증가했다는 증거다.

레몬

표면이 전체적으로 균일하고 광택이 나며 노랗게 익은 것이 향과 맛 모두 좋다.

오렌지

표면에 광택이 있고 색이 분명한 것이 좋으며 둥근 형태가 잘 유지된 것으로 고른다. 유포의 형태가 균일하고 들었을 때 묵직한 느낌이 날수록 과즙이 풍부하다.

사과

껍질이 아랫부분까지 균일한 색으로 물들어 있는 것이 좋다. 너무 작거나 크지 않은 적당한 크기로 골라야 맛몰림 현상이 적다.

포도

가지가 마르지 않고 녹색이 분명한 것이 좋다. 포도 알은 꼭지부터 아래까지 균일한 것이 좋으며 탄력 있게 달려 있는 것으로 고른다.

한라봉

껍질이 두껍지 않고 부드러운 것을 고른다. 적당한 주름과 표면의 유포가 균일할수록 좋으며, 들었을 때 보기보다 무거운 것을 선택한다. 주름이 너무 많거나 껍질과 과육이 단단하게 붙은 느낌일 경우 신맛이 강할 수 있으니 유의한다.

사과 ▶

키위 ▶

바나나 ▶

포도 ▶

영양만점 연간 제철 뿌리채소 캘린더

색깔따라 골라 먹자

뿌리채소는 색깔에 따라 기능성 성분이 다양하다. 주황색 당근에 들어있는 베타카로틴, 레드 비트에 함유되어 있는 베타시아닌(베타닌), 더덕 · 도라지 · 인삼 등 흰색 채소에 함유되어 있는 사포닌 등 각기 독특한 효능의 성분을 가지고 있다.

베타카로틴은 체내에서 필요한 만큼 비타민A로 변하며, 변환되지 않은 베타카로틴은 활성 산소를 제거하는 항산화 효과가 뛰어나다. 비타민A는 바이러스의 침입을 막아 병에 대한 면역력을 키우고, 눈 건강에 직접적으로 관련되어 있다. 베타시아닌과 사포닌 또한 항산화 효과가 뛰어나 활성 산소를 제거하고 노화를 방지한다.

약으로 쓰이는 뿌리채소

뿌리채소는 자라난 환경 덕분에 추운 저장 창고에 오랫동안 보관할 수 있다는 장점이 있다. 식물이 자라기 힘든 겨울 내내 사람들에게 양질의 비타민을 제공한다. 오랫동안 뿌리채소는 치료 목적으로도 사용되어 왔다. 몸이 으슬으슬하고 감기가 올 것 같을 땐 따뜻한 생강차를 마시고, 소화가 되지 않을 땐 무를 갈아 마시기도 했다. 인삼은 세계가 인정하는 건강식품이자 약재이다. 일반적으로 지방이 적고 칼로리가 낮은 뿌리채소는 지방 함량이 높은 식품과 곁들이면 영양을 균형 있게 섭취할 수 있다.

	1	2	3	4	5	6	7	8	9	10	11	12
감자						●	●	●	●	●	●	
고구마								●	●	●		
당근		●	●		●	●				●	●	
더덕				●	●					●	●	
도라지				●	●	●						
마												●
마늘					●	●		●	●			
무						●	●			●	●	●
생강									●	●	●	
순무		●	●									
양파					●	●	●					
연근	●	●								●	●	●
우엉	●	●			●	●			●	●	●	
인삼									●			
토란								●	●			

채소에 남은 **잔류농약**, 제대로 없애고 있나요?

잔류농약, 효과적인 제거법은 무엇일까?

식약청은 농산물 재배 시 사용한 농약에 대해 잔류허용 기준을 정해 놓고 있다. 체내에 농약이 흡수되어도 건강에 이상이 없는 양을 각각의 농작물에 적용한 것이다. 이 기준 이하로 잔류된 농산물은 섭취 시 인체에 이상이 없다. 그래도 잔류농약이 걱정된다면 먹기 전 철저하게 씻는다. 가장 효과적인 방법은 의외로 간단하다. 담금 물에 세척한 후 흐르는 물에 한번 헹구는 것이다. 채소는 흐르는 물에 씻는 것이 더 효과적인 것으로 알려졌지만 식약청의 연구 결과는 달랐다. 식약청이 풋고추와 상추 등을 담금 물과 흐르는 물에 세척해 농약제거율을 비교했더니 풋고추의 담금 물 세척 후 농약제거율은 59%, 흐르는 물 세척 후 농약제거율은 48%였다. 상추는 전자가 80% 후자가 70%였다.

결론적으로 용기에 물을 넣고 손으로 저으면서 세척하는 것이 흐르는 물보다 효과적이다. 풋고추, 상추, 파, 쑥갓 등은 담금 물에서 세척할 경우 훨씬 제거율이 높지만 딸기, 포도, 들깻잎은 비슷하다. 농약은 지용성물질이므로 채소세척제를 이용해도 효과적으로 제거된다. 농산물에 따라 흐르는 물, 담금 물의 농약제거 효과가 다르지만 대체적으로 담금물이 더 효과적이다. 시중에 나온 채소세척기나 세척제를 이용하는 것도 한 방법이다.

오이에 소금 뿌려 문지르기, 과연 과학적 근거는 있을까?

'오이에 소금을 뿌려 문지른다', '상추는 숯, 식초 물에 씻는다' 등 떠도는 잔류농약 제거법이 제법 많다. 하지만 숯, 식초, 소금 등의 농약제거 효과에 대한 과학적 근거는 없다. 식약청이 발표한 세척물질에 따른 잔류농약제거 연구'에 따르면 수돗물로 세척하는 것과 숯, 식초물, 소금물로 세척하는 것과의 차이는 없다. 식약청에서는 들깻잎에 농약을 인위적으로 묻혀 수돗물, 식초물(1%), 소금물(1%), 숯 담근 물에 5분간 담근 후 흐르는 물로 30초간 세척하는 실험을 했다. 수돗물 83%, 숯 담근 물 82%, 식초물 82%, 소금물 84%의 농약이 제거되었다.

농약의 종류는 수백 종이며 각각 성질이 다르기 때문에 특정 성분으로 모든 농약을 제거할 수 없다. 숯은 불순물을 제거하는 여과 목적, 식초와 소금은 미생물의 생육을 억제하는 기능이 있지만 잔류농약 제거와는 무관하다.

03
식품 궁금증

우리는 의외로 매일 먹고 마시는 것인데도 잘 모르거나 잘못 알고 있는 경우가 많다. 나트륨이 안 좋다는데 아예 소금을 포기하고 싱겁게 살라는 건지, 백설탕보단 흑설탕이 좋다는데 이유가 뭔지, 마트만 가면 왠지 콩기름보다 올리브유를 사야만 할 것 같은데 왜 그런지, 자주 먹지만 모르는 식품 상식이 너무 많다. 이제부터 우리와 가까이 있는 친숙한 식재료들에 관한 궁금증을 풀어보자.

소금

저염식, 저나트륨이 널리 퍼지면서 조금씩 우리의 식탁에서 소금이 물러나고 있다. 하지만 무조건 소금을 줄인다고 좋은 것만은 아니다. 마라톤을 할 때 땀을 흘려 탈진 상태거나 설사를 할 때는 땀이나 변으로 나트륨이 대량 유출된다. 심한 경우 현기증이나 경련 등의 증상이 나타날 수 있으므로 물뿐 아니라 소금을 함께 섭취해야 한다. 알다가도 모르겠고 가까우면서도 먼 소금, 지금부터 소금에 대한 상식을 제대로 알아보자.

저나트륨 소금, 염화나트륨 넣어도 염화칼륨 높아

나트륨 대신 염화칼륨(KCl)으로 짠맛을 낸 저나트륨 소금이 관심을 모으고 있다. 하지만 이 제품은 염화나트륨은 줄였지만 짠맛을 유지하기 위해 염화칼륨을 추가했기 때문에 신장 기능에 이상이 있는 사람에게는 문제가 될 수 있다. 국내에서 팔리고 있는 저나트륨 소금은 28~62%에 달하는 염화칼륨을 함유하고 있다. 칼륨을 많이 섭취할 경우 잉여분이 신장에서 배출되는데, 신장에 이상이 있는 사람은 칼륨 배설이 제대로 되지 않아 혈액 중 칼륨농도가 지나치게 높아져 근육마비, 심장마비 등이 오는 과칼륨혈증을 앓게 된다.

천연 미네랄의 보고, 국산 천일염

미네랄은 우리 몸에서 다양한 생리현상에 영향을 미칠 뿐 아니라 단백질 기능에 중요한 역할을 한다. 따라서 미네랄의 공급이 원활하지 않으면 각종 생리현상에 장애가 따르고 만성피로, 두통, 아토피, 불면증 같은 질병에 시달리기 쉽다. 최근 들어 미네랄 결핍증이 급격하게 증가하고 있는데 특히 선진국에서 증가세가 두드러진다.

안전한 미네랄 섭취법은 식품을 통한 간접 섭취다. 천연 미네랄의 주요 공급원이 바로 국산 천일염이다. 식품만으로 적정 미네랄을 섭취하기 힘들지만 국산 천일염으로 간한 식품을 이용하면 균형 잡힌 미네랄 섭취가 가능해진다. 천일염 가운데 미네랄이 풍부한 소금은 우리나라의 갯벌 염전에서 생산되는 소금을 비롯해, 같은 갯벌 염전인 프랑스의 게랑드 천일염이다. 국산 천일염은 세계적으로 유명한 프랑스의 게랑드 천일염보다 미네랄 함량이 높다. 특히 국내 갯벌 염전에서 생산된 천일염은 채소나 과일보다 미네랄 함유량이 높기 때문에 건강에 이롭다.

소금의 종류에 따라 맛과 쓰임새 달라

암염 예전에 바다였던 곳이 지각변동에 의해 육지로 변한 후 오랜 세월을 거치는 동안 물은 마르고 소금만 남아 굳은 것이 암염이다. 암염에는 가공하지 않은 것과 한 번 물에 녹여 불순물이나 유해미네랄을 제거해 재결정화한 것이 있다. 주산지는 미국과 유럽이다.

※ 양식 전반에 사용되며 특히 쇠고기나 참치 같은 빨간 생선요리에 적합하다.

믹스염 허브나 마늘 분말 등을 섞거나 진한 맛 성분을 가해서 소금에 맛이나 향을 넣은 것. 믹스염의 재료는 천일염이나 암염 등이다.

※ 튀김과 닭꼬치, 익히지 않은 채소와 두부에 맞다.

재제염 천일염은 물에 녹여 한 번 씻어 낸 뒤 재결정으로 만드는 소금이다. 우리가 흔히 '꽃소금'이라고 부르는 소금이 해당된다. 국산 천일염은 가공하는 과정에서 붉은색이나 황색으로 변하기 때문에 재제염의 재료로 사용할 수 없다. 호주산이나 멕시코산 천일염이 재제염의 재료로 이용된다.

※ 모든 요리에 적합하다.

천일염 해수를 염전에 끌어들여 햇빛과 바람에 수분을 철저히 증발시켜 만든 소금이다. 주산지는 호주와 멕시코. 갯벌을 개조한 염전에서 생산되는 국산 천일염은 생산과정을 자동화하기 어려워 다소 비싸기는 해도 미네랄 함량이 높고 풍미가 뛰어나다.

※ 양식, 한식, 일식, 중식전반. 특히 고기와 흰살 생선, 채소요리에 알맞다.

🥄 설탕

설탕에 비해 열량은 낮지만 단맛이 강한 인공감미료, 식이섬유가 풍부해 많이 먹어도 살 찔 염려가 없다는 올리고당, 백설탕보다 좋다는 황설탕 등 실생활에서 알게 모르게 많이 쓰고 있는 대체 조미료들은 늘어나고 있지만, 실상 그에 대한 정보는 터무니없이 부족하다. 조금 더 건강한 식탁을 만들기 위해 편견에서 벗어나 제대로 된 지식을 쌓아보자.

올리고당, 설탕과 열량 비슷

올리고당은 식이섬유 등 첨가물에 따라 종류가 나뉜다. 성분에 따라 효과가 조금씩 다르겠지만 열량은 설탕과 비슷하다. 올리고당을 먹는다고 살이 덜 찌는 건 아니다. 단, 올리고당의 맛이 조금 더 낫고, 건강에 좋은 기능성성분이 들어갔다는 것 때문에 주목받고 있다.

병을 부르는 인공감미료

대표적인 인공감미료인 '당알코올 감미료'는 자연적으로 식물에서 생성되기도 하지만 대부분 인공적으로 생산된다. 적은 열량이 가장 큰 장점이지만 장에서 스스로 소화시키기 힘들어 과잉 섭취시 설사를 일으킨다. 최근 식약청 분석결과에 따르면 인구의 약 10%가 하루 섭취 허용량을 초과하는 인공감미료 수크랄로스를 섭취하는 것으로 나타났다. 수크랄로스는 껌, 잼, 음료수, 발효유, 영양보충용식품 등에 들어있기 때문에 세심한 주의가 필요하다. 식약청에서 승인한 감미료 아스파탐은 안전성이 높아 많이 이용하고 있다. 하지만 페닐케톤이 소변으로 빠져나가는 페닐케톤뇨증 환자는 섭취를 줄여야 한다.

황설탕은 당밀성분 추가, 흑설탕은 카라멜색소를 추가했을 뿐

흰 밀가루가 건강에 좋지 않는 이야기 때문에 백설탕, 정백당보다 황설탕이나 흑설탕이 건강에 더 좋다고 믿는다. 하지만 열량 측면에서 본다면 세 종류의 설탕은 비슷하다. 백설탕은 사탕수수를 정제한 것이고 황설탕은 거기에 당밀성분을 투가한 것이다. 여기에 카라멜색소를 넣으면 흑설탕이 된다.

🍼 우유

우유는 단백질 · 지방 · 칼슘 · 비타민 등 114가지 영양소가 들어있어, 완전식품으로 인식된다. 너무 '완전'해서일까? 우유에 대한 비판적인 의견들이 마치 새로운 이론처럼 튀어나오곤 한다. 지금까지 제기된 우유에 대한 오해와 진실을 살펴본다.

우유 속에는 항생제가 들어 있다?

젖소가 잘 걸리는 대표적인 질병은 유방염이다. 이때 젖소의 젖꼭지로 항생제를 투여하는데, 이 항생제는 3일쯤 지나면 저절로 분해돼 몸 밖으로 배출된다. 국내산 흰 우유는 365일 눈으로 보고, 성분검사를 하고, 온도를 재보는 것은 물론 세균이 몇 마리인지 등을 전수(全數)검사하는 유일한 식품이다.

우유가 아이 아토피의 원인?

식품의 단백질은 아토피피부염 등 알레르기질환의 유력한 원인 중 하나다. 어린이들이 많이 먹는 우유(분유)도 알레르기의 원인이 될 수 있다. 그러나 아토피 등 알레르기질환을 앓고 있다 해도 모든 단백질을 차단하는 것은 금물이다. 어린 아이들에게 가장 중요한 것은 성장이기 때문이다.

우유의 지방, 비만 일으키지 않을까?

일반 우유 1L에는 유지방이 30~40g 들어있다. 이 중 약 60%(18~23g)가 포화지방산이다. 포화지방산은 비만, 심혈관질환에 영향을 준다. 그래서 비만이 문제되는 나라에서는 지방이 1% 이하인 저지방우유나 무(無)지방우유 마시기 캠페인을 벌이기도 한다. 미국소아과학회는 소아비만 등이 걱정되는 경우 두 돌이 지난 뒤부터 저지방 또는 무지방우유를 먹이라고 권고한다.

🫗 프리미엄 식용유

1998년 오뚜기식품이 올리브오일 완제품을 수입판매하기 시작하면서 프리미엄 식용유가 처음 등장했다. '세계 3대 장수식품'이라는 올리브유를 시작으로 포도씨유, 카놀라유(유채씨기름), 해바라기씨유까지 가세하며 시장을 달구고 있다. '건강에 좋다'고 알려진 프리미엄 식용유, 과연 일반 식용유에 비해 얼마나 좋은지 알아보자.

불포화지방산이 조금 더 많아

프리미엄식 용유에는 혈중 콜레스테롤 수치를 낮추는 데 좋은 영향을 미치는 불포화지방산이 일반 식용유보다 많이 들어 있고, 토코페롤과 폴리페놀 같은 각종 항산화물질이 풍부하기 때문에 인기를 얻는다.

사람의 혈중 콜레스테롤 중에는 몸에 좋은 HDL 콜레스테롤과 몸에 나쁜 LDL 콜레스테롤이 있다. 이 중 LDL 콜레스테롤 수치가 증가하면 고혈압, 동맥경화 같은 성인병이 생길 수 있다. 대부분 불포화지방산으로 이루어진 프리미엄 식용유는 LDL 콜레스테롤 수치를 감소시키는 효능이 있으므로 성인병 예방에 도움이 된다.

식용유, 결국 큰 차이 없다

일반 식용유도 이와 마찬가지다. 트랜스지방은 마가린과 같은 경화유(지방유에 함유돼 있는 액체상태의 불포화지방산에 수소를 첨가해 고체상태의 포화지방산으로 만든 기름)에 많이 들어 있고, 콜레스테롤은 동물성식품에만 존재한다. 프리미엄 식용유 뿐 아니라 일반 식용유에도 트랜스지방과 콜레스테롤은 없다. 포도씨유든 콩기름이든 모든 식물성 기름은 지방산의 종류가 약간씩 다를 뿐 그 안에 들어 있는 기름의 주성분은 영양학적으로 큰 차이가 없다. 포도씨유에는 불포화지방산이 많이 들어 있는데, 그렇다고 해서 포도씨유가 콩기름보다 영양학적으로 더 우수한 것은 아니다.

🍶 달걀

달걀은 가장 사랑받는 식품 중 하나다. 요즘엔 브랜드화해 다양한 이름을 단 달걀들이 마트 한 벽면을 가득 채우고 있을 정도다. 대체 어떻게 다른 것인지 분간이 어려운 지경이다. 친근한 식품인 만큼 속설도 많다. 달걀에 대한 모든 궁금증을 풀어본다.

달걀 껍데기 색깔에 따라 영양차이 거의 없어

달걀의 화학적 성분은 닭 개체의 유전적 소질, 환경, 사료 조건, 저장온도, 저장기간 등에 따라 달라진다. 갈색란과 흰색란 사이에 영양적인 차이는 거의 없다. 알부민과 노른자 등에서 약간의 차이를 보이지만 이는 달걀의 무게에 따라 내부물질 함유량이 달라지기 때문이다.

구분	갈색란	색란
난중(g)	64.43	63.57
알부민(%)	65.81	64.55
난황(%)	24.46	26.3
난각(%)	0.42	50.40
난각 두께	9.72(mm)	9.10(mm)

빛 좋은 개살구, 영양란과 유기농 달걀

'영양란'이라고 쓰인 달걀이 더 좋아 보이게 마련이다. 그러나 '영양란'은 단순히 상표에 붙은 이름일 가능성이 높다. 시중에 판매되는 영양란은 대부분이 소비자에게 인식시킬 수 있는 함량 표시가 없으므로 영양란에 대한 신뢰성이 낮을 수밖에 없다. 유기농 달걀도 일반 달걀에 비해 더 우수하다고 말할 수 없다.

유정란은 확실히 무정란보다 좋다?

유정란이 더 비싸고 선호되는 이유는 달걀의 생산과정 때문이다. 무정란은 대개 한 마리의 닭이 하루 한 개의 달걀을 생산하지만 유정란은 상대적으로 생산량이 적다. 유정란은 생명체를 탄생시킬 수 있는 것이므로 영양성분이 더 완벽할 것이라는 생각에서 무정란보다 유정란을 선호한다. 하지만 유정란과 무정란의 영양학적 차이에 대한 연구보고는 아직까지 없다.

10년 차 주부도 몰랐던 식품의 유효기간

마른 국수, 파스타 건면 1년
마른 국수나 파스타는 습기가 차지 않게 밀폐해 건조한 곳에 보관한다. 개봉 후에는 입구를 잘 밀폐 보관하고, 되도록 빨리 먹는다.

꿀 2년
햇빛과 습기를 피해 어둡고 서늘한 곳에 2년 정도 보관한다. 냉장하면 결정이 생기므로 상온에서 보관한다.

식초 2년
개봉 후에는 뚜껑을 잘 닫아 어둡고 서늘한 곳에 보관한다. 여름에는 냉장보관하며, 가끔 생기는 흰색 물질은 공기 중의 식초 발효균과 반응한 것으로 인체에는 무해하지만 맛과 향이 떨어지므로 살균제나 세척제로 사용한다.

된장 1~2년
유통기간이 지나도 바로 상하지 않는다. 개봉 전에는 어둡고 서늘한 곳에, 개봉 후에는 밀폐해서 냉장보관한다. 공기와 접촉하면 굳어지므로 봉투에 들어 있다면 입구를 잘 막아 밀폐용기나 지퍼백에 넣는다. 용기에 담았다면 꼭 표면을 랩으로 싸서 보관한다.

토마토케첩, 마요네즈 7~10개월
토마토케첩, 마요네즈 모두 개봉 후에는 1개월 내에 모두 사용하는 것이 좋다.

녹차잎 6개월
서늘하고 어두운 곳에 둔다. 개봉하지 않고 냉동하면 맛과 향이 유지된다.

조리용 허브 로즈메리, 민트 등 1주일
밀폐용기에 담아 1주일 이상 보관 가능하다. 1줄기 또는 1회분씩 랩으로 싸서 지퍼백에 넣는다.

잼 1개월
개봉 후 오래 두면 곰팡이가 피는 경우가 많다. 깨끗한 스푼을 사용하고 한 달 이내 먹는다. 남으면 3주일이 되기 전 드레싱, 고기 잴 때, 요구르트에 사용한다.

버터 6개월~1년
개봉 전에는 밀폐해서 냉동하면 1년 정도 보관할 수 있다. 개봉 후에는 산화되어 맛과 향이 쉽게 떨어지므로 잘 포장해 되도록 빨리 사용한다. 냄새를 쉽게 흡수하므로 강한 냄새가 나는 식품과 함께 두지 않는다.

설탕 forever
설탕의 유통기간은 반영구적이다. 벌레가 꼬이지 않게 밀폐용기에 담아 온도나 습도 변화가 적은 곳에 보관한다. 노란색으로 변해도 인체에 무해하다. 굳었다면 부숴 사용하거나 비닐봉투에 넣어 물을 뿌려 입구를 막아 하루 정도 둔다.

○4
건강 조리법

대부분의 식품은 우리 몸에 꼭 필요한 영양소를 가지고 있지만 과해도 덜해도 질환의 원인이 되니 적당량을 섭취하는 식습관이 필요하다. 특히 소금, 설탕, 기름 등이 가장 건강에 문제가 되는 식품이지만 하루아침에 이것들을 버릴 수도 없는 일이다. 오늘 저녁부터 하나씩 실천해보는 건강 식생활 가이드를 소개한다.

저수분 식생활

영양소 손실과 칼로리를 반으로

건강을 위해서는 식품 자체만큼 조리법 선택이 중요하다. 최근 에코맘 사이에 유행하는 저수분 요리는 물과 기름을 사용하지 않아 영양소 손실이 적고 칼로리도 낮은 건강 조리법이다. 뿐만 아니라 열효율성이 높아 에너지 절약 효과를 누릴 수 있다.

약한불에서 서서히 가열

저수분 요리는 물이나 기름 없이 식재료의 수분을 이용해 조리한다. 냄비에 재료를 넣고 뚜껑을 닫은 뒤 약한불에서 조리를 시작해 서서히 중간불로 올리면, 재료에서 빠져나온 수분이 냄비 안쪽에 수분막을 만들어 음식이 타지 않는다. 저수분 요리는 약한불과 중간불을 이용하고 조리과정이 단순해 연료비와 재료비 절감 효과를 얻을 수 있다. 불조절이 핵심이기 때문에 요리 초보자라면 단계별로 온도를 조절할 수 있는 인덕션레인지가 편리하다.

저수분 요리에 맞는 도구 마련

저수분 요리의 핵심은 열효율과 그것을 가능하게 하는 주방도구다. 식재료에 열이 고르게 전달되어 안에서부터 서서히 익히려면 열전도율이 빠르고 쉽게 식지 않는 두꺼운 냄비가 좋다. 일반적으로 무쇠 주물이나 스테인리스 냄비 혹은 통 3중 이상의 냄비가 좋다. 냄비 뚜껑에 구멍이 있다면 열과 증기가 빠져나가지 않게 행주 등의 천으로 막은 후 조리한다. 압력솥이나 찜기도 저수분 요리에 활용할 수 있다.

저염식 생활

짠맛은 줄이고 감칠맛은 높이는 아이디어

김을 구울 때는 참기름이나 들기름 같은 식물성 기름을 사용해 고소한 맛을 살린다. 튀김이나 전 같은 음식에는 미리 간을 하지 않고 양념장을 놓으면 약간 싱거워도 맛있게 먹을 수 있다.

나물을 무칠 때 소금을 바로 뿌리면 간이 고르게 배지 않아 더 많은 양을 넣게 되는데, 이때는 소금을 물에 풀어 살짝 담그면 간이 삼삼하면서 고르게 밴다.

국과 찌개를 끓일 때 맛국물을 기본 국물로 사용하면 소금 사용이 줄고 음식 맛도 쉽게 변하지 않는다.

가공식품은 끓는 물, 생선은 쌀뜨물

햄이나 어묵 등의 가공식품에는 염분이 필요 이상으로 많이 함유되어 있다. 끓는 물에 한번 데친 후 따로 간을 하지 않고 먹는다.

고등어, 꽁치, 갈치 등 구이용 생선은 소금을 뿌려 파는 경우가 많아 그대로 먹으면 필요 이상의 염분을 섭취하게 된다. 절인 생선은 쌀뜨물에 담가 소금기를 뺀 후 조리한다.

보관하기 편하도록 소금에 절인 저장식품이나 물미역, 쌈다시마, 파래, 미역줄기를 먹을 때는 짠맛이 없어지게 물에 씻어둔다. 다양한 영양소를 담고 있는 해조류는 미지근한 물에 담갔다가 꺼내면 소금기를 줄일 수 있다.

짠맛은 다른 맛으로, 섭취한 나트륨은 칼륨으로

짠맛을 줄이는 대신 신맛, 매운맛, 단맛을 적절히 섞는다. 맛의 대비로 인해 소금 양을 줄여도 음식이 맛있게 느껴진다. 특히 식초, 레몬즙 같은 신맛을 살리거나 고춧가루, 겨자, 고추냉이, 후춧가루 등을 사용하면 심심한 맛을 보충할 수 있다.

미리 식단을 짜서 짭짤한 음식은 한 가지로 제한하는 것도 저염 식생활의 방법이다. 예를 들어 간이 센 된장국을 끓인다면 나머지 반찬은 샐러드나 싱거운 초절임을 곁들인다. 요리 하나가 아닌 밥상 전체의 소금 밸런스를 생각해야 한다.

짠맛은 포기할 수 없는데 저염식을 실천하고 싶다면 칼륨처럼 체내의 나트륨을 배설시키는 성분이 많이 들어 있는 식품을 함께 먹는다. 부추나 양배추처럼 칼륨이 많은 식품을 함께 조리해 소금을 통해 섭취한 나트륨을 배출시키면 된다.

🍶 저당 식생활

단맛이 나는 훌륭한 채소&과일

봄철 당근, 가을 고구마, 가을 무, 초여름 양배추 등 제철채소는 특별한 양념을 하지 않아도 재료 자체가 달착지근하다. 예를 들어 떡볶이를 만들 때 제철에 나는 양배추를 넣으면 설탕이나 물엿의 사용량을 줄일 수 있다. 재료의 단맛을 살리기 위해서는 삶는 것보다 굽는 것이 더 좋다.

음식에 단맛을 내고 싶으면 양파를 익혀서 갈아 넣는다. 볶음요리에는 양파를 팬에 갈색이 나도록 볶아 사용하면 천연 단맛을 낼 수 있다.

김장할 때는 설탕 대신 매실청을 넣거나 홍시·배·사과 등을 갈아 넣으면 맛이 더 좋고 보관에도 문제없다.

아이가 토마토케첩을 찾을 때는 토마토를 살짝 데쳐 껍질을 벗긴 후 시판 케첩과 함께 갈아서 사용한다. 큰 토마토보다는 알이 무르고 잘 익은 방울토마토가 좋다.

단맛을 강하게 내고 싶다면 당도 높은 제철과일이 잔뜩 들어간 잼을 만들어 사용한다. 끈기가 조금 덜하지만 저장성은 좋다. 볶음요리, 생선조림 등에 넣으면 잡냄새 제거에 좋고, 과일 본래의 향이 식욕을 돋운다.

사람의 후각은 미각보다 더 강하다. 조리 시 미나리, 쑥갓과 같은 향이 강한 채소를 사용하거나 향기 강한 과일을 넣어 요리하면 단맛 자체를 찾지 않는다.

설탕량 5%의 소금이 단맛을 배가

짠맛과 단맛은 공통분모가 없지만 설탕 5% 분량의 소금을 섞으면 단맛을 최고로 끌어올릴 수 있다. 빵, 디저트 등을 만들 때 설탕을 줄이고 소금을 약간 넣으면 단맛이 더 두드러진다. 식혜를 만들 때 소금을 넣으면 적은 양의 설탕으로 단맛을 느낄 수 있다. 그 밖에 설탕이 들어간 요리에 모두 이용 가능하다.

식단조절이 필요한 환자들을 위한 조언

콜레스테롤을 멀리해야할 당뇨

당뇨 환자를 위한 음식을 조리할 땐, 트랜스지방 함유량이 높아지지 않도록 올리브오일이나 포도씨유를 사용하는 것도 대안이 될 수 있다. 카페인이 함유된 커피나 홍차는 하루에 한 잔 이상은 피하는 것이 좋다. 기름지고 단 음식을 피하다보니 외식하는 것이 쉽지 않으나 약속이 생긴다면 한식 위주의 메뉴를 선택한다.

염분 섭취를 피해야할 고혈압

고혈압 환자는 콜레스레롤과 포화지방이 많은 식품은 가급적 줄이는 것이 좋다. 간이나 곱창 등의 내장류, 오징어, 달걀 노른자를 피하고 조리할 때 소금, 간장, 고추장 등의 사용을 줄인다. 맵고 짠 찌개보다 무, 미역, 콩나물을 이용한 맑은국이 좋다. 젓갈, 장아찌, 절인 식품의 잦은 섭취는 삼가되 섬유소가 풍부한 다시마, 버섯, 잡곡을 가까이 한다.

열량 보충이 필요한 신장질환

염분 섭취를 줄이기 위해 국이나 찌개 국물 대신 숭늉이나 보리차를 많이 마시는 것이 좋다. 소금이나 장 이외에 고춧가루, 후춧가루, 겨자 등을 이용하는 것이 대체 방법이 될 수 있다. 열량을 보충하기 위해 당면이나 녹말가루를 이용한 메뉴를 사용하는 것이 좋으며 간식으로는 젤리와 꿀 사탕을 이용한다. 염분 섭취를 줄여서 음식의 맛을 느끼기 힘드니 신맛이나 단맛을 적절히 활용하는 것이 좋다.

자극적인 음식을 피해야할 위암

위암 환자들은 위에 부담을 주지 않도록 소량씩 자주, 천천히 먹는 것이 좋다. 지나치게 뜨겁거나 짜고 매운 음식은 자극이 강하므로 피한다. 수입 땅콩과 고추, 수입 고사리 등은 발암물질이 들어 있을 가능성이 높으니 피하는 것이 좋다. 과식으로 인한 지나친 영양 섭취는 암세포의 증식을 촉진하니 절대 금물이다. 지방 섭취를 줄이고 동물성 기름도 피한다. 화학처리에 의해 비타민과 무기질이 손실된 흰 설탕, 흰 소금, 흰 밀가루 등은 요리에 사용하지 않는다.

05
유기농&친환경 인증마크

각종 인증 마크가 난무하는 시대, 어떤 걸 믿어야 할까? 안전한 먹을거리로 풍성한 식탁을 차리는 것이 주부의 의무이자 소망이다. 하지만 식재료에 대한 불안함은 좀처럼 가시지 않는다. 제대로 인정된 식품을 확인해 그 불안함을 덜어보자. 믿을 수 있는 국내 식품 관련 인증마크를 소개한다.

HACCP(위해요소중점관리기준)

HACCP(Hazard Analysis and Critical Control Point, 해썹)은 위해한 물질이 식품에 섞이거나 식품이 오염되는 것을 방지하기 위해 식품의 원재료, 제조, 가공, 보존, 유통, 조리 단계를 확인·평가해 관리하는 기준을 말한다. 세계에서 가장 효율적인 식품안전관리 체계로 인정받고 있다.

친환경농산물 인증제도

친환경 농산물이 범람하는 시대다. 일반 농산물을 친환경 농산물로 둔갑시키는 경우가 적지 않은데 이로부터 소비자를 보호하기 위한 제도가 친환경농산물 인증제도. 농산물과 축산물로 분류하며 유기 농산물, 무농약 농산물, 저농약 농산물, 유기 축산물, 무항생제 축산물의 마크를 부여한다.

유기 농·축산물 유기합성농약과 화학비료는 일절 사용하지 않고 재배한다. 유기 축산물은 유기 축산물 인증 기준에 맞게 재배·생산된 유기 사료를 먹이면서 인증기준을 지켜 생산한다.

무농약 농·축산물 유기합성농약은 일절 사용하지 않고 화학비료는 권장량의 3분의 1 이내만 사용한다. 무항생제 축산물은 항생·항균제 등이 첨가되지 않은 일반 사료를 주면서 인증기준을 지켜 생산한 축산물이다.

저농약 농·축산물 화학비료는 권장량의 2분의 1 이내만 사용하고, 농약 살포 횟수는 농약 안전사용 기준의 2분의 1 이하로 사용한다. 사용 시기는 안전사용 기준 시기의 2배수를 적용한다. 제초제는 사용하

지 않아야 하며, 잔류 농약은 식약청장이 고시한 농산물의 농약잔류 허용 기준의 2분의 1 이하여야 한다.

어린이 기호식품 인증제

어린이 기호식품은 어린이가 알아보기 쉽게 열량, 포화지방, 당류, 나트륨, 단백질 등 제품에 함유된 영양성분 함량을 표시한다. 개별 제품의 용기와 포장, 또는 영업장 내 게시판·메뉴판·푯말 등에 표시하는 것이 의무다.

과자류, 빙과류, 빵류, 아이스크림류 등 간식류는 열량이 1회 제공량 당 250kcal 이하이며, 포화지방은 1회 제공량 당 4g 이하, 당류는 1회 제공량당 17g 이하여야 한다. 면류, 김밥, 햄버거, 샌드위치 등 식사대용 식품의 인증기준은 열량 1회 제공량당 500kcal 이하, 포화지방 1회 제공량당 4g 이하, 나트륨 1회 제공량 당 600mg 이하여야 한다. 단백질, 식이섬유, 비타민도 충족 기준이 마련되어 있다. 식용색소, 질산칼륨, 면류에는 L글루타민산타트륨 등 화학적 합성품이 들어가지 않은 제품이어야 이 마크를 넣을 수 있다.

전통식품 품질 인증제

전통식품의 품질 향상과 생산 장려를 위해 도입한 인증제도다. 농림수산식품부에서 인정하며 한과, 약주, 메주, 청국장, 조청 등의 전통식품이 대상이다. 전통식품 품질 인증 신청서를 작성하면 인증위원회에서 제품을 심사하고 적합 여부를 판단한다. 품질 인증을 받은 제품에는 연 2회 시판품 조사와 연 1회 현장조사를 실시해 지속적으로 관리한다.

🥢 가공식품 산업표준 KS인증제

가공식품 표준화(KS)는 합리적인 식품과 관련 서비스의 표준을 제정하고 확산시켜 가공식품의 높은 품질을 유지하게 하는 제도다. 대상은 마가린, 설탕, 비스킷류, 혼합음료 등 가공식품이다. 생산업체에서 신청하면 인증위원회가 공장심사와 제품심사로 구분해 심사한다.

🥢 유기 가공식품 인증제도

친환경 식품의 성장 원동력은 유기원료로 만든 빵·햄 등의 유기 가공식품이다. 유기 가공식품 인증제도로 그동안 인증에서 제외되던 수입유기식품과 수입원료를 국내에서 가공한 가공식품을 인증 대상에 포함했다. 유기 표시의 신뢰도를 높임으로써 유기가공식품의 부정유통에서 소비자를 보호하며, 농수산식품부의 지정을 받은 한국식품연구원에서 인증한다.

tip 우수 식품 정보시스템에 들러 보세요!

www.goodfood.go.kr

농림수산식품부에서는 우수 식품 정보 시스템을 구축했다. 유기가공식품, 전통식품, KS식품에 대한 정보를 제공한다. 특정 제품의 인증 여부, 생산업체, 제품명과 일련번호, 인증기관, 성분·함량 등 인증 제품의 모든 정보를 소비자가 직접 확인할 수 있다. 유기식품에는 원료인 농산물의 유기 인증 여부 및 첨가물의 유기 함량 비율을 확인할 수 있다.

꼭 유기농으로 먹어야 할 식품은?

미국 비영리 환경단체 EWG에서 같은 양의 농약 사용을 사용해 채소와 과일을 재배했을 때 잔류 농약 량을 측정하는 흥미로운 실험을 진행했다. 실험 결과 꼭 유기농을 먹어야 하는 것을 모아 '더티 존(Dirty Zone)'이라 이름 붙이고 가능한 한 유기농으로 구입할 것을 권했다.

실험 결과 껍질이 얇고 조직이 물러 병충해에 약한 과채류가 상위권에, 껍질이 두껍고 조직이 단단하거 나 품종 자체가 병충해에 강한 과채류는 하위권인 것으로 나타났다. 최소한의 금액으로 유기농 식재료의 효과를 높이고 싶다면 참고하자.

꼭 유기농으로 드세요!

복숭아	사과	셀러리	딸기	체리	배
100점	89점	85점	82점	75점	65점

가능하면 유기농으로 드세요!

상추 59점
감자 58점
당근 57점
콩 53점
고추 53점
오이 52점
자두 45점
포도 43점
오렌지 42점
버섯 37점
고구마 30점
토마토 30점

꼭 유기농으로 먹지 않아도 돼요!

수박 28점
블루베리 24점
브로콜리 18점
양배추 17점
바나나 16점
키위 14점
망고 9점
파인애플 7점
아보카도 1점

※위 실험은 미국에서 진행된 것이므로 국내 실정과 다를 수 있습니다.

06
식재료 활용 팁

식품을 구입한 후 가장 문제가 되는 것은 음식물 쓰레기로 버려지는 것이다. 먹는 것 외에 다양한 활용도를 찾는다면 환경도 지키고 친환경 살림꾼이 되는 지름길이다. 생활 속에서 다양하게 쓰임새가 많은 식품들의 활용법을 정리했다.

설탕

통증 완화 효과

다쳤을 때 물보다 설탕물을 먹은 아이가 통증을 덜 느낀다는 연구가 있다. 자당을 이용한 일부 임상연구 결과 성인 여성은 진통효과를 보이지 않았으나 어린이는 진통효과를 보였다.

딸꾹질이 날 때

딸꾹질이 나면 윗몸을 일으켜 앉은 다음 물을 천천히 마시고 설탕 한 티스푼을 혀에 올려 녹여 먹는다. 신경이 혀끝의 단맛에 반응하느라 딸꾹질이 멈춘다.

돼지고기나 생선 냄새 없앨때

식품의 잡내를 잡아줄 뿐 아니라 흡습성이 높아 음식이 마르는 걸 방지한다. 떡이나 빵의 표면에 설탕을 뿌리면 잘 굳지 않는 것과 같은 원리다.

활용도가 좋은 천연세제

설탕은 옷의 얼룩을 제거해 주는 천연세제다. 면 소재 옷을 세탁할 때 마지막 헹굼물에 설탕과 레몬즙을 넣으면 감촉이 부드러워지고 물빠짐을 방지한다. 옷을 삶을 때 세제와 함께 설탕을 넣으면 훨씬 더 깨끗해진다.

꽃을 싱싱하게

꽃병에 꽂은 꽃을 오래 보고 싶다면 설탕을 한 스푼을 넣어보자. 보다 오래 싱싱하게 유지된다.

소금

목감기에 걸렸을 때

목감기로 목이 부어 따가울 때는 따뜻한 소금물 양
치가 특효다. 소금물을 입 안에 머금은 후 가글하거
나 고개를 젖혀 목까지 닿게 한 후 뱉어낸다. 1~2시
간 간격으로 해주면 좋다.

색깔 옷을 선명하게 유지하고 싶을 때

소금은 옷감의 염료가 물에 녹는 것을 막아주므로
색깔 옷을 세탁할 때 사용하면 오랫동안 선명한 색
을 유지할 수 있다. 20% 농도의 소금물에 색깔 옷을
20분 정도 담갔다가 세탁한다.

옷에 착색된 핏자국을 지울 때

피가 묻은 천을 오랫동안 빨지 않고 두면 착색된
다. 20% 농도의 소금물에 담가두면 핏물이 배어나
오는데 이때 비벼 빤다. 감물이 들은 옷을 소금물
에 담갔다가 세탁한 후 다시 식초물에 빨면 얼룩
이 지워진다.

카펫에 묻은 얼룩 제거

세탁이 어려운 카펫에 얼룩이 생기면 수분을 빨아
들이는 소금이나 소다 등을 얼룩 위에 뿌려둔다. 소
금이 얼룩의 수분을 빨아들이면 중성세제를 묻힌
헝겊으로 말끔히 닦는다. 어떤 얼룩이든 쉽게 지워
진다.

기름 묻은 프라이팬을 닦을 때

기름 묻은 프라이팬을 닦을 때 소금을 활용하면 키
친타월과 물의 사용량을 줄일 수 있다. 팬이 뜨거울
때 소금을 뿌리면 소금이 기름을 흡수한다.

개미가 싫어하는 소금

소금은 개미가 기피하는 물질이다. 개미는 다니던
길로만 다니는 습성이 있으므로 이동경로를 잘 파
악해서 한쪽 구석에 소금을 뿌려두면 감쪽같이 사
라진다.

우유

고기의 누린내를 없애고 부드럽게

생닭은 조리하기 전 우유에 10분 정도 담가 놓으면 비린내가 나지 않고 육질이 부드러워진다. 생선 역시 마찬가지다. 조리하기 전 우유에 담그면 비린내가 제거된다. 쇠고기의 핏기를 제거할 때도 우유에 담그면 핏기가 더 잘 빠지고 육질이 부드러워진다.

세척제로도 그만

윤기를 잃은 금반지와 목걸이, 팔찌는 미지근한 우유에 10분 정도 담갔다 물로 헹군 뒤 수건으로 닦으면 광택이 살아난다. 순금보다 14K, 18K에 더욱 효과적이다. 손때와 먼지 가득한 키보드는 면봉에 우유를 묻혀 닦으면 깨끗해진다. 먹물이 묻은 옷은 얼룩 부위에 치약을 묻혀 문지른 뒤 우유에 1~2시간 담갔다 주무르면 얼룩이 지워진다. 옷에 볼펜자국이 묻었을 땐 우유를 적신 칫솔로 문지르면 제거된다.

구두를 깨끗하게

우유는 구두약 대용품으로 사용한다. 신선한 우유는 산성과 알칼리성을 다 갖지만 상한 우유는 알칼리성만 남는다. 알칼리성은 세제의 주요성분이므로 상한 우유를 헝겊에 묻혀 구두를 닦으면 깨끗해진다.

식물의 영양제

우유를 물과 1 : 1의 비율로 섞은 후 화분에 뿌려주면 좋은 영양분이 된다. 화분에 사용할 때 우유는 유통기한이 하루, 이틀 정도 지나 악취가 나지 않은 상태여야 한다.

🍋 레몬

주방도구 얼룩 제거

플라스틱통이나 밝은 색의 나무표면에 음식물자국이 남았을 때, 레몬을 반으로 자른 다음 즙을 짜서 표면을 문지른다. 20초 동안 그대로 놔둔 다음 물로 헹궈낸다. 또한 구리 주방용기들을 빛나게 할 수 있다. 소금을 뿌린 다음 레몬 꼭지로 문지르면 된다.

친환경 천연 표백제

레몬은 천연 표백제로 사용해도 좋다. 빨래할 때 레몬주스를 1/2컵 넣으면 누런 빨래가 하얗게 된다. 때가 심하게 찌들었을 때는 빨래에 레몬을 함께 넣어 삶으면 효과적이다.

식물에 생기 부여하기

꽃을 꽂을 때 화병 안에 레몬을 톱니바퀴 모양으로 잘라 3~4조각 넣으면 장식 효과뿐 아니라 꽃이 시드는 것을 늦추고 생기 있어진다. 레몬 껍질은 버리지 말고 화분에 넣어 영양 공급을 하는데 사용해보자. 식물이 생기를 유지하는데 도움이 된다.

과일 갈변 방지

레몬의 산 성분은 음식물의 갈변을 막는다. 특히 사과나 배를 내기 전에 레몬주스나 레몬즙을 짜서 살짝 뿌려주면 선명하게 색상을 유지할 수 있다.

손톱을 하얗게

레몬 반 개 분량의 즙과 꿀을 넣은 따뜻한 물에 손톱을 3분 정도 담근다. 그리고 나서 깨끗한 물에 손을 헹구고 보습 로션을 바른 레몬의 산이 각질을 제거하고 손톱을 하얗게 해 미백효과를 얻을 수 있다.

✏ 포도

온 가족 건강음료 포도차

포도의 포도당과 과당은 몸에 빨리 흡수 돼 지친 몸에 즉각적으로 활기를 불어 넣어준다. 포도차를 만들어 놓으면 바쁜 일상에 쫓기는 남편과 아이의 피로를 푸는 데 유용하다. 맛이 좋아 어린 아이가 먹기에 좋다.

재료 포도 1송이, 물 1ℓ, 설탕·꿀 2큰술씩

만들기

1 포도는 깨끗이 씻어 알을 하나씩 뗀 뒤 물기를 뺀다.

2 냄비에 포도를 넣고 손으로 주물러 으깬다.

3 ②에 물을 붓고 중간불에서 끓이다 포도색이 우러나면 설탕과 꿀을 넣고 한 소끔 더 끓인 뒤 불을 끈다.

4 포도차가 식으면 면보에 거른다.

포도와인 족욕으로 지친 발을 부드럽게

포도는 피부의 긴장을 풀고 피부세정력을 높이는 데 도움이 된다. 방법은 간단하다. 깨끗이 씻은 포도를 세숫대야에 넣고 발로 으깬 뒤 발이 잠길 만큼의 물을 붓고 발을 담근다. 매번 포도를 으깨기 귀찮다면 한꺼번에 많이 으깨 냉장보관하면서 족욕할 때마다 사용하거나 먹다 남은 와인을 넣어도 좋다.

---

tip 버리기 전 아낌없이 알뜰하게 활용하세요

김 빠진 콜라

오래돼서 김 빠진 콜라는 철 소재에 생긴 녹을 제거하는 데 유용하다. 그릇에 콜라를 채우고 녹슨 물건을 30분 정도 푹 담가 놓거나 마른 헝겊에 콜라를 부어 적신 후 녹슨 부위에 10~20분 정도 덮었다가 닦아내면 된다.

오래된 녹차 티백

계절이 지난 옷을 서랍에 보관할 때 허브 티백을 옷 속에 넣어둔다. 제습효과에 허브 향의 방향 효과까지 있다. 가습기물에 허브 티백을 담그면 은은한 향이 실내에 퍼진다. 양념이 잔뜩 묻어 있는 냄비나 기름기가 묻은 그릇엔 녹차 티백을 활용한다. 티백으로 한번 닦아낸 후 설거지를 하면 적은 양의 세제로 깨끗하게 닦을 수 있다. 페인트칠한 후 냄새가 많이 난다면 티백에서 녹차만 털어내 연기를 피우면 냄새 제거에 좋다.

음식에 감칠맛을 더하는 조미료는 주방에 없어서는 안 될 중요한 존재다. 화학조미료가 건강에 좋지 않다는 것은 이미 상식. '특정 유해물질을 넣지 않았다' 정도에 머물렀던 조미료업계의 웰빙 트렌드에 '유기농' 바람이 거세다. 천연 재료로 직접 만든 홈메이드 조미료의 매력을 즐겨보자.

설탕 대신 조청

조청은 익힌 곡물에 엿기름을 넣고 삭힌 다음 묽게 만든다. 과일과 채소 등을 가미하기 때문에 천연 단맛을 얻을 수 있다. 사찰에서는 음식에 설탕 대신 조청을 사용하는 것이 일반적이다. 손쉽게 구할 수 있는 양파와 사과로 조청 만드는 법을 소개한다.

사과조청

재료(300㎖) 사과 10개, 엿기름 1컵, 쌀밥 1스푼, 물 10컵, 식초 약간

만들기

1 사과는 껍질째 깨끗이 씻은 후 식초를 넣은 물에 데쳐 내고 다시 깨끗이 씻어 농약을 제거한다.
2 ①의 사과를 4등분한 후 타지 않을 정도의 물을 부어 푹 끓인다.
3 사과가 푹 익으면 체에 걸러 사과즙을 받는다.
4 분량의 물에 엿기름을 넣고 불린 후 엿기름을 면보에 넣고 하얀 물이 나오게 주물러준다.
5 면보에 엿기름 물을 곱게 거른 후 거른 사과즙과 쌀밥 1스푼을 넣어 잘 섞고 전기밥솥을 '보온'으로 하여 8시간 동안 삭혀준다. 쌀밥이 떠오르면 삭혀진 것이다.
6 ⑤의 엿기름 물을 냄비에 올려 한 시간 이상 저어 가면서 끓인다. 차가운 물에 넣어 바로 굳으면서 농도가 생기면 불을 끄고 식혀 사용한다.

양파조청

재료(300㎖) 양파 20개, 물 1컵

만들기

1 양파는 껍질째 깨끗이 씻은 후 분량의 물을 넣고 냄비에 넣고 타지 않게 푹 찐다.
2 양파가 푹 무르면 체에 받쳐 즙만 짜낸다.
3 짜낸 양파즙을 냄비에 다시 넣고 타지 않게 계속 저어 가면서 끓인다.
4 찬물에 넣었을 때 바로 굳으면서 농도가 생기면 완성된다.

🍶 천연 조미료&양념

※ **시범&도움말** 문인영 (요리연구가, 101recipe 대표)

설탕 대신 단맛 채소와 과일즙

단맛을 내야 할 때는 설탕 대신 과일이나 채소로 즙을 내 사용하면 좋다. 단맛이 나는 양파나 사과, 오렌지, 매실, 유자 등을 사용한다.

재료 양파 1개, 사과 1/2개

만들기 양파 1개와 사과 반 개를 갈아 섞어서 사용한다.

깊은 맛 내는 조림용 간장

직접 만든 조림용 간장으로 요리하면 일반 간장을 사용했을 때보다 깊은 맛을 낼 수 있다. 조림용 간장은 1주일 정도 사용하다 한 번 더 끓여서 사용해도 된다. 냉장보관하면 한 달가량 사용할 수 있다.

재료 간장 1L, 사과 1/2개, 양파 1개, 배 1/2개, 파 1대, 생강 1쪽, 마늘 3쪽, 소주 1컵

만들기 준비한 재료를 모두 넣고 달여서 거름망으로 걸러낸 뒤 사용한다.

활용도 높은 양념소금

굵은소금에 마늘가루와 고추·후춧가루를 넣어 만든 양념소금은 나물 양념을 하거나 밑간할 때, 고기에 찍어 먹을 때 등 다양하게 활용한다.

재료 굵은소금 1컵, 마늘가루·고춧가루 1큰술씩, 후춧가루 1작은술

만들기 달군 팬에 굵은소금을 넣고 타지 않게 수분을 날려가며 골고루 볶은 뒤, 마늘가루·고춧가루·후춧가루와 함께 절구에 넣고 잘 빻아 섞는다.

만능 양념가루

말린 새우, 멸치, 버섯, 홍합 등을 갈아서 만든 양념가루는 무침이나 조림, 국물 등에 사용할 수 있다. 가족이 좋아하는 재료를 추가해 만들어도 좋다. 오래 보관해두고 먹을 수 있으므로 한 번에 많은 양을 만들어 놓으면 편하다.

재료 마른 새우 20마리, 멸치 20마리, 마른 버섯 1개, 마른 홍합 10개, 마른 고추 1개, 마늘가루 1큰술, 소금 약간

만들기 준비한 재료를 다함께 갈아서 사용한다.

입맛따라 만드는 밑국물

밑국물을 만들어두면 국물요리를 할 때 요긴하게 사용할 수 있다. 가족이 좋아하는 재료를 넣어 만드는 것도 좋은 방법이다.

재료 물 2L, 파 1대, 무 1/4개, 멸치 20마리, 말린 표고버섯 2개, 양파 1/2개

만들기 준비한 재료를 모두 넣고 20분가량 끓인다. 맑게 나온 밑국물을 식혀 냉장보관한다.

tip 조미료 궁금증, 활용도 만점가루로 해결하세요

새우가루 비리지 않고 깔끔한 맛을 내는 천연 조미료다. 새우는 색이 선명하고 투명할수록 신선하므로 좋은 색상의 새우를 구입한다. 마른 팬에 은근하게 볶은 새우를 체에 쏟아 한두 번 흔든 뒤 믹서에 곱게 갈아 유리병에 담아 냉장보관한다.
》**활용** 국이나 찌개, 부침개 반죽, 달걀찜 등

들깨가루 깨끗이 씻은 들깨를 일어 소쿠리에 담은 뒤 물기를 빼고 마른 팬에 은근하게 볶는다. 볶은 들깨를 믹서에 곱게 갈면 들깨가루가 완성된다. 지퍼백에 담아 냉장보관한다. 마요네즈 등을 섞어 샐러드 드레싱으로 사용해도 좋다.
》**활용** 된장국이나 찌개, 나물볶음

표고버섯가루 표고버섯을 하루 이틀 정도 햇볕이 드는 곳에서 잘 말린 다음 믹서에 갈면 표고버섯가루가 완성된다.
》**활용** 맑은 국을 제외한 된장국이나 찌개 등, 전이나 부침

👆 엄마표 두부

두부는 의외로 간단하게 만들 수 있다. 콩 불리는 시간이 오래 걸려서 그렇지, 불린 콩으로 두부를 만드는 데 한 시간도 안 걸린다. 두부 만들 때 필요한 간수, 베주머니, 베보자기, 두부틀은 인터넷에서 세트 상품을 쉽게 구입할 수 있다.

재료(1모) 콩(백태) 800g, 간수 30㎖
준비물 베주머니, 베보자기, 두부틀

1 콩 불리기 콩은 여름에는 8시간, 겨울에는 15시간 정도 물에 불린다.

2 콩껍질 벗기기 두부를 더 부드럽게 하기 위해 불린 콩의 껍질을 벗긴다.

3 콩 갈기 껍질을 벗긴 콩의 1.5배에 해당하는 물을 붓고 믹서에 곱게 간다.

4 콩물 짜기 ③을 베주머니에 붓고 콩물이 베주머니 밖으로 나오게 힘껏 주무른다.

5 콩물 끓이기 뜨겁게 달군 두꺼운 냄비에 콩물을 붓고 주걱으로 저어 가며 3~4분 정도 끓이다가, 불을 줄여 10분 동안 끓인 뒤 불을 끄고 1분 동안 뜸을 들인다.

6 간수 넣기 ⑤에 간수를 조금씩 넣으면서 주걱으로 천천히 저어 몽글몽글한 덩어리를 만든다. 너무 빨리 저으면 몽글몽글한 덩어리가 제대로 만들어지지 않는다.

7 두부 완성 두부틀에 베보자기를 깔고 ⑥을 부은 뒤 베보자기를 덮은 다음 무거운 것으로 누른다.

홈메이드 토마토소스

토마토에 들어 있는 항산화 성분인 리코펜의 체내 흡수율은 열과 지방을 더해 요리할수록 좋아져 생토마토, 토마토주스, 토마토케첩과 소스, 스파게티 순으로 흡수가 잘 된다. 집에 상처가 나거나 물러진 토마토가 있다면 간편하게 토마토소스를 만들어보자. 소독한 병에 넣어 냉장고에서 2주까지, 냉동하면 더 오래 보관할 수 있다. 만들어놓은 토마토소스는 여러모로 활용할 수 있다.

※ **시범&도움말** 문인영 (요리연구가, 101recipe 대표)

재료(1병 분량) 토마토 5개, 양송이버섯 3개, 양파 · 피망 1/2개씩, 마늘 3톨, 마른바질 · 마른 오레가노 1작은술씩, 월계수잎 2장, 파슬리 3줄기, 올리브오일 2큰술, 물 2컵, 소금 · 후춧가루 약간씩

만들기

1 토마토는 십자로 칼집을 낸 후 뜨거운 물에 데친다. 찬물에 식혀 껍질을 벗겨내고 굵게 다진다.
2 양송이버섯과 양파, 청피망은 1x1cm 크기로 다지고, 마늘은 곱게 다진다.
3 팬에 오일을 두르고 마늘과 양파를 넣어 볶는다. 양파가 투명해지면 토마토와 양송이버섯, 피망을 넣고 볶는다.
4 재료가 충분히 익으면 분량의 물을 넣고 허브를 넣는다. 뚜껑을 덮고 은근한 불에서 끓인다.
5 모든 재료가 잘 섞여서 끓으면 믹서에 넣고 곱게 간다.
6 ⑤를 다시 냄비에 넣고 뚜껑을 열어 걸쭉할 때까지 끓인다. 소금과 후춧가루로 간을 해 소독한 병에 넣어 보관한다.

Part 07

Family Health

살림의 여왕이 알려주는
미리 챙기는 가족 건강의 법칙

'건강은 무엇과도 바꿀 수 없는 재산이다.' 말은 쉽게 하지만, 정작 건강을 위해 스스로 무엇을 하고 있는지 돌이켜보자. 지금 당장 특별히 아픈 곳이 없다고 해서 건강하다고 말할 수는 없다. 사건·사고는 예상치도 못한 시점에 갑자기 찾아오고, 병마나 죽음 또한 예외가 아니다. 젊고 건강할 때 조금 먼저 챙기는 건강이 훗날 행복을 가져올 것이다.

구급상자

생활하다보면 가족 중 누군가가 다치거나 아이가 한밤중에 열이 심하게 나는 등 응급 상황이 발생해 약국이나 병원 응급실을 찾곤 한다. 약국마저 일찍 문을 닫고 휴일에는 그나마 문 연 곳이 드물어 난감하다. 미리 갖춰놓으면 응급 상황 시 요긴하게 쓰일 필수 가정상비약 리스트를 뽑았다.

✔ 우리집 상비약 체크 리스트

발열, 가벼운 상처, 소화장애 등에 쓰는 약품은 대부분 일반 의약품이므로 약사와 상의한 뒤 약국에서 구입하면 된다. 전문 의약품은 의사의 처방을 받아야 한다. 기본적인 가정상비약은 최소한 준비하고, 사용하는 대로 부족한 것을 채워가는 것이 올바르다. 가정상비약은 가벼운 응급상황의 일시적인 대처이므로 오남용은 금물이다.

우리 집엔 어떤약이
구비되어있을까?

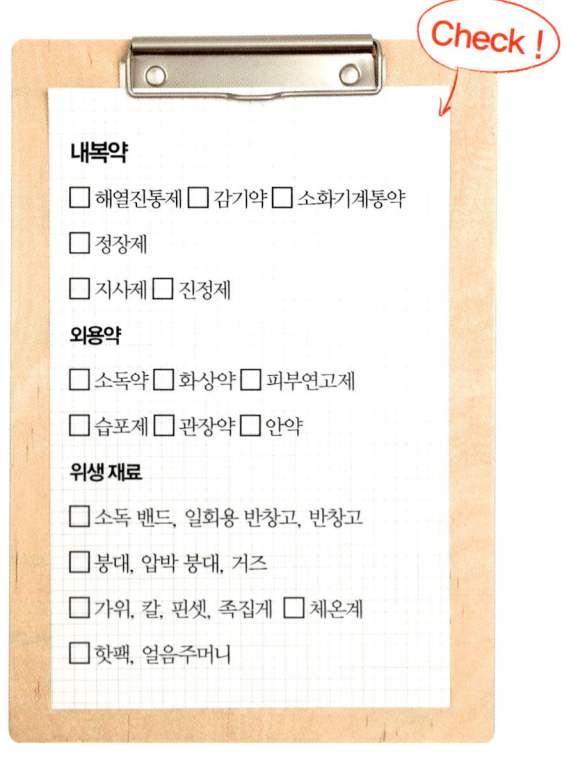

Check !

내복약

☐ 해열진통제 ☐ 감기약 ☐ 소화기계통약

☐ 정장제

☐ 지사제 ☐ 진정제

외용약

☐ 소독약 ☐ 화상약 ☐ 피부연고제

☐ 습포제 ☐ 관장약 ☐ 안약

위생 재료

☐ 소독 밴드, 일회용 반창고, 반창고

☐ 붕대, 압박 붕대, 거즈

☐ 가위, 칼, 핀셋, 족집게 ☐ 체온계

☐ 핫팩, 얼음주머니

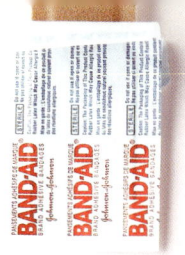

♡ 가족 구성원을 생각한 상비약

어린이용 상비약

소아용 해열제, 소아용 시럽 소화제, 정장제 등이 있다. 갓난아기는 한밤중에 갑자기 열이 나는 경우가 있고, 열이 나면 토하기 쉬우므로 좌약식 해열제를 준비하는 것이 좋다. 체온계와 눈금이 표시된 투약기도 필요하다. 활동적인 어린이는 넘어져서 상처가 나거나 벌레에 물리는 경우가 많으므로 소독제, 항생 연고, 물파스, 모기 기피제, 일회용 소독 밴드 등을 준비해놔야 한다.

노인용 상비약

노인의 경우 지병에 따라 별도의 상비약을 구비해야 한다. 기본적인 것으로는 우황청심환과 같은 응급약, 갑작스런 협심증 증상을 보일 때 사용하는 니트로글리세린 설하정, 변비가 심할 때 사용하는 관장약, 차멀미를 예방하기 위한 차멀미 방지약, 소염진통연고나 습포제 등이 있다.

술 마시아 남편용 상비약

숙취 후에는 속이 메스껍고 구역질이 날 수 있으므로 제산제가 필요하다. 숙취 해소에 도움을 주는 아스파라긴산 성분이나 간 기능 해독 효과가 있는 타우린 등을 함유한 약을 상비해두는 게 좋다.

---

tip 가족 활용도 높이는 상비약 관리법

가족 모두에게 상비약 보관 장소를 주지시킨다 가정상비약은 필요할 때 즉시 사용할 수 있도록 정리해 별도로 보관한다. 특히 어린이의 손이 닿지 않는 곳에 보관하는 것이 무엇보다 중요하다.

각 상비약에 대한 정보를 기록해둔다 가정상비약은 봉투에 약 이름과 복용법, 유효기간을 정확하게 기록해두며 약품 설명서도 보관하는 게 좋다.

약의 특성에 따라 보관 장소를 달리한다 약은 직사광선이나 습기를 피한 곳에 보관하며, 물약이나 안약 등은 냉장보관한다.

✔ 여행시 챙겨야 하는 상비약

소화제 여행지에서 소화불량을 호소하는 사람들이 많기 때문에 준비한다.

해열·진통제 복통, 두통, 생리통 등 쉽게 겪는 통증의 대비책으로 필요하다.

종합감기약 산은 일교차가 크고, 바다에서 젖은 상태로 오랫동안 지내다보면 감기에 쉽게 걸린다. 경미한 감기 증세에 유용하다.

소독약 상처에 연고를 바르기 전 사용하면 좋은데 준비하지 못했다면 일반 수돗물로 상처 주변의 이물질을 씻어내고 연고를 발라도 된다.

상처 연고 긁히고 찢기는 등 작은 상처가 생기기 쉽다.

파스류 근육통 완화 파스와 벌레 물린 곳을 가라앉히는 파스를 준비한다.

1회용 밴드 크기별로 두 종류 이상 준비한다. 작은 상처에 유용하다.

붕대 상처 드레싱에 사용한다. 출혈에는 압박붕대가 더 유용하므로 일반 붕대와 압박붕대, 모두 준비한다.

반창고 붕대를 감은 후 고정할 때 사용한다.

면봉 작은 상처 소독에 편리하다.

즐겁고 건강한 여행을 위한 필수품~!

✅ 약의 유통기한

냉장고에서 1년을 묵힌 포도즙을 아무 생각 없이 꺼내 먹다가 갑자기 섬뜩한 생각이 든다. '이것도 분명 유통기한이 있을 텐데?' 아무 생각 없이 쌓아놓고 생각날 때마다 먹는 건강즙, 냉장고에 들어간 게 몇 개월 전인지 기억도 안 나는 건강식품, 어쩌다 한번 쓰는 비상약까지. 그것들의 유통기한은 얼마나 될까?

제형별로 유효기간이 다른 의약품

약은 실온에 보관하는 것이 다반사지만 의외로 온도와 햇빛에 예민하다. 유효기간이 지난 약을 먹어 해가 되지는 않지만 약효는 볼 수 없다. 의도한 약효를 모두 보려면 각 제형별로 권장하는 보관법이 있으니 참고하자.

※ 일반적으로 알약은 개봉 후 2년 이내, 연고는 개봉 후 6개월 이내, 안약은 개봉 후 1개월 이내에 사용
해야 한다.

알약 보관법

구입할 때 담겨 있는 의약품 용기에 넣어 건조하고 서늘한 곳에 보관한다. 알약이 들어있는 병이 햇빛을 받으면 병 안쪽으로 습기가 차고 곰팡이가 생겨 변질될 수 있으므로 직사광선은 반드시 피한다.

가루약 보관법

대부분의 가루약은 병원이나 약국에서 조제된 것이므로 대체로 알약보다 유효기간이 짧다. 습기에 약하므로 건조한 곳에 보관하고 색깔이 변했거나 굳었다면 변질된 것이므로 버린다.

시럽제 보관법

특별한 지시사항이 없으면 실온에서 보관하는 것이 옳다. 하지만 간혹 항생제 시럽 중에 냉장 보관이 필요한 것이 있으므로 보관 여부를 꼼꼼히 살피는 노력이 필요하다. 복용 전 색깔이나 냄새를 확인해 처음과 달라진 점은 없는지 살펴보고 복용한다.

좌약 보관법

좌약은 실온에서 녹도록 만들어졌기 때문에 15℃ 이하 서늘한 곳에서 보관한다. 하지만 냉장고에 보관하면 습기가 차기 쉬우므로 햇빛이 비치지 않는 상온에서 보관하고, 개봉 후에는 즉시 사용한다. 약이 녹은 후에는 냉장고에 넣었다가 사용한다.

한약의 유효기간

한의원에서 조제되는 한약의 경우 보통 유효기간은 3개월 이내로, 만성 질환 치료나 허증 질환에 체력을 보충해주기 위한 목적 등으로 조제한 경우에만 해당된다. 급성 질환, 발열성 질환 등에 조제하거나 방향성 약물이 많이 들어간 한약은 약효를 위해 최대한 빨리 복용하는 것이 좋다. 석 달이 지나면 한약의 유효한 성분이 파괴되고 몸도 달라져 있기 때문이다. 먹어도 해는 안 되겠지만 약효는 거의 볼 수 없다. 한약은 15일치씩 짓고 다시 진맥을 받은 후, 달라진 몸 상태에 맞게 다시 15일치를 짓는 게 바람직하다.

유통기한이 지난 건강기능식품과 한약의 부작용

부패한 진공 포장 건강기능식품(이하 '건기식')을 복용했을 경우 소화장애·위장장애 등으로 인한 복통·설사 등이 발생할 수 있으며, 자칫 식중독에 걸릴 수 있다. 한약이나 건기식은 보관방법에 따라 다르지만 내용물이 부패했을 경우 폐기 처분하는 것이 당연하다. 변질된 경우 겉모습에 변화가 있고 시큼한 맛과 냄새가 나거나 포장 용기가 빵빵하게 부풀고 거품 등이 일어날 수 있다. 침전물이 있는 경우 대개 약물이 제대로 걸러지지 않아서 생긴 것이니 걱정할 필요 없다.

한약은 포장 과정에서 공기가 들어간 경우 부패의 위험이 있으므로 서늘한 곳이나 냉장 보관을 권한다. 일반적으로 판매하는 즙류들도 마찬가지로 공기가 들어 있기 때문에 부패를 막기 위해 냉장보관하는 것이 바람직하며, 보통 6개월 이내에 모두 먹는 것이 좋다.

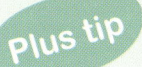

두통, 치통, 생리통… 3大 통증 약 안 먹고 다스리는 법

머리가 지끈거리나요?

지나치게 신경을 쓰거나 긴장한 후에는 머리가 지끈거리기 일쑤다. 한쪽만 아픈 편두통이면 되도록 머리를 움직이지 않는다.

머리 전체가 아플 때

정수리를 손가락으로 누르면서 세게 비비고, 고혈압으로 머리가 아프면 목 뒤편을 세게 누른다. 찬물에 적신 수건이나 얼음주머니를 머리에 대는 것도 좋다.
무거운 느낌이 들 때는 박하유를 섞은 물에 수건을 적셔 머리에 댄다. 감기로 머리가 아프면 45~50℃ 약찜탕에서 10~15분쯤 땀을 내는 것도 좋다.

두통이 지속된다면 베개를 바꿔봐요!

베개를 올바르게 사용하는 것도 두통을 줄이는 방법이다. 척추에서 뇌로 올라가는 신경통로인 경추와 두통이 관계있기 때문이다. 너무 높은 베개는 경추가 바른 커브 상태를 유지하지 못하게 신경을 압박해 두통을 일으킨다.
베개는 딱딱하고 낮을수록 좋다. 베개를 사용하기보다 목 아래 동그랗게 수건을 말고 자는 것도 좋은 방법이다.

배가 아픈가요?

소화가 잘 안 되고 설사가 나면서 배가 아프다면 뜨거운 돌을 헝겊에 싸서 배, 발바닥에 대고 찜질한다. 파 뿌리 달인 물을 따뜻하게 마셔도 복통에 효과적이다.
냉기로 인해 배가 아프다면 소금 300g 징도를 볶아 뜨거울 때 얇은 천에 싸서 배꼽 둘레를 찜질한다.
월경으로 인한 복통이 심하다면 하이힐을 자주 신는지 생각해본다. 힐을 신으면 발 앞쪽이 유난히 압력을 받는데 발 앞바닥이 내장과 관계있기 때문이다. 생리기간에는 편한 신발을 신는 것도 생리로 인한 복통을 줄이는 방법이다. 따뜻한 기운을 배에 넣어 주는 복부 찜질을 하면 내장근육, 허리근육이 이완되면서 통증이 덜어진다.

이가 아픈가요?

윗니가 아플 때는 코밑을 천천히 마사지한다. 집게손가락과 손바닥을 잇는 가로금의 엄지손가락 쪽 끝자리를 누른다. 찬물을 입에 머금으면 아픔이 멎기도 한다. 참기름, 들기름, 식용유 등의 기름을 끓여 솜에 묻혀 이에 갖다 대면 치통을 멈추는 데 효과적이다.

02
응급처치

"왜 내게 이런 일이!"라며 한탄하고 있을 때가 아니다. 응급처치는 곧 시간과의 싸움. 자칫 타이밍을 놓쳤다가 환자에게 지울 수 없는 후유증을 남길 수 있다. 전국 대학병원 응급실 다섯 곳을 찾아 가장 많이 발생하는 응급상황을 모았다. 정신 똑바로 차리고 내 앞에 펼쳐질 수도 있는 응급상황에 대처해보자.

♥ 상황별 응급처치

겨울에 뜨거운 물에 데었어요

먼저 열기가 남아 있는 옷을 제거하고 찬 물수건으로 30분 이상 식힌 다음 병원에 간다. 만약 환자가 의식을 잃거나 맥박과 호흡이 희미해진다면 질식 가능성이 있으므로 즉시 119를 불러 이송한다.

tip **화상시 민간요법은 감염을 불러온다?** 화상 물집은 세균에 감염될 수 있으므로 벗기거나 터트리지 말아야 한다. 화상 부위에 로션, 된장, 간장, 소주를 뿌리는 것은 감염을 일으키고 전문처치에 방해되므로 금물이다.

걷다가 넘어졌는데 일어서지를 못해요

갑작스러운 충격으로 인대나 근육 등이 끊어지거나 골절된 상태다. 다리를 다쳤다면 움직이지 않게 고정하는 것이 기본이다. 골절환자를 함부로 옮기거나 다친 곳을 건드리면 부러진 뼈끝이 신경이나 혈관 또는 근육을 건드려 상태를 악화시킬 수 있다. 뼈가 외부로 튀어나왔더라도 억지로 밀어 넣지 말아야 하며, 뼈가 다시 들어간 경우 병원에 도착해 의사에게 그 위치를 알려준다.

tip **골절에 좋은 부목 매는 법** 부목을 대기 전 다친 부위가 보일 수 있게 하고 다친 부위의 아래쪽에 감각이 있는지, 맥박이 만져지는지, 다친 부위를 움직일 수 있는지 확인한다. 상처는 깨끗한 붕대로 감고, 부목은 상처 반대편에 댄다. 이때 손상 받은 곳의 위, 아래 관절을 함께 고정해 움직이지 않게 한다. 부목이 없는 경우엔 주간지처럼 얇은 책을 반으로 접어서 사용한다.

갑자기 코피가 나요

코피가 날 때 고개를 뒤로 젖히는 것은 질식감(호흡곤란)만 느끼게 할 뿐 코피를 멈추는 데 전혀 도움이 되지 않는다. 똑바로 앉아서 고개를 약간 앞으로 내민 자세로 콧방울 바로 위쪽 비갑개를 손가락으로 5~20분 동안 압박한다. 숨을 천천히 깊게 들이쉬고 내쉬며 목 뒤에 얼음찜질을 하면 지혈에 도움이 된다.

불같이 화를 내더니 가슴이 두근거린다면서 숨을 제대로 쉬지 못해요

환자가 예민한 성격이거나 최근 스트레스나 충격을 많이 받았다면 가장 먼저 '과호흡증후군'을 의심해본다. 물론 이 증세는 심장·폐·신경계질환 등으로 인해 발생할 수 있다. 우선 편한 자세를 취하게 한 뒤 비닐봉지를 코와 입에 댄다. 너무 높아진 체내 산소농도를 낮추어 숨을 편하게 쉬게 하기 위해서다. 이렇게 해도 환자가 안정을 찾지 못하면 신속히 병원으로 이송한다.

하품하다가 턱이 빠졌는데 다시 맞추기 힘들어요

턱이 처음 빠졌다면 제자리에 맞추기 힘들기 때문에 바로 응급실로 가야 한다. 턱을 맞추는 방법은 양쪽 엄지를 어금니 안쪽으로 깊이 넣은 후 양손으로 턱을 잡고 아래턱을 아래로 당기면서 뒤로 넣는다. 대부분은 아래로만 당겨도 들어간다. 그러나 통증이 심한 경우엔 뼈 자체에 손을 대지 못해 처치가 어려울 수 있다. 이럴 때는 응급실을 찾는다.

배가 찢어지듯이 아파 잠에서 깨어났어요. 식은땀이 흐를 정도예요

복통은 가장 흔한 증상이고 통증의 정도가 다양하기 때문에 우선 상태가 어떠한지 지켜보고 움직인다. 만약 변을 보고 싶다면 변을 보고, 그 뒤 복통이 감소한다면 서두르지 말고 안정을 취한다. 하지만 열이나 오한을 동반하거나, 허리가 끊어질 듯 아플 때, 배에 무언가 만져지거나 어느 한쪽으로 치우쳐 아플 때에는 바로 응급실로 간다.

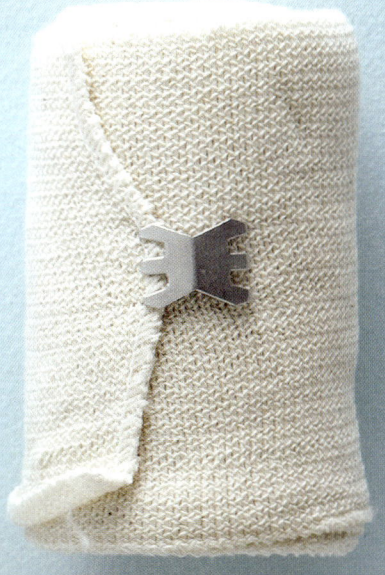

tip **배 아프다고 아무 약이나 먹지 말자!** 진통제나 진정제의 섣부른 복용은 증상을 감추어 오히려 진단을 어렵게 한다.

갑자기 거품을 물면서 온몸을 떨어요

발작 원인은 여러 가지가 있으나 일단 발작이 시작되면 바닥에 눕히고 다칠 위험이 있는 가구나 딱딱한 물건, 위험한 기계에서 멀리 떨어지게 한다. 그런 다음 질식하지 않게 고개를 옆으로 돌려주고, 혀를 깨물지 못하게 딱딱한 물체를 거즈로 감아 입 안에 넣는다. 넥타이나 단추를 풀어 목 주변을 느슨하게 한 다음 경과를 살피는데, 경련이 10분 이상 유지·반복되거나 경련 중 머리를 다친 경우에는 바로 병원으로 옮긴다.

tip **TV에서 흔히 보는 장면, 더 위험할 수 있다!** 경련 중인 환자를 멈추게 하겠다고 전혀 못 움직이게 잡고 있는 것은 도움이 되지 않는다. 물을 끼얹거나 약을 먹이는 것 역시 기도 손상의 원인이 될 수 있으니 주의한다.

DIY 가구를 만들다 실수로 손가락을 베었는데, 피가 멈추질 않아요

먼저 베인 부위가 붙게 깨끗한 천을 이용해 직접 압박하고 심장보다 높은 위치로 올린다. 대부분 지혈이 되지만 계속해서 피가 나온다면 베인 부위 5cm 이내에서 고무줄 등을 이용해 묶어 압박한다. 그러나 가능하면 압박하지 않는 것이 좋다. 압박을 했다면 의사에게 압박을 시작한 시간을 알려줘야 한다.

tip **손가락이 절단되었다면? 절단 부위를 안전하게 병원으로 이송하라!** 응급실에서 가장 흔히 볼 수 있는 상황 중 하나다. 신체에서 절단된 부위는 생리식염수나 수돗물로 깨끗이 씻는다. 그 다음 깨끗한 수건으로 싸서 물이 새지 않는 비닐봉지나 플라스틱 용기에 넣은 후 다른 비닐봉지에 넣는다. 이때 물을 채운 뒤 얼음 몇 조각을 넣어야 하는데 얼음은 조직에 직접 닿지 않게 한다.

♡ 아이 응급처치

동전을 삼켜 버렸어요

만약 삼킨 물질의 크기가 작다면 저절로 배출될 수 있으니 통증이나 호흡곤란 등을 호소하지 않는다면 일단 기다려보는 것이 좋다. 하지만 유해하거나 날카로운 이물질은 자연배출이 어려우므로 바로 병원으로 가서 검사한 후 제거한다.

유독물질을 마셔버렸어요

이럴 땐 환자에게 다른 물질을 먹이거나 마시게 해선 안된다. 유독물질을 배출하기 위해 구토를 유도하는 경우가 있는데 구토를 하면 기도가 막혀 질식사할 위험이 있고, 구토물이 호흡기로 들어가 심각한 화학성 폐렴을 유발할 수 있으므로 절대 토하지 않게 한다. 곧바로 119에 연락해 병원으로 이송한다.

tip 알칼리에는 산? 오히려 독이 된다! 뱃속 유독물질을 중화시킬 목적으로 우유나 물을 복용하는 환자들이 있다. 하지만 서로 반대되는 물질이 만나 중화되는 과정에서 발열 반응이 일어나 오히려 손상을 악화시킬 수 있으므로 조심한다.

밤새 아이 몸이 불덩이처럼 뜨거워요

보통 항문에서 38℃, 입에서 37.5℃, 겨드랑이에서 37.2℃ 이상인 경우 열이 있다고 판단한다. 열이 나면서 오한이 들 때 이불을 덮어주기보다 열을 밖으로 배출할 수 있게 얇은 옷을 입히고 미지근한 수건으로 계속 닦아주어야 한다. 열이 지속될 경우 해열제를 사용한다.

tip 응급상황에 전화로 도움 받을 수 있는 곳

안전신고센터 119 국내 어디든 통용되는 안전 신고 번호. 가장 가까운 소방서와 연계, 구급차가 출동하기 때문에 급한 환자가 발생하면 신고한다.

응급의료정보센터 1339 전국 어디서나 지역번호 없이 이용할 수 있는 응급의료 상담전화(휴대전화, 집 전화 모두 1339번만 누르면 된다). 전국 12개 응급의료정보센터에서 24시간 응급의료상담서비스를 제공한다. 전국 59명의 상담 의사(응급의학전문의 등)와 132명의 상황 요원이 24시간 연중무휴로 응급처치 및 질병상담, 중환자 구급차 연결, 야간·휴일에 진료하는 병·의원 및 약국을 안내해준다.

03
건강검진

특별히 어디가 아픈 곳은 없지만 질병은 어느 날 갑자기 온다. 전문의들은 조기진단과 조기치료의 중요성을 강조하며 정기적인 검진만이 가장 확실한 예방책이라 말한다. 건강검진의 중요성이 대두되면서 최근 너무 많은 검진 프로그램이 난무하는 것도 사실이다. 어떤 검진을 받아야 할까 함께 고민해보자.

♥ 국가 건강검진

비용 부담이 전혀 없는 '공짜' 건강검진이 있다. 건강보험공단에서 시행하는 국가 건강검진을 제대로 활용하면 꾸준히 내 몸 상태를 체크할 수 있다. '형식적인 검진 아닐까' 하는 선입견을 가지기 쉽지만, 전혀 그렇지 않다. '요람에서 무덤까지' 검진을 활용할 수 있도록 검진항목이 세분돼 있다.

일반 건강검진

고혈압, 당뇨병, 신장질환, 고지혈증 등 평생 약을 먹고 살아야 하는 생활습관병을 조기발견하기 위해 시행하는 검진이다. 직장인 건강보험 가입자는 2년에 한 번, 비사무직은 매년 받을 수 있다.

검진 대상 질환은 비만(신장·체중·허리둘레·체질량지수), 고혈압(혈압측정), HDL/LDL(콜레스테롤), 간질환(AST/ALT/γ-GTP), 당뇨병(식전혈당), 신장 질환(요단백·혈청크레아티닌·신사구체 여과율), 빈혈(혈색소), 폐결핵·흉부 질환(흉부방사선검사), 시각·청각이상, 구강검진, 치매선별검사 등이다. 치매 간이 선별검사(KDSQ-P)는 66·70·74세 노인을 대상으로 하는데, 기존 검진과 함께 별도로 받을 수 있다.

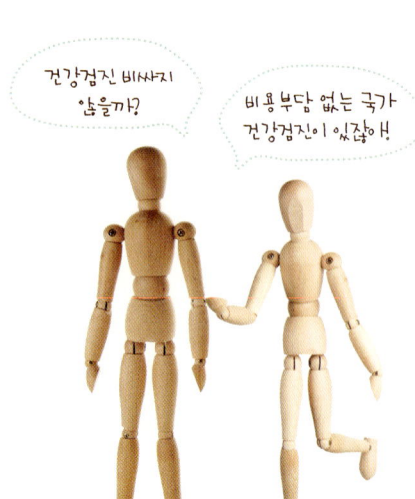

건강검진을 받을 수 있는 병·의원도 확대되어 먼 곳까지 가는 불편을 해소하기 위해 가까운 동네 의원을 검진기관에 포함해 전국 2877곳에서 검진 받을 수 있다. 병원에 가기 힘든 읍·면·리 지역과 섬 지역은 출장 검진을 한다. 검진을 받고 싶다면 가까운 검진기관에 예약한 후 방문하는 것이 편리하다.

건강검진 비싸지 않을까?

비용 부담 없는 국가 건강검진이 있잖아!

암 검진

발생률이 높고 치료비용 부담이 큰 5대 암 검진을 실시한다. 검사대상은 40세 이상 위암(2년에 한 번), 40세 이상 간암(고위험군), 50세 이상 대장암(매년), 40세 이상 유방암(2년에 한 번), 30세 이상 자궁경부암(2년에 한 번) 등이다.

여성은 30세, 남성은 40대부터 국가 암 검진 대상자가 된다. 검진비용은 전액 국가와 건강보험공단이 부담한다. 특히 국가 암 검진을 통해 신규로 암이 발견된 사람은 '치료비 지원 대상자'로 분류돼 암 치료비를 지원받을 수 있다.

위암검사는 위내시경 또는 위장조영검사, 간암검사는 간초음파검사·혈청알파태아단백검사 등으로 이루어진다. 대장암은 분변잠혈반응검사로 양성 판정 시 대장내시경 또는 대장이중조영 검사가 추가로 이루어진다. 유방암 검사는 유방촬영, 자궁경부암검사는 자궁경부세포검사 등으로 이루어진다.

생애전환기 건강진단

생애 주기 중 중년기(만 40세)와 노년기(만 66세)에 접어드는 생애 전환 시점에 발생하기 쉬운 질병을 조기 발견하기 위한 검진이다. 만 40세는 암, 뇌·심혈관계질환 등 만성질환 발병률이 급상승하는 시기며, 만 66세는 낙상, 인지기능장애 등 노인성질환이 증가하는 시기다.

검사는 일반 건강검진 항목과 5대 암 검진을 모두 받을 수 있으며, 여기에 골다공증(여성), 정신질환 검사 등 24개 항목을 검진한다. 만 40세엔 우울증 검사(CES-D선별 검사), 만 66세엔 우울증 검사와 인지기능장애 검사(치매)를 함께 받는다. 1차 검진에서 이상이 발견된 사람은 2차 진단을 통해 상담과 세부 검사를 추가로 실시한다.

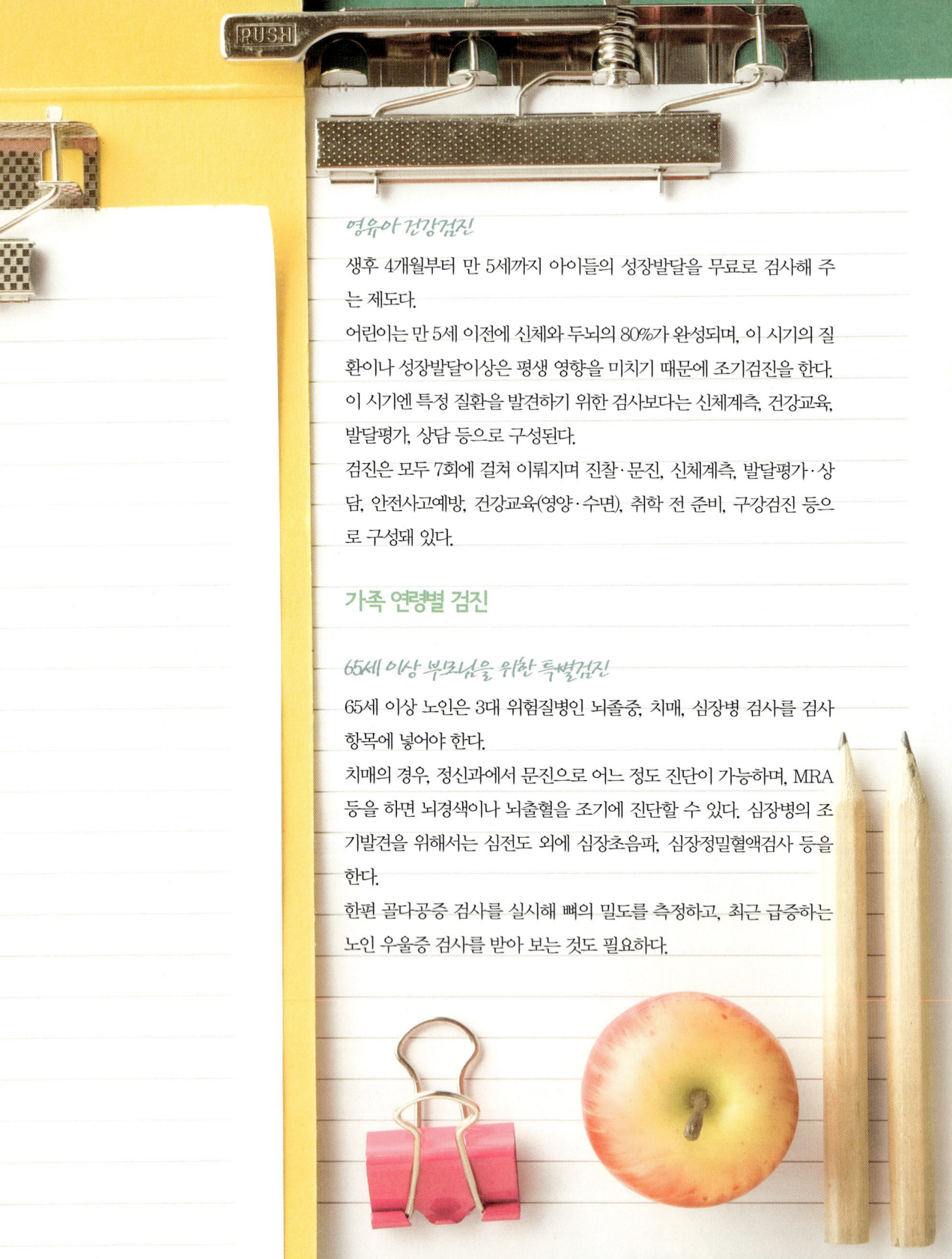

영유아 건강검진

생후 4개월부터 만 5세까지 아이들의 성장발달을 무료로 검사해 주는 제도다.

어린이는 만 5세 이전에 신체와 두뇌의 80%가 완성되며, 이 시기의 질환이나 성장발달이상은 평생 영향을 미치기 때문에 조기검진을 한다. 이 시기엔 특정 질환을 발견하기 위한 검사보다는 신체계측, 건강교육, 발달평가, 상담 등으로 구성된다.

검진은 모두 7회에 걸쳐 이뤄지며 진찰·문진, 신체계측, 발달평가·상담, 안전사고예방, 건강교육(영양·수면), 취학 전 준비, 구강검진 등으로 구성돼 있다.

가족 연령별 검진

65세 이상 부모님을 위한 특별검진

65세 이상 노인은 3대 위험질병인 뇌졸중, 치매, 심장병 검사를 검사 항목에 넣어야 한다.

치매의 경우, 정신과에서 문진으로 어느 정도 진단이 가능하며, MRA 등을 하면 뇌경색이나 뇌출혈을 조기에 진단할 수 있다. 심장병의 조기발견을 위해서는 심전도 외에 심장초음파, 심장정밀혈액검사 등을 한다.

한편 골다공증 검사를 실시해 뼈의 밀도를 측정하고, 최근 급증하는 노인 우울증 검사를 받아 보는 것도 필요하다.

남편을 위한 중년 남성 정밀검진

남성은 사회생활 안정기에 접어든 40세 정도가 되면 2년에 한 번은 종합검진을 받아야 한다. 남자는 흡연과 음주로 흉부쪽에 질병이 많이 생긴다. 당뇨, 고혈압, 간암, 폐암, 심장질환, 뇌질환을 검진 받아야 한다. 또 대장용종이 생길 위험이 있으므로 장 검사를 꼭 받는다.

평소 업무상 스트레스를 많이 받는 'CEO를 위한 검진'이 있다. 관상동맥CT 등을 통해 심장병조기발견, 저선량흉부CT 등을 통해 호흡기 질환을 사전에 체크한다.

또한 전립선암, 전립선비대, 전립선염 등 전립선질환의 유무를 확인하는 것도 중요하다. '남성정밀검진' 'CEO검진' 등은 강남세브란스병원, 서울대병원, 고대구로병원 등 종합병원 중심으로 마련되어 있다. 검진비용은 80만~170만원 선으로 다양하다.

아내를 위한 중년 여성 정밀검진

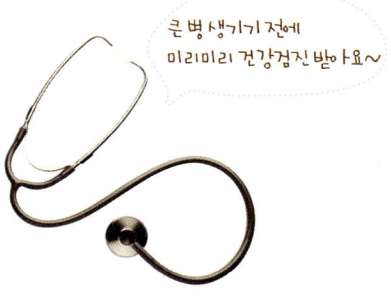

큰 병 생기기 전에
미리미리 건강검진 받아요~

중년 여성은 정기적인 부인과 검사가 반드시 필요하다. 유방암 진단을 위해 유방촬영을 하는데, 유방조직이 치밀한 경우 암이 잘 발견되지 않으므로 유방초음파 검사를 받을 필요가 있다.

최근 갑상선질환이 급증하고 있는 만큼 갑상선기능저하증, 갑상선기능항진증, 갑상선결절 등에 검사가 필요하다. 여성의 자궁과 난소 등을 검사하면 자궁암, 난소종양, 자궁근종 등을 조기에 찾아낼 수 있다. 특히 자궁경부암을 일으키는 인유두종바이러스(HPV) 검사는 꼭 필요하다. 폐경기 전후가 되면 골다공증이 많이 생기는 만큼 골다공증검사를 통해 뼈의 칼슘 성분이 빠져나가면서 뼈가 약해지는지 여부를 체크한다.

유방, 갑상선, 자궁, 골다공증 등을 검사하는 부인과 종합검진은 80만~200만원 선으로 대부분 대학병원, 여성 전문병원 등에서 검진받을 수 있다.

내 아이를 위한 어린이 건강검진

어린이 검진은 아이가 정상적으로 성장하고 있는지 여부와 함께 앞으로 발생할 질병을 미리 파악해 예방하는 데 중점을 두고 있다.

건강검진을 한 어린이 중에는 담석증, 철결핍성빈혈, 척추측만증, 소아결핵, 주의력결핍과잉행동장애(ADHD) 등이 많다. 이 질환들은 조기 발견해 치료하면 완치 또는 완치에 가깝게 호전될 수 있지만, 나중에 발견되면 치료가 쉽지 않다.

어린이 건강검진 항목도 성인 검진과 항목이 비슷하다. 최근엔 뇌 MRI, 수면내시경, 중금속 검사, 발달검진 등 정밀검사를 한다. 이밖에 양육상담, 어린이 스트레스관리법, 건강관리법 등을 부모에게 알려주는 프로그램이 있다.  어린이 건강검진은 어른과 마찬가지로 3~4시간쯤 걸린다. 세브란스병원, 서울아산병원 어린이 건강검진클리닉 등에서 받을 수 있으며 비용은 23만~130만원 선이다.

15세 이상 중·고등학생의 신체적·심리적 특성을 고려한 청소년 전문 검진 프로그램도 있다. 특히 성장기 청소년에게 우려되는 일반 질환과 식생활 평가, 영양상태, 스트레스 등을 검사한다.

예비부부가 받아야 할 건강검진

결혼 전 건강검진은 본인과 배우자, 앞으로 태어날 자녀를 위해 꼭 필요하다. B형간염, 성병, 풍진항체, 일반 혈액검사 등 기본검사를 받는다.

B형간염은 부부생활을 통해 상대에게 감염을 일으킬 수 있고, 여성은 임신 시 태아감염 우려가 있으므로 둘 중 한 사람이 간염보균자인 경우 필히 배우자와 함께 검사를 받고, 배우자에게 B형간염 항체가 없다면 예방접종을 받는다.

풍진항체 검사는 여성에게 꼭 필요한 검사로, 임신 초기 풍진에 걸리면 태아가 선천성 질병을 안고 태어날 위험이 높다. 검사 결과 면역성이 없으면 풍진 예방주사를 맞는데, 주사를 맞은 후 3개월간은 임신하지 않게 각별히 조심한다. 그 외 빈혈·결핵 검사, 성병 검사 또한 실시한다.

자궁과 난소 검사로 자궁과 난소의 이상 유무를 확인하는 것도 중요하다. 특히 결혼 적령기가 지나 늦게 결혼하는 여성은 35세가 넘었다면 따로 산부인과 상담과 건강관리를 받는다. 생리 이상이나 이상 출혈 시 초음파검사를 한 자궁과 난소의 이상 여부를 확인하기 위해서는 의사의 진찰이 필요하다.

Plus tip
신경 쓰세요! 건강검진 시 알아둘 10가지

1 검진 전날 저녁 9시 이후에는 금식한다. 검진 당일 아침식사는 물론 커피, 우유, 담배, 주스 등 음식은 일절 삼간다.

2 되도록 오전에 검진을 받는다. 오후에 검진 받으려면 검사 때까지 최소 8시간 이상 공복 상태를 유지한다.

3 검진기관에 사전 예약한 뒤 방문하면 편리하게 검진 받을 수 있다.

4 검진기관에 비치된 문진표는 반드시 본인이 작성해서 제출한다.

5 생리 중(생리 전후 2~3일경)에는 검진 받지 않는다.

6 국가 건강검진은 2년에 한 번 받을 수 있으며, 검진 횟수를 초과해 검진 받는 경우 검진비용을 환수한다.

7 10~12월은 검진이 집중하므로 되도록 6월 이전에 검진을 예약한다.

8 검진표를 분실했을 경우 국민건강보험공단에서 재발급 받는다.

9 검진표를 갖고 있지 않더라도 검진기관 내에서 국민건강보험공단 홈페이지 대상자 조회를 통해 검진 받을 수 있다.

10 보험료 체납 여부와 관계없이 검진 받을 수 있다.

검진 전날

오후 7~8시쯤 저녁을 가볍게 먹고(술, 육류 삼가) 8시 이후에는 음식물은 물론 물도 마시지 않는다. 검진 당일에는 양치질만 하고 껌, 담배, 물 등 일체의 음식을 금한다.
결혼한 여성의 경우 성관계나 샤워를 금하고, 생리 중일 때에는 검진을 피한다. 사실상 여성은 생리 후 7일을 전후해 건강검진을 받는 것이 가장 좋다.
또 복용중인 약은 가지고 가서 검사가 끝난 뒤에 먹도록 한다. 다만 간염 검사, 흉부 엑스레이 촬영, 유방 엑스레이 촬영, 골다공증 검사는 금식과는 아무런 관련이 없다. 검진은 보통 2시간 반에서 3시간쯤 걸린다.

검진 후

건강검진 결과는 검진 후 15일 이내 우편으로 통보한다. 해당 검진기관에서 검진비를 청구한 경우 국민건강보험공단 홈페이지에서 공인인증서로 로그인한 후 '민원 마당-건강검진-결과 조회'에서 조회할 수 있다. 건강검진 받은 해는 물론이고 이전 검진 결과도 조회할 수 있다.

♥ 병원별 건강검진

보건소·검진센터 건강검진 활용법

국민건강보험공단의 일반 기본검진을 하는 보건소도 있지만 보건소 자체의 검사를 하는 곳도 있다. 보건소 건강검진은 가격이 저렴하거나 무료인 곳도 있다. 초음파, CT 등 보건소에서 시행하기 어려운 검사도 있지만 보건소 검진만으로도 건강을 관리하는 데 큰 지장이 없다. 저렴한 비용으로 자신의 몸 상태를 체크하고 건강에 관해 지속적으로 경각심을 갖는 것이 보건소 건강검진의 의의라고 할 수 있다.

의원급 검진센터 건강검진 활용법

보건소보다는 비싸지만 대학병원보다는 저렴한 곳이 바로 의원급 검진센터다. 비용을 낮추고 맞춤형 선택이 가능해 실질적인 건강검진 센터로 평가 받고 있다. 예비부부, 청소년, 흡연자, 여성 정밀 검진, 소화기 정밀 검진 등 세분화된 건강검진 프로그램을 마련하고 있는 곳들도 많다. 본인의 건강 상태에 맞는 검진을 할 수 있으므로 비용과 효과 측면에서 볼 때 다른 병원 검진보다 경제적이다. 맞춤형 건강검진은 전문의와의 자세한 상담 후 검진 항목을 정하기 때문에 꼭 필요한 검사만 할 수 있다는 장점이 있다.

의원급 검진센터는 기본적으로 의료보험 수가가 저렴하고, 검진 받은 환자에게 이상이 있을 때 권장하는 검사의 추가 비용이 저렴하기 때문에 비용 부담이 덜하다는 장점이 있다.

대학병원·종합병원 건강검진 활용법

대학병원의 기초 건강검진은 60만원부터 시작한다. MRI, CT, 미세 암세포, 종양 조직을 찾아내는 PET, 초음파, 내시경 등을 포함시킨 건강검진 상품은 병원에 따라 다르지만 300~400 만원이다. 다른 곳보다 가격이 높지만 고가장비, 시간의 효율성 등의 이유로 대학병원의 건강검진을 신뢰한다.

빠른 협진 시스템 또한 대학병원 건강검진의 장점이다. 하지만 '프리미어 검진'이라는 이름으로 높은 가격의 상품이 도마에 오르내리고 있는 것도 사실이다. 건강검진의 목적은 질병의 조기 진단과 건강한 삶을 살고 있는지 체크하는 것과 목적에 벗어나지 않는 검진 프로그램을 이용하는 것이다.

한방병원 건강검진 활용법

한방병원의 건강검진은 한방과 양방의 장점을 이용해 개개인의 특성에 맞는 세밀한 맞춤 검사를 할 수 있다. 분명히 통증 등의 증상이 있는데도 양방 검사에서는 아무 이상이 없다는 경우가 있다. 양방의 진단법이 과학적이고 체계적이라면, 한방의 진단은 개인의 체질에 따른 미세한 차이를 통합적으로 고려하는 것이다. 한방은 신체 이상의 근원적인 문제를 찾기 위해 원인을 세세하게 찾아 들어간다. 이 두 가지 방법을 합친 것이 바로 한·양방종합 검진이다.

한방에서만 하는 검사가 있다?

기본검진은 양방 검진이나 한방 검진이나 동일하지만 한의사 상담, 경락기능 검사, 뇌혈류 검사, 적외선 체열 진단 검사 등이 더 있다. 사상의학에서는 인체 구조와 체질을 네 가지로 나누고, 그에 따라 생리적·병리적 차이가 있다고 본다. 그 결과 개개인의 체질에 맞춘 치료 방법을 제시하는 것이다.

건강검진에 대한 궁금증 Q&A

Q 비쌀수록 좋다?

비싼 검사라고 다 좋은 것은 아니다. 위암, 대장암, 자궁경부암, 유방암 등에 대해서는 CT, MRA, PET(양전자방출단층촬영) 같은 고가의 검사보다 이미 효과가 입증된 기존의 검사법을 선택하는 것이 우선이다.

비싼 종합검진은 바쁜 현대인에게 일괄적인 검사를 제공해 편리하긴 하지만, 획일적이고 불필요한 검사가 되풀이될 가능성이 있다. 국민건강보험공단의 일반건강검진과 암건진을 빠짐없이 챙긴 뒤 가족력, 과거 병력, 생활습관 등을 고려해 검사 항목을 추가하는 것이 바람직하다.

Q 유명한 병원을 돌아다니면서 검진 받는다?

불안한 마음에 유명한 병원 몇 군데를 돌아다니면서 건강검진 받는 사람도 있지만 바람직하지 않다. 비교할 수 있는 이전의 기록이 없으면 불필요한 검사를 반복하거나 추가로 받아야 하는 불편함이 따르기 때문이다. 건강검진은 한 번 받고 끝나는 것이 아니므로 단골 검진기관을 만드는 것이 바람직하다.

Q MRI, MRA, CT는 꼭 받아야 하나?

MRI(자기공명영상촬영), MRA(자기공명혈관조영술), CT(컴퓨터단층촬영)는 기본 건강검진 항목에 포함되지 않는다. 치료 목적으로 만들어졌기 때문이다. 기본 건강검진 결과 이상이 발견되면 그때 추가로 받는다. 50대 이상인 사람이 고지혈증이나 고혈압 같은 심장혈관 질환을 앓고 있다면 목의 혈관까지 볼 수 있는 MRI나 MRA를 찍으면 도움이 된다.

Q 건강검진은 만능이다?

건강검진을 받으면 개인이 갖고 있는 모든 질병이나 증상의 원인을 알 수 있다고 생각하는 사람이 있는데 그렇지 않다. 건강검진에서 시행하는 검사는 수많은 의학 검사 중 일부로 발생 빈도가 높은 암이나 생활습관병의 조기 발견을 목적으로 구성돼 있다. 진행이 빠른 질환이거나 너무 드문 질환, 정확한 검사 방법이 없는 질환 등의 경우에는 정기 건강검진을 해도 조기 발견할 수 없다.

Q 주치의가 필요하다?

건강한 삶을 살기 위해서는 자신의 건강 상태를 정확히 알고 있는 주치의를 만들 필요가 있다. 주치의란 말이 부담스럽다면 '단골 의사'라고 할 수도 있다. 나의 가족력, 과거 병력, 현재의 증상, 과거 건강검진 결과의 문제점 등을 파악하고 있는 '단골의사'가 있으면 맞춤 검사가 가능할 수 있다. 전문가가 아닌 일반인이 비용 대비 효과를 고려한 맞춤 검사를 선택하기까지는 상당한 어려움이 있다.

04
건강기능식품

건강기능식품 하나쯤 안 먹는 사람이 있을까. 만성피로해소제와 비타민제 정도는 기본이다. 그러나 건강기능식품을 올바르게 섭취하고 있는 사람은 많지 않다. 내게 필요한 기능을 담은 건강식품 고르는 법을 제대로 파악해보자.

건강기능식품 고르기

자신의 건강상태를 꼼꼼히 체크하고 그에 맞는 기능식품을 선택하는 사람은 그리 많지 않다. 한국건강기능식품협회의 '2008년 건강기능식품 유통경로' 자료를 보면 전문매장·병원·약국 같은 매장판매는 28%인 반면, 다단계·방문판매·홈쇼핑 등의 직접판매는 70%로 훨씬 많다. 자신이 원하는 제품을 직접 가서 고르는 사람은 10명 중 2~3명밖에 안 되며, 대부분 선전에 현혹돼 구매한다는 것이다. 식품의약품안전청의 도움으로 대표적인 '기능성에 따른 건강기능식품'을 정리했다.

내 몸에 맞춰 고르는 건강기능식품

기 능	품 목
관절 건강	글루코사민
면역력 증진	인삼, 홍삼, 알콕시글리세롤 함유 제품, 알로에, 키토산, 키토올리고당
산소 공급	스쿠알렌
생리 조절 작용	영양보충용 식품
에너지 대사	영양보충용 식품
영양보급	영양보충용 식품, 뱀장어, 로열젤리, 효모, 화분, 클로렐라, 스피루리나, 감마리놀렌산, 배아유, 배아, 레시틴, 포도씨유, 자라, 뮤토다당단백제품
인체 구성 성분	영양보충용 식품, EPA · DHA 함유 제품, 뮤코다당단백제품
장 건강	효소, 유산균, 알로에, 프락토올리고당
지구력 증진	옥타코사놀 함유 제품
체지방 감소	영양보충용식품
콜레스테롤 감소	EPA · DHA, 감마리놀렌산, 레시틴, 키토산, 키토올리고당, 대두, 식물스테롤, 홍국
피로해소	인삼, 홍삼, 매실추출물
피부 건강	화분, 스쿠알렌, 엽록소함유, 알로에, 베타카로틴함유제품
항균 작용	키토산함유제품, 키토올리고당, 프로폴리스
항산화 작용	영양보충용, 배아, 레시틴, 포도씨유, 엽록소, 베타카로틴, 프로폴리스 추출물, 녹차 추출물
혈행 개선	EPA · DHA, 버섯 제품, 감마리놀렌산, 레시틴 제품

거꾸로 가는 나의 신체시계

🌱 추천! 슈퍼영양제 5

사람은 오랫동안 음식을 통해 미네랄이나 비타민 등의 영양소를 얻었다. 그러나 생활습관이 달라지고 일상이 분주해지면서 식탁이 점차 단순해졌고, 덩달아 음식으로 섭취하는 영양소 비중도 낮아졌다. 여기 소개한 슈퍼 영양제는 쉼 없이 돌아가는 당신의 체내 시계에 긍정적인 변화를 줄 것이다.

프로바이오틱스

우리 몸에서 사는 수많은 세균 중에는 유산균처럼 건강에 유익한 것도 있다. 400여 종의 유산균 중 하나가 '프로바이오틱스'다. 프로바이오틱스의 잘 알려진 효과는 변비나 설사 예방 같은 장기능 개선이다. 그 밖에 비만·고혈압·당뇨병·고지혈증 등 생활습관병의 예방과 치료에 효과가 있다.

영국 임페리얼대학 니콜슨 교수는 과학전문지 《사이언스》 2008년 1월호에 프로바이오틱스를 섭취하면 소장에서 지방 흡수를 돕는 담즙산의 기능이 약화되어 비만이 예방된다는 연구결과를 발표했다. 이런 효능으로 인해 2002년 세계보건기구(WHO)와 국제식량기구(FAO)의 합동전문가위원회는 프로바이오틱스는 "살아있는 미생물로 적당한 양을 섭취하면 건강에 유익한 세균"이라고 정의했다. 프로바이오틱스를 식품으로 섭취하려면 유산균이 풍부한 발효유와 발효제품 등을 먹는다.

마그네슘

폐경기를 앞둔 여성은 골다공증 예방을 위해서라도 마그네슘 섭취에 신경 써야 한다. 혈중 마그네슘 농도가 낮아지면 비타민D의 효과가 저하돼 체내 칼슘 농도가 떨어져 뼈 밀도가 낮아진다.

마그네슘은 엽록소를 구성하는 한 요소이므로 녹색잎 채소에 풍부하다. 또 고기나 우유, 정제하지 않은 곡식, 콩류, 견과류에 들어 있지만 가공식품의 섭취량이 늘어나면서 식품을 통해 섭취하는 양은 점점 줄어들고 있다. 독일 루트비히맥시밀리언대학 약리학과 볼프강 비엘링 교수팀이 독일내과학회에 발표한 자료에 따르면 일반인 10명 중 1명, 입원환자 10명 중 2명 이상에서 마그네슘 부족이 나타난다. 식품으로 섭취할 수 없다면 마그네슘 영양제로 부족한 부분을 채워야 한다.

마그네슘은 칼슘과 함께 섭취한다. 마그네슘과 칼슘은 서로 부족한 부분을 보충해 효과를 끌어올리는 상호 보완의 성질을 지닌 미네랄이다. 어느 한쪽이 부족하거나 넘치면 근육경련, 초초, 불안 등의 증세를 보인다. 최근 출시되는 마그네슘 영양제는 칼슘이 포함되어 있는 제품이 많다.

오메가3

오메가3 지방산은 통증과 염증을 줄여준다. 류머티즘관절염 환자에게 오메가3 섭취를 권하는 이유다. 염증은 류머티즘관절염과 같은 자가면역질환 외에 아토피, 알레르기성 질환을 악화시키므로 항상 주의한다.

그 밖에도 오메가3는 중성지방 합성을 방해하는 기능이 있어 다이어트와 혈전방지 효과를 얻을 수 있다. 불포화지방산의 일종인 오메가3는 연어나 고등어 같은 등푸른생선이나 호두·아몬드·깨와 같은 견과류에 많이 들어 있다. 식품을 통해 오메가3의 일일섭취량을 채우려면 하루에 등푸른생선을 5~6토막 먹어야 한다. 식품을 통해 섭취하는 데 한계가 있으므로 영양제를 적극 활용하자. 오메가3 보충제를 고를 때는 오메가6 지방산이 함께 들어 있는지 살핀다. 사람 몸에는 혈액순환을 돕는 오메가3 지방산뿐 아니라 출혈이 생겼을 때 이를 멈춰주는 오메가6 지방산이 필요한데, 오메가3 지방산이 과도하게 공급되면 균형이 깨질 수 있기 때문이다. 한국영양학회는 오메가3 지방산과 오메가6 지방산의 비율을 1:4~10으로 할 것을 제안한다.

그 밖에 오메가3 지방산은 기름에 잘 녹는 비타민E와 함께 섭취하면 흡수율이 높아진다. 제품 속에 비타민E가 포함되어 있거나 따로 단일 제품을 복용한다.

비타민D

뼈는 콜라겐에 미네랄의 일종인 칼슘과 인이 결합된 조직이다. 만약 체내 비타민 D가 부족하면 뼈를 구성하는 칼슘과 인이 소실되어 '뼈연화증'이라는 질환이 생긴다. 뼈건강을 위해 비타민D는 중요하지만 따로 섭취할 필요는 없다. 우리 몸에 있는 '7-디히드로콜레스톨'이라는 성분과 자외선이 만나면 피부 표면에서 비타민 D3로 전환되기 때문이다. 이런 특성 때문에 비타민D를 내분비계 호르몬으로 분류한다. 하지만 우리나라 사람은 특히 비타민D가 부족하다. 한 연구에 따르면 국내 55세 이상 여성의 88.2%가 비타민D 결핍 증상을 보였다.

생선의 간유, 기름진 생선, 달걀 노른자, 말린 음식 등 비타민D 함유 식품은 많지 않으므로 보충제를 따로 복용한다. 하루에 10~15분간 바깥에 나가 마음껏 햇빛을 쬐는 습관을 기르자. 한국영양학회가 정한 비타민D 일일 권장량은 보통 성인 기준, 하루 2400IU이다. 10배 이상 섭취하면 식욕감퇴, 메스꺼움, 구토, 갈증, 설사 등의 독성증세가 나타난다. 해가 짧은 겨울이나 실외활동이 적을 때는 비타민 D 복용량을 늘려야 한다.

멀티비타민

비타민의 효과에 대한 연구는 넘칠 만큼 많다. 비타민A는 신진대사에 관여하고, 비타민 C·E는 조직의 성장, 상처치유, 산화방지 등의 역할을 한다. 그 밖에 노화와 함께 나타나는 골다공증, 망막 퇴화, 백내장, 치주염을 예방한다는 연구결과도 있다.

그러나 2008년 보건복지부 '국민영양조사'에 따르면 전체 인구의 47.3%는 비타민C가 부족했으며, 43.1%는 비타민A를 평균에 못 미치게 섭취하고 있었다. 당장 건강에 큰 이상이 없더라도 장기적으로 문제가 생길 확률이 높다. 특히 식사를 거르는 일이 많거나 체중감량 중이라면 필요한 영양소를 식품으로 섭취하기 어려우므로 비타민 보충제를 복용한다.

멀티비타민에는 비타민 A·B·C·D·E가 필수로 들어간다. 멀티비타민과 종합비타민은 혼동하기 쉽지만 확연하게 다른 영양제다. 종합비타민은 비타민 A·B·C·D·E에 칼슘, 칼륨, 철, 엽산, 아연, 오메가3 지방산을 첨가한 것인데 멀티비타민보다 더 많은 영양소를 함유한다. 멀티비타민 선택 기준은 연령대별로 조금씩 다르다. 미용이나 노화방지에 관심이 많다면 비타민 A·C·E, 셀레늄이 들어 있는 '항산화비타민제'를 고른다.

보통은 멀티비타민을 기본으로 복용하고, 여기에 자신에게 필요한 단일 영양제를 함께 복용한다. 이때 각 성분의 하루 권장량이 넘지 않게 주의한다. 특히 비타민A나 E는 지용성으로 다른 비타민처럼 몸 밖으로 배출되지 않고 축적되므로 과용 시 부작용이 뒤따른다.

※ 각 성분의 일일권장량 비타민A 750㎍ RE, 비타민B₂ 약 1.5mg, 비타민C 100mg, 비타민D 5㎍, 칼슘 700mg, 칼륨 4.7g, 철 10mg, 엽산 400㎍(임산부 600㎍), 아연 9mg

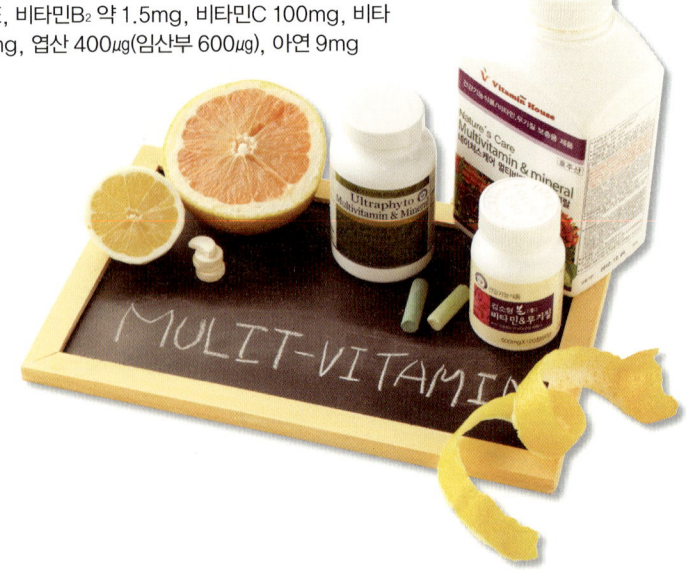

05
Let's Try

하루 일과 중 빼놓을 수 없는 양치질, 하루에도 몇 번씩 씻는 손, 하루 종일 뻐근한 몸…. 어찌 보면 우리의 모든 생활습관은 건강과 직결되어 있다. 오죽하면 '생활습관병'이라는 질환군이 있겠는가. 평소 소소하지만 관심을 가지고 바꿔본다면 가족 건강을 위한 큰 예방책이 될 만한 몇 가지를 모았다.

✓ 손 바르게 씻는 법

손 씻기는 독감, 감기, A형 간염, 식중독, 유행성 결막염 등 각종 세균과 바이러스성 질환을 예방하는 가장 효과적인 방법이다. 손 씻기만으로도 감염성 질환의 60% 이상을 예방할 수 있지만 많은 사람이 손을 잘 씻지 않고 씻더라도 올바른 방법으로 씻지 않는다. 별것 아닌 것 같아도 중요한 손 씻기, 지금부터 제대로 배워보자.

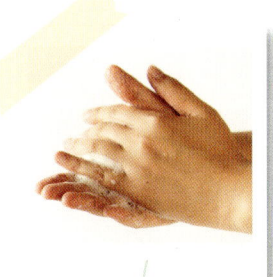

1. 손바닥과 손바닥을 마주 대고 문지른다.

2. 손가락 등을 반대편 손바닥에 대고 문지른다.

3. 손바닥과 손등을 마주 대고 문지른다.

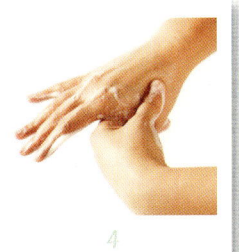

4. 엄지손가락을 다른 편 손바닥으로 돌려주면서 문지른다.

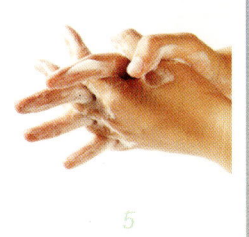

5. 손바닥을 마주 대고 손깍지를 끼고 문지른다.

6. 손가락을 반대편 손바닥에 놓고 문지르며 손톱 밑까지 깨끗하게 한다.

✅ 손가락 스트레칭

하루 중 가장 많이 쓰는 신체 부위는 다름 아닌 손가락이다. 운전, 걸레질, 설거지, 컴퓨터 등 오랜 시간 손을 쥐는 동작을 취하면 손가락 힘줄 등에 염증이 생기는 건초염, 관절염 등이 발병한다. 처음엔 저릿하다 점차 손가락을 구부리거나 펴기 힘들고 통증이 심해진다. 간단한 스트레칭으로 이 같은 손가락 질환을 예방할 수 있다.

※**시범 & 도움말** 제시카

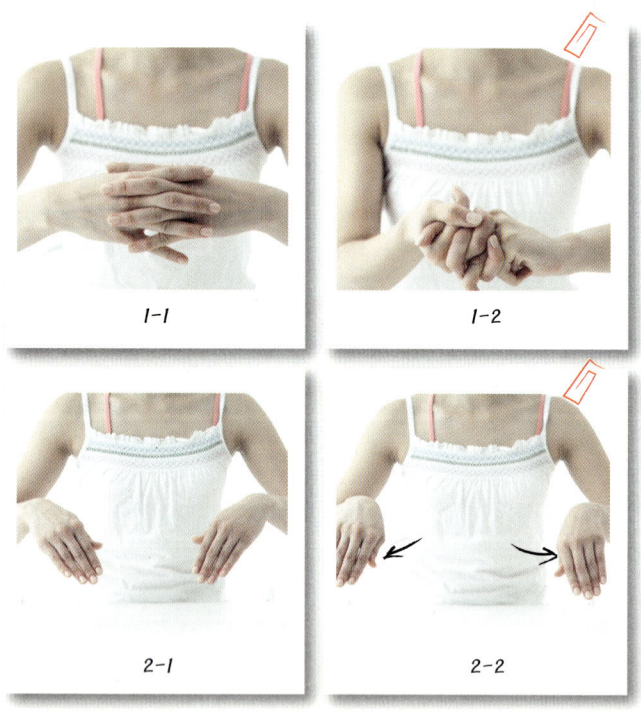

1-1

1-2

2-1

2-2

1 깍지 껴 조이기
양손을 깍지 낀 채 손을 조이며 틀어준다. 원활한 혈액순환을 위해 10회 이상 반복한다.

2 손 털어 주기
두 팔을 앞으로 뻗고 좌우로 손을 털어준다. 수시로 반복한다.

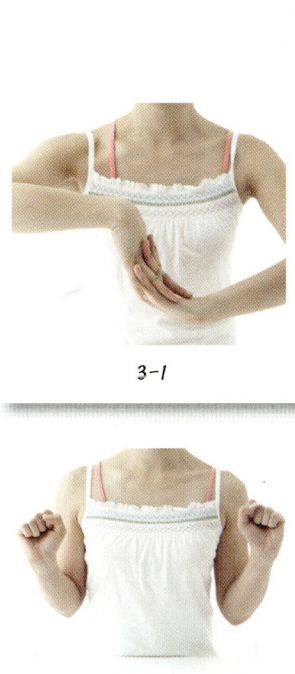

3-1

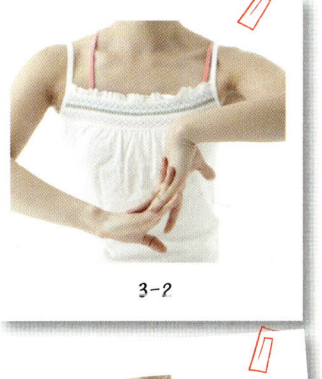

3-2

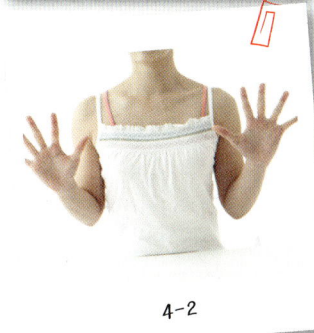

4-1

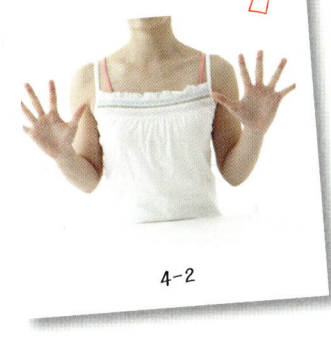

4-2

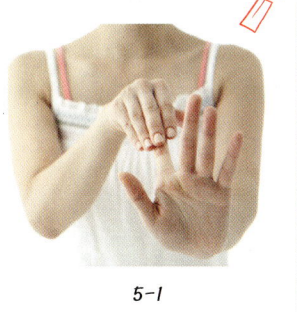

5-1

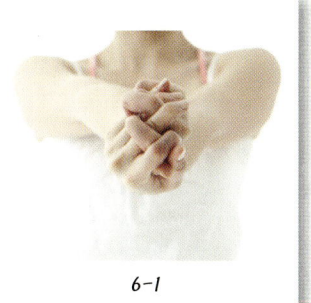

6-1

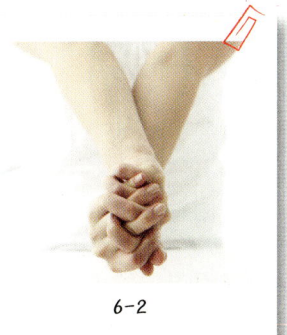

6-2

3 물결치기
양손을 깍지 낀 채 물결치듯이 손목을 눌러 움직인다. 수시로 반복한다.

4 주먹 쥐고 손 쫙 펴기
주먹을 꽉 쥔 채 5초 정도 정지한 후 손가락을 편다. 양손 마디 마디가 펴질 수 있게 한다. 수시로 반복한다.

5 손가락 뒤로 당기기
손가락 끝을 잡고 뒤로 누른다. 7~10초간 유지하고 3회 실시한다.

6 손목 비틀어 올렸다 내리기
오른손이 위로 가게 깍지 낀 후 그대로 뒤집으며 손목과 손가락을 조인다. 반대쪽도 실시한다. 수시로 반복한다.

💚 100세 건강 위한 올바른 칫솔질

충치, 잇몸병 등 치과질환을 예방하기 위해서는 치아 사이사이의 이물
질을 잘 제거해야 한다. 칫솔질 외에 이 사이에 낀 이물질을 완벽하게
제거해주는 치간 칫솔, 치실, 치간 칫솔을 사용해보자.

1

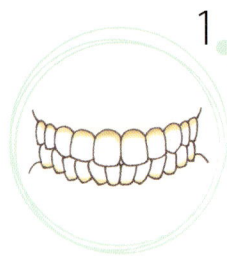

치태는 치아에 부착되는 음식물 찌꺼기
와 세균 덩어리로 충치 및 잇몸질환의 원
인이다. 매일 칫솔질로 치태를 제거하는
것이 치아와 잇몸 건강을 위한 기본 관
리다.

2 칫솔

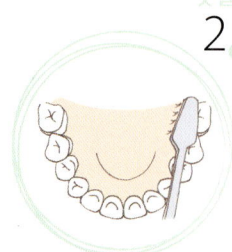

치약을 묻힌 칫솔로 가장 먼저 아래 어금
니 안쪽을 닦고 위 어금니 안쪽, 바깥 면,
씹는 면 순으로 닦는다. 씹는 면을 닦을
때는 칫솔을 깊숙이 넣고 맨 뒤쪽 치아까
지 잘 닦는다.

3 칫솔

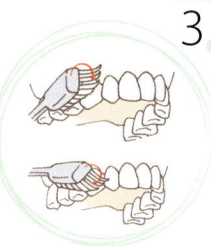

치아와 잇몸 사이는 칫솔모를 잇몸 쪽으
로 쓸어내리거나 쓸어 올리면서 닦는다.
칫솔질을 옆으로 하면 치아의 법랑질이
닳아서 안쪽 상아질이 노출되어 시린이
증상이 생길 수 있다.

4 치실

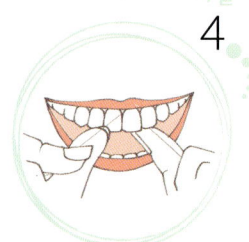

치아와 치아 사이인 인접면은 칫솔질만
으로는 잘 닦이지 않는다. 인접면은 치
실로 꼼꼼히 닦는다. 치실은 왁스를 입힌
것과 그렇지 않은 것이 있는데 잇몸 건강
에는 별 관계 없다.

5 치실

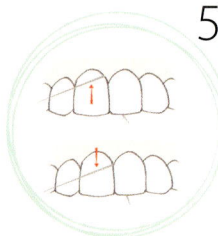

양손 중지에 치실을 감고 치아 사이를 닦
을 3~4cm를 남겨둔다. 치실을 잇몸 깊
숙이 넣고 치아의 옆면을 감싸면서 쓸어
내린다. 사용한 치실 부위는 다시 사용
하지 않는다.

6 치간 칫솔

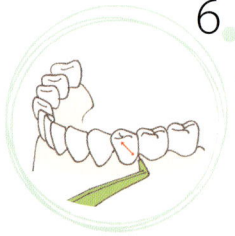

치아 사이사이는 치간 칫솔을 사용해 닦
는다. 치아에 수직이 되게 치아 사이에
대거나 삽입하고 치아에 밀착시켜 아래
위로 이동하면서 닦는다.

---

tip 구강관리의 마무리, 구강청결제

1991년 게디스와 커 박사가 진행한 임상실험 결과에 따르면 칫솔질만으로는 입 안의 25%만 세
정할 수 있으며, 구강 내 세균을 완전히 제거할 수 없다. 선진국에서는 입 안 전체의 세정을 위해
칫솔질, 치실, 구강청결제의 3단계 관리를 생활화하고 있다. 국내에서는 구강청결제가 입 냄새
제거제로 인식되어 있지만 세균 억제 구강청결제를 사용하면 칫솔질만으로 제거할 수 없는 입 안
전체의 세균을 제거해 치아와 잇몸 건강의 개선, 편도결석 예방은 물론 세균과 바이러스를 효과적
으로 죽여 인플루엔자 예방에 도움이 된다.

♡ 가볍게 뿌리는 손 소독제

재료 주정 에탄올 52g, 위치 헤이즐 워터 또는 정제수 34g, 글리세린 1g, 올가닉7 추출물 2g, 오렌지스윗 에센셜 오일 3~5방울

※남미정 (blog.naver.com/namojung)

1 각 재료를 계량해서 넣는다. 이때 아이 물약 뚜껑을 계량컵으로 사용하면 편리하다. 주정 에탄올과 위치 헤이즐 워터를 넣는다.
2 ①에 글리세린과 올가닉7 추출물을 넣고 섞는다.
3 ②에 오렌지스윗 에센셜 오일까지 넣고 모두 젓는다. 담을 용기를 에탄올로 소독하고 넣어서 사용한다.

Home Beauty

살림의 여왕이 알려주는
화장품 활용과 피부관리의 법칙

같은 화장품을 사용한 두 친구, 피부 상태는 왜 다를까? 타고난 것도 있지만
평소 생활습관 등 후천적 요인이 피부 건강을 결정하기 때문이다. 건강한 피
부, 한 살이라도 어린 피부를 위한 관리법을 총망라했다.

01

에코 뷰티
실천팁

지구가 망가지고 있다는 건 모두가 알고 있는 사실이다. 단지 피부에 직접적인 해를 가하는 성분을 피하기 위해 유기농, 친환경에 집중할 일이 아니다. 우리의 행동이 가져오는 결과가 지구에 어떤 영향을 미치는지 알아야 한다. 여기 환경을 살리면서 예뻐질 수 있는 방법을 고민해보았다.

지구와 내가 함께하는 8가지 약속

유기농으로 기른 좋은 원료를 사용하는 것만이 에코 뷰티의 전부는 아니다. 최근 몇몇 뷰티 브랜드는 화장품 가격의 일부를 환경보호운동에 기부하는가 하면, 땅에 묻으면 그대로 분해되는 용기를 사용한다. 화장품 구입 시 조금만 신경 쓴다면 당신도 아름다운 지구 수비대가 될 수 있다.

자주 쓰는 제품, 대용량으로 구매해 쓰레기를 줄인다

자주 사용하거나 가족 모두가 써 많은 양을 필요로 하는 제품이 있다면 소량 포장보다는 대용량으로 구매하자. 가격도 저렴할 뿐만 아니라 포장 시 사용한 플라스틱이나 부자재의 사용과 쓰레기 배출량을 줄일 수 있다.

친환경 에너지로 생산된 제품을 구매한다

원료채취부터 완제품 공정까지, 화장품을 만들기 위해서 사용되는 에너지를 친환경적으로 얻는 기업들이 늘고 있다. 오리진스, 아베다 등 이왕이면 자연이 사랑하는 제품들을 구입해보는 것도 좋을 것이다.

생태계 파괴를 줄이는 공정무역 제품에 관심을 갖는다

공정무역은 생산 과정에서 생태계 파괴를 줄이고 생산지의 자연환경에 맞는 농법과 전통 기술을 장려한다. 또한 정당한 노동에 합당한 대가를 치루고 물건을 구입하기 때문에 화장품 원료를 생산하는 농민들에게 이익이 돌아간다.

수질오염, 탄소발생을 높이는 합성 계면활성제를 외면한다

합성 계면활성제는 건강뿐 아니라 환경에도 좋지 않은 영향을 준다. 거품이 많이 나 여러 번 헹구는 과정에서 물의 낭비가 심하다. 보통 샤워할 때 1분 동안 사용되는 물은 10~20ℓ다. 샤워시간을 1년만 줄여도 연간 2800ℓ에서 5700ℓ를 절약할 수 있다.

환경운동에 앞장서는 친환경 회사의 제품인지 체크한다

제품을 구입하기 전 그 회사가 얼마나 친환경 운동에 앞장서고 있는지에 대해 생각해본다. 친환경을 내세우고 있기 때문에 진정으로 녹색경영을 실천하고 있는지, 아니면 그저 홍보 수단인지 구분해야 한다.

자연환경을 존중하는 농법, 바이오다이내믹 제품을 고른다

바이오다이내믹 경작은 화학비료 대신 천연 퇴비를, 살충제 대신 해충의 천적인 곤충을 이용한 친환경 경작법이다. 바이오다이내믹 제품을 표시하는 로고는 없지만 제품 설명서를 잘 읽어보면 어떤 방식으로 재배했는지 알 수 있다.

기초부터 메이크업까지, 다양한 리필제품을 애용한다

리필을 사용한다면 잘 만든 유리병을 버릴 필요 없이 반영구적으로 재활용할 수 있다. 무엇보다 불필요한 쓰레기를 줄여 환경을 보호할 수 있고 본품보다 저렴하기 때문에 가격부담도 덜하다는 장점이 있다.

포장부터 제품용기까지 재활용 가능 여부를 확인한다

화장품을 한번 사면 종이, 플라스틱, 비닐 등 각종 제품들이 산더미처럼 나온다. 사가지고 돌아오는 길에 담는 비닐봉지도 문제다. 이제부터는 포장지부터 병까지 재활용될 수 있게 만들거나 애초부터 재활용 원료를 사용해 만든 제품을 사용해보자.

02 화장품 바로 알기

이제 비싼 화장품에 솔깃하기보다는 피부의 기초관리부터 바로 세울 때다. 생활습관만 고쳐도 보드랍고 건강한 피부에 비용 절약은 덤으로 따라온다.

🧴 나쁜 뷰티습관 점검

머리 감고 세수하세요, 세수하고 머리 감으세요?

세수하는 데도 순서와 때가 있다. 특히 샤워 시에는 샴푸와 컨디셔너를 완벽하게 헹군 후 얼굴을 씻어야 한다. 만약 피부에 성분이 남는다면 모공을 막아 여드름이나 트러블을 일으키는 원인이 된다. 몸 역시 머리를 감은 후 씻어 등과 가슴의 트러블을 예방한다.

365일, 샤워는 뜨끈뜨끈한 물이 제격이라고 생각하나요?

물 온도가 40℃를 넘으면 피부와 모발을 감싸고 있는 천연 기름막이 씻겨 나가, 피부 속 수분의 양이 감소하고, 모발의 단백질이 빠져나가면서 거칠고 푸석해진다. 가능하면 체온과 비슷한 물에서 10분 이내로 샤워를 마쳐야 한다. 미지근한 물로 샤워한 다음 마지막 헹굴 때 찬물을 이용한다.

스스로 '뷰티 얼리어답터'라고 생각하나요?

새로운 화장품이 나올 때마다 그때그때 바꾼다면 사용하고 있는 제품의 성분이 제대로 작용할 시간조차 주지 않는 셈이다. 또한 갑작스런 변화에 피부 트러블이 생길 수 있다. 언제나 최신제품이 최고는 아니다. 바꾸더라도 두세 가지 아이템을 한꺼번에 바꾸지 않는다.

지금 쓰고 있는 제품의 주요성분을 알고 있나요?

화장품을 바꿀 때는 반드시 라벨을 읽고 몇몇의 주요 성분을 기억한다. 기본적으로 자신이 어떤 피부이고 어떤 성분에 반응하는지 알고 있다면 알레르기나 트러블을 피할 수 있다. 특히 보습제나 자외선차단제, 파운데이션을 구입할 때에는 'Oil-free'나 'Non-comedogeni'라 명시된 것을 찾는다.

테스터 제품을 직접 얼굴에 발라 보나요?

화장품은 물과 지방 성분으로 구성되어 세균이 살기에 좋은 환경이다. 백화점에 비치된 테스터 화장품은 여러 사람의 손을 거치는 과정에서 먼지나 각질, 땀 등이 유입되기 때문에 더욱 쉽게 세균에 노출된다. 일회용 면봉을 사용하거나 판매원에게 사용하기 전 용기 입구를 알코올로 잘 닦아달라고 요청한다. 립스틱이나 립글로스는 테스터 후 바로 닦아내고 스킨케어 제품은 손등에 덜어 테스트한다.

스폿 제품은 눈대중으로 엉멋 바르고 있나요?

스폿 제품에는 대부분 비타민이나 글리콜산 같은 산 성분이 들어있으며, 피부에 스며든 뒤 일정 시간이 지나야 반응이 나타난다. 때문에 과도하게 사용할 경우 붉어지거나, 벗겨지거나, 염증을 일으키는 결과를 가져온다. 많은 양을 바른다고 해서 더 뛰어난 효과를 볼 수 있는 건 아니다.

촉촉한 피부를 만들겠다고 수분만 공급하나요?

피부가 가지고 있는 수분의 양은 중요하다. 하지만 과유불급, 너무 과한 것은 부족한 것만 못하다. 수분을 지켜줄 막이 없다면 금세 증발해버린다. 건강한 피부를 위해서는 언제나 수분과 유분을 함께 공급한다.

얼굴을 자주 만지는 버릇이 있나요?

사람들은 대체로 5분마다 1~3회 가량 얼굴을 만진다. 세균 가득한 손은 트러블을 악화시키고 손톱 자국 때문에 흉이 지기도 한다. 뿐만 아니라 다크서클이 심해지는 원인이 되기도 한다.

화장품 보관

화장품의 특성을 고려하지 않고 잘못 보관하면 유통기한이 짧아지고, 심한 경우 피부 트러블의 원인이 된다. 보관하는 공간별 화장품을 점검해보았다.

냉장고

Best 천연 DIY 화장품, 시트마스크, 젤 타입의 크림 등

화장품을 냉장고에 보관할 때에는 얼지 않도록 문쪽에 보관한다. 또한 한 번 냉장고에 넣고 사용한 제품은 다시 실온에 보관하지 않는다.

Worst 자외선차단제, 컨실러, 크림류

로션이나 크림에는 오일 성분이 많다. 너무 차가운 온도에 보관하면 자칫 묽어지거나 굳어져 서로 섞이지 않는다. 반대로 컨실러와 팩트 타입의 파운데이션은 성에가 맺혀 수분이 줄어들고 사용할 때 건조할 수 있다.

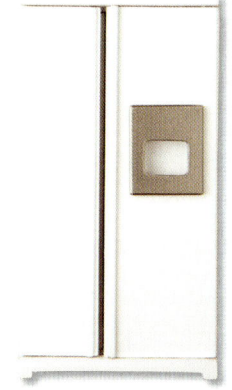

화장품 냉장고

Best 유기농 화장품, 단지 모양의 패키지 화장품, 립스틱 등 밤(Balm) 타입

화장품 전용 냉장고의 온도는 약 15℃이다. 화장품 냉장고에는 립스틱, 아이브로 등 잘 녹는 왁스로 만들어진 제품을 보관한다.

Worst 아이섀도, 마스카라, 오일 등

열과 빛에 약한 마스카라는 수분이 증발하면 제형이 변하므로, 서늘한 실온에 두고 사용한다. 오일은 냉장고에서 얼지 않지만 아랫부분에 침전현상이 나타난다.

서랍

Best 아이섀도, 립스틱, 마스카라, 비타민C나 비타민A(레티놀) 제품 등

색조 제품은 온도 변화가 크면 제품 속 수분이 증발해 사용감이 달라진다. 제형이 말라 부서질 수 있으므로 덮개를 씌워 보관한다. 비타민C와 레티놀(비타민A)처럼 햇빛에 파괴되는 성분이 함유된 제품은 서늘하고 어두운 곳에 보관한다.

색조 화장품은 OK!
샘플 화장품은 NO!

Worst 샘플 화장품 등

샘플 화장품은 일반 화장품보다 유통기한이 1년 미만으로 짧다. 여러 물품이 섞여 있어 물건 찾기가 어려운 서랍에 보관하면 유통기한을 넘겨 쓰지도 못하고 버릴 가능성이 높다.

컴퓨터 옆

Best Nothing!

컴퓨터 주변은 화장품 보관에 적합하지 않다. 전자제품 자체의 발열도 있지만 컴퓨터 부품을 식히는 과정에서 배출되는 뜨거운 바람이 화장품에 치명적이다. 한창 작업 중인 컴퓨터 온도는 약 20℃까지 올라간다.

Worst 핸드크림, 페이스 미스트 등

컴퓨터 작업 중 건조해진 얼굴과 손에 핸드크림과 미스트를 사용한다. 보습력이 높은 핸드크림일수록 오일과 글리세린 함량이 높다. 모두 열에 약해 변질 위험이 높은 성분이다. 미스트는 수분 함량이 높아 미생물이 번식하기 쉽다.

화장품은 컴퓨터를 싫어해!

화장대

Best 스킨, 에멀전, 자외선차단제 등

화장대를 창문 쪽에 놓아 직사광선이 제품 위에 내리쬐면, 유효 성분이 열에 의해 변성된다. 화장대는 창문과 떨어진 그늘진 곳에 배치한다.

Worst 비타민C, 레티놀 함유 화장품 등

비타민 성분은 빛과 열을 받으면 효능이 떨어지고 빛에 분해된 물질이 피부에 직접 자극이 되기 때문에 반드시 빛이 들지 않고 서늘한 곳에 보관한다.

욕실

Best Nothing!

욕실에 화장품을 놓고 사용하는 사람이 많다. 세안이나 샤워가 끝난 후 그 자리에서 화장품을 바로 사용할 수 있기 때문이다. 그러나 욕실은 최악의 화장품 보관 장소다. 언제나 습기로 가득 차 있어 제품 속 성분의 화학변화를 부추긴다.

Worst 클렌징 크림, 마사지 크림, 워시오프 타입 팩 등

팩이나 마사지 크림처럼 영양분이 풍부해 미생물의 먹이가 되기 좋은 제품일수록 물이 튀지 않고 환기가 잘 되는 곳에 보관한다. 손을 통해 먼지나 미생물이 용기 안으로 들어가지 않도록 스패출러 등을 사용하고, 대용량 클렌징 크림을 사용할 때에는 더욱 주의한다.

전성분표시제

화장품 전성분표시제란?

2008년 10월 18일부터 실시된 화장품 전성분표시제 덕택에 내게 맞는 성분, 맞지 않는 성분을 꼼꼼히 따져 화장품을 구입할 수 있게 되었다. 화장품 전성분표시제는 종전, 과일산이나 배합한도지정성분 등 피부 안전을 위해 특별히 관리가 필요한 일부 성분만을 기재하도록 했던 제도와 달리 화장품에 들어가는 모든 성분을 표기하도록 한 제도다.

뭐가 좋은가?

화장품 전성분표시제 실시 이후 소비자는 원하는 성분, 피해야 할 성분을 스스로 판단할 수 있다. 그동안 어떤 특정 성분에 트러블이 있거나 알레르기가 있어도 화장품에 어떤 성분이 들어 있는지 몰라 가려내지 못했다면, 이제부터는 라벨만 자세히 읽어도 구분할 수 있다. 특히 자신의 피부에 효과적인 성분이 함유된 화장품을 사고 싶을 때, 여러 화장품을 비교해보고 구입할 수 있어 선택 범위가 넓어진다.

화장품 전성분표시제는 화장품 제조업체가 원료를 함부로 배합하지 못하게 하는 감시역을 하기도 한다. 대한화장품협회에서는 현재 화장품 제조업체들이 사용하고 있는 6000여 개 성분을 통일된 명칭으로 정리한 화장품 성분 사전을 웹사이트(www.kcia.or.kr)를 통해 공개하고 있다.

내 피부 타입에 맞는 성분

화장품 성분이 표시돼도 정작 일반인은 피부에 맞는 성분을 알기 힘들다. 대한피부과의사회에서는 시중에서 가장 흔히 쓰이는 화장품 성분 70개를 대상으로 피부타입별 '화장품성분선택가이드'를 내놓았다. 민감성, 건성, 지성 피부에 맞는 성분을 정리해, 평소 화장품 성분에 관심이 없던 사람도 자신에게 맞는 화장품을 쉽게 선택할 수 있다.

민감성 피부

아토피·건선 등 피부질환을 가진 사람, 피부 트러블이 끊이지 않거나 약간의 자극에도 피부가 붉어지는 민감성 피부는 화장품을 사용할 때 가장 신경 써야 한다. 민감성이거나 붉은 기가 있는 피부라면 자극적인 성분은 무조건 피한다. 화장품이나 금속 자극에 의한 접촉성 알레르기의 원인을 찾아내는 패치 테스트를 통해 피부에 자극이 되는 성분을 알아낼 수 있다. 피부에 자극을 주는 성분이 있다면 꼼꼼히 체크하며, 진정효과가 있고 피부를 건강하게 만드는 성분을 사용하는 것이 좋다.

주의해야 할 성분 알코올, 계면활성제, 멘톨, 페퍼민트, 유칼립투스, 아로마 오일, 고농도과일산(AHA), 옥시벤존, 메톡시시나메이트, 레티놀

좋은 성분 비타민K, 비타민P, 호스트체스트넛 추출물, 캐모마일, 알로에, 콘플라워, 알란토인, 해조 추출물, 티타늄옥사이드

---

tip 화장품 전성분표시제 이후 라벨 읽기

함량이 많은 성분부터 기재 화장품을 제조하는 데 가장 많이 사용된 성분부터 순서대로 기재한다. 가장 앞을 차지하는 성분은 물론 물이다.

50㎖(g) 이하의 화장품은 홈페이지를 확인 화장품 용기의 크기가 작거나 비매품, 샘플인 경우 기존의 표시성분만 기재하고, 소비자가 전성분을 확인할 수 있도록 홈페이지나 제조사의 전화번호가 기재되어 있다.

방부제는 얼마나 들었나? 화장품 제조 시 주로 사용하는 방부제 성분은 이름 끝에 '파라벤'이 붙는 성분이며 단일 사용 시 0.4%, 혼합 사용 시 0.8%를 넘지 않아야 한다.

성분명을 제품명 일부로 활용한 화장품은 함량 표시 올리브오일 핸드크림의 경우 올리브오일에서 유래된 지방산인 피이지-4올리베이트 성분이 얼마나 들었는지 함량 표시를 해야 한다. 혹시 이름만 좋은 제품은 아닌지 꼼꼼히 살펴 본다.

건성 피부

피부에 윤기가 없고 각질이 잘 일어나 가렵고 따가운 경우, 피부의 수분과 유분이 적당히 균형을 이루어야 건강한데 건성 피부는 이것이 안 되는 타입을 말한다. 흔히 건성 피부는 수분이 부족해 무조건 보습에만 신경 써야 한다고 생각하지만, 유분 부족형 건성피부도 있으므로 유·수분균형을 잘 맞춰주는 것이 중요하다. 피부가 너무 건조하면 각질과 주름이 생기기 쉬우므로 유·수분 균형을 맞춰주는 제품을 고른다.

주의해야 할 성분 알코올, 머드, 계면활성제, 멘톨, 페퍼민트
좋은 성분 히아루론산, 글리세린, 프로필렌 글라이콜, 1.3-부틸렌 글라이콜, 시어버터, 소디움PCA, 비타민E, 비타민A, 비타민C, 콜라겐, 엘라스틴, 아보카도 오일, 이브닝 프라임로즈오일, 오트밀 단백질, 콩 추출물, 캐모마일, 오이, 복숭아, 해조추출물, 판테놀, 상백피추출물, 코직산, 알부틴, 포도씨 추출물, 베타카로틴, 파일워트 추출물, 비타민B 복합체

지성 및 여드름성 피부

피지선이 발달하여 피지분비가 활발하고, 모공이 넓은 편인 지성피부는 모공을 막는 성분을 피해야 한다. 모공이 막히면 분비된 피지가 배출되지 못하고, 안에서 세균이 번식해 여드름을 유발할 수 있기 때문이다. 유분이 많은 제품도 피하는 것이 좋다. 피부표면의 피지를 조절할 수 있는 성분, 각질을 원활히 제거할 수 있는 성분, 수렴과 진정효과가 있는 성분, 이미 여드름이 생겼다면 살균 및 염증 치유 효과가 있는 성분이 좋다.

주의해야 할 성분 에몰리언트 성분, 트리글리세라이드, 팔마티산염, 미리스틴산, 스테아르산염, 스테아린산, 코코넛오일, 시어버터, 바세린, 옥시벤존, 메톡시시나메이트
좋은 성분 글리콜린산, 살리실산, 난옥시놀-9, 클로로필, 녹차, 위치하젤, 레몬, 캄파, 멘톨, 클로로필, 알란토인, 티트리, 감초, 징크옥사이드, 칼렌듈라추출물, 설퍼, 트리클로잔, 티타늄옥사이드

🍶 유기농 화장품

유기농 화장품은 100% 천연일까?

원칙적으로 유기농 화장품에는 합성원료를 사용할 수 없다. 하지만 최근 식품의약품안전청이 발표한 '유기농 화장품 표시·광고 가이드라인'에 따르면 특정 원료에 한해 최고 5% 이내까지는 합성원료의 사용이 가능하다. 여기서 말하는 특정 원료란 소비자의 건강과 제품의 안전을 위해 꼭 들어가야 하는 성분이다.

2010년 1월부터 화장품 광고나 용기에 '유기농 화장품'이란 단어를 사용하려면 크림, 로션은 전체 성분 중 95% 이상 천연 유래 원료를, 10% 이상의 유기농 원료를 써야 한다. 스킨, 오일은 물과 소금을 제외한 70% 이상의 유기농 원료를 함유해야 한다.

'유기농'과 '친환경'은 동일어가 아니다!

아직까지 많은 소비자가 친환경과 유기농을 혼동한다. 엄밀히 말해 유기농 화장품 역시 넓은 의미의 친환경이다. 하지만 친환경 화장품은 녹차, 레몬 등 천연 원료에서 추출한 성분이 조금이라도 들어갔으면 어떤 제품에라도 이름 붙일 수 있다. '100% Natural'이라는 표기도 화장품 전체에 100% 식물성분이 0.1%라도 첨가되어 있다면 사용 가능하다. 반면 유기농 화장품은 재배 과정부터 공정 방식까지 특정 기준 하에서 엄격하게 관리한다.

격이 다른 유기농 인증 마크를 찾아라!

USDA(미국농무부) 미국 농무부에서 관리, 감독하며 2002년부터 식품, 직물, 화장품, 보디케어 제품, 일반의약품, 서플리먼트 등 폭넓게 적용되고 있다. 화장품은 물과 소금을 제외한 원료의 95%가 유기농이어야 마크를 부착할 수 있다. 인체에 악영향을 미칠 수 있는 염료, 향료, 실리콘, 파라핀류 등의 화학물질이나 석유화합물 사용을 금지한다. 특히 방부제는 천연원료로 만든 것을 사용해야 하며, 반드시 라벨에 관련 성분을 표기해야 한다.

》 USDA 인증 화장품은? 닥터 브로너스, 알테야, 오리진스 오가닉 라인 등

BDIH(베데이하) 환경과 건강에 관심을 갖는 독일의 440여 제약·건강용품·식품·화장품 기업이 모여 만든 단체로 물과 소금을 제외한 나머지 95% 원료가 100% 유기농이어야 BIDH 마크를 획득할 수 있으며, 독립된 실험기관인 '에코콘트롤(Ecocontrol)'이 평가, 관리한다.

》 BDIH 인증 화장품은? 로고나, 닥터하우시카, 라베라 등

Ecocert(에코서트) 프랑스의 유기농 인증기관인 에코서트는 농산물 및 가공품의 심사를 담당한다. 에코서트 마크를 획득하기 위해서는 95% 이상 천연성분 중 유기농 성분 10% 이상을 원료로 사용해야 하며 지정된 화학성분은 넣지 않아야 한다. 인증 마크는 '내추럴'과 '오가닉'으로 나뉜다. 마크가 거의 흡사해 혼동하기 쉽지만 내추럴 인증은 유기농 성분이 최소 5%, 오가닉은 10%를 함유해야 한다.

》 Ecocert 인증 화장품은? 이니스프리, 더바디샵 등

Cosmebio(코스메비오) 프랑스의 자연·유기농 화장품 인증기관이다. 인증을 받기 위한 조건은 최소 95% 이상의 자연성분 또는 자연에서 추출한 원료를 사용하며, 그중 96% 이상이 유기농 원료여야 한다. 보존제 외에 에코서트에서 금지한 합성성분은 코스메비오에서도 사용할 수 없다. 코스메비오 인증 마크를 받으려면 물을 포함한 전체 성분 중 최소 10%, 전체 식물성분의 95%가 인증받은 유기농 성분이어야 한다. 방부제 등은 전체 구성 성분의 5% 내에서 벤조산, 실리실산과 같은 유사 보존제를 사용할 수 있다.

》 Cosmebio 인증 화장품은? 피츠, 나뛰렐 도리앙 등

IFOAM(국제유기농업운동연맹) 프랑스에서 창립된 국제 비영리기관으로 생태계를 보호하고 친환경법을 연구하며 다양한 유기농 제품을 관리하는 일을 담당한다. IFOAM은 세계적으로 가장 큰 영향력을 가진 유기농 인증단체이다. 유기농 인증 조건은 USDA 오가닉 프로그램과 동일한데 원료는 유기농업 실시 후 3년째부터 유기농 인증 마크를 표시할 수 있다.

≫ IFOAM 인증 화장품은? 캐롤 프리스트, 줄리크 등

Soil Association(영국토양협회) 유전자 조작 성분을 사용하지 않는 유기농 원료로 환경을 해치는 방법을 피해 제품을 생산해야 한다. 화장품을 만들 때 사용하는 동물성 성분도 유기농법의 기준에 부합된 동물에서 얻어야 한다. 인공적 나노 입자 함유 성분도 금한다. 마크를 사용하기 위해서는 물을 제외한 95%를 유기농 원료로 사용해야 하는데, 70%만 넘어도 오가닉 라벨을 붙일 수 있다.

≫ Soil Association 인증 화장품은? 닐스야드, 벤틀리 오가닉 등

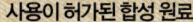

tip 유기농 화장품 살 때 확인 하세요!

위험하지 않은 미네랄 유래 원료
구리가루, 마그네슘옥사이드, 마그네슘설페이트, 마그네슘카보네이트, 마그네슘클로라이드, 망가니즈바이올렛, 망가니즈비스오르토포스페이트, 망가니즈설페이트, 비스머스옥시클로라이드, 소듐설페이트, 실버, 실버설페이트, 실버클로라이드, 아이런하이드록사이드, 알루미늄, 울트라마린, 징크옥사이드, 카퍼설페이트, 칼슘서레이트, 칼슘카보네이트, 크로뮴옥사이드그린, 크로뮴하이드록사이드그린, 티타늄디옥사이드, 페로스옥사이드, 포타슘설페이트, 페릭암모늄페로시아나이드, 하이드레이티드실리카

사용이 허가된 합성 원료
데하이드로아세틱애씨드, 디소듐포스페이트, 베조익애씨드 및 에스텔류, 벤진알코올, 살리실릭애씨드 및 그 염류, 소듐라우릴설포아세테이트, 소듐바이카보네이트, 소듐보레이트. 소듐실리케이트, 소듐카보네이트, 소듐하이드록사이드, 소르빅애씨드 및 그 염류, 수산화마그네슘, 티타늄디옥사이드, 포타슘카보네이트, 포타슘클로라이드, 포타슘하이드록사이드

스킨케어

나이가 들면서 점점 탄력을 잃어 늘어지고 주름지고 있는 얼굴, 점점 적어지는 남편의 머리숱. 거울을 볼 때마다 한숨이 나와도, 비싼 관리를 받아야 하는 건 아닐까 망설여져서 포기하고 산 게 하루 이틀이 아니라면 주목하자. 생활 습관을 비롯해 조금만 신경 쓰면 우리 가족도 동안 대열에 낄 수 있다.

순서대로 바르는 기초

같은 화장품이라도 전후로 바르는 제품이 어떤 것이냐에 따라 효능은 천차만별. 스킨케어 효과를 최대한 얻기 위한 화장품 바르는 룰을 알고 사용하자.

굿모닝 스킨케어

아침 스킨케어의 시작은 전날 밤 완벽한 클렌징으로 피부 노폐물이 거의 없다는 가정하에 간단하게 미온수로만 얼굴을 씻어 낸다. 물론 여드름성이나 지성 피부라면 밤 사이 피지 분비가 원활히 이루어졌을 테니 자극적이지 않은 제품으로 부드럽게 클렌징하고 제품을 바른다.

Step 1 아이크림 눈 주위의 피부는 얇고 피지선이 적어 건조하고 주름이 잘 생긴다. 보습과 영양을 충분히 공급하는 풍부한 질감의 아이크림이 좋다. 가장 먼저 발라 가볍게 두드린다.

Step 2 항산화 효과가 있는 에센스 비타민C 세럼이나 라벨에 '안티옥시던트'라 적힌 에센스를 바르면 낮 동안의 환경적 스트레스로부터 피부를 보호할 수 있다. 맨얼굴에 바로 바르면 효과적이다.

Step 3 모이스처라이저 중성이라면 너무 끈적이지 않는 것을 고른다. 지성피부는 가벼운 느낌의 오일프리 제품이 좋으며, 건성이나 민감성 피부는 향이 없는 촉촉한 제품을 고른다.

Step 4 자외선차단제 지성이나 여드름성 피부는 모공을 막지 않는 물리적 성분이 함유된 것으로 고른다.

굿나잇 스킨케어

나이트케어에서 집중할 것은 클렌징을 얼마나 깨끗이 하느냐와 피부 트러블에 따른 트리트먼트다. 자는 동안 피부 속에서는 휴식과 재생이 이루어지므로 특별히 효과를 보고 싶은 고기능성 제품이 있다면 클렌징으로 노폐물을 말끔히 제거한 후 나이트케어에서 활용하는 것이 좋다.

Step 1 클렌저 메이크업과 먼지 등을 깨끗이 제거하고 다음에 바를 제품을 흡수할 수 있게 준비한다. 미세한 각질제거 효과를 원하면 파우더 타입 제품이 도움이 된다.

Step 2 아이크림 아침 스킨케어와 마찬가지로 건조하고 예민한 눈가를 위해 아이크림을 먼저 발라 흡수시킨다.

Step 3 트리트먼트 스킨케어는 선택과 집중의 문제! 빨리 해결해야 할 피부 트러블을 정해 관리한다. 주름에는 레티놀과 펩타이드 성분이 콜라겐 생성을 자극한다.

Step 4 모이스처라이저 아침 스킨케어보다 좀더 풍부한 질감의 것을 발라도 좋다. 피부 휴식과 세포 재생을 위해 좀더 많은 수분과 영양을 공급해야 하기 때문이다.

tip 섞어 쓰지 마세요! 궁합이 안 좋은 성분

비타민C & AHA 비타민C와 AHA를 함께 쓰면 붉은 기가 생기거나 심해지고 자극을 준다.

코퍼 펩타이드 &비타민C 함께 사용하면 두 성분 모두 효과를 볼 수 없다.

콜라겐·레티놀 &비타민C 둘 다 자극이 있는 성분이며 피부를 건조하게 만든다.

레티놀 & 벤조일 페록사이드 두 성분 모두 여드름과 붉은기를 제거하는 효과가 있지만 지속적으로 함께 사용하면 부작용이 생기기 쉽다. 또한 모두 각질제거 효과가 있어 피부를 과도하게 벗겨내는 결과를 초래할 수 있다.

레티놀 & AHA 같이 사용할 경우 아침에 AHA, 밤에 레티놀을 사용하는 것이 피부 자극을 줄일 수 있으며, 자외선차단제를 꼭 사용해 피부가 자외선에 민감해지지 않게 한다.

🍶 두피와 모발 건강

예전과 달리 젊은층이나 여성에게 탈모가 생기는 경우가 늘고 있다. 두피와 모발관리는 가끔 하는 스페셜케어보다 매일하는 기본케어가 중요하다.

균형 잡힌 식사를 한다

영양 불균형은 모발 건강을 해친다. 모발에 영양이 제대로 공급되지 못하면 모발의 굵기가 가늘어지는 '연모화현상'이 생긴다. 모발을 생성하는 데 필요한 필수미네랄, 비타민 등을 균형 있게 섭취하는 식생활이 중요하다.

금연한다

흡연은 모발유두의 미세혈관에 영향을 주며, 모낭 DNA의 손상, 산화로 인한 미세염증 등을 유발할 수 있다.

양질의 잠을 잔다

모발의 성장과 두피의 휴식은 성장호르몬이 분비되는 밤 11시부터 2시 사이 잠자는 동안 이루어진다. 수면부족과 숙면을 취하지 못하는 것은 두피와 모발의 건강을 해칠 수 있다.

주2~3회 정기적으로 운동한다

운동은 전신의 혈액순환을 좋게 함과 더불어 두피의 혈액순환을 좋게 한다. 스트레스 푸는 효과를 얻을 수 있으므로 꾸준히 운동한다.

스트레스를 적절히 해소한다

원형탈모나 수험생탈모, 아동탈모 등은 스트레스가 주요원인인 경우가 많다. 가급적 스트레스를 받지 말고 제때 스트레스를 푸는 것이 중요하다.

자외선을 피한다

자외선은 두피에 염증을 일으키고 모낭을 손상시키며 다른 부위보다 두피는 자외선이 직각으로 내리쬐어 우리 몸에서 자외선의 피해를 가장 많이 받는다. 외출시 혈액순환을 방해하지 않도록 헐렁하면서 자외선을 적절히 차단할 수 있는 챙 넓은 모자를 쓰면 도움이 된다.

🧴 알레르기 제로 염색법

많은 이들이 염색약에 대한 다양한 알레르기 반응을 호소하며 해결책을 원했다. 염색약의 부작용과 염색할 때 주의할 점을 살펴본다.

염색약 알레르기 범인은 바로 PPD 성분

머리카락 염색약에서 알레르기를 일으키는 물질인 PPD(파라페닐린디아민) 성분은 독성은 강하시만 분사가 삭아 모발에 침투가 살 되고 발색이 뛰어나, 시판되는 대부분의 염색약에 쓰인다. 부작용은 습진, 두드러기, 탈모, 발열, 눈이 침침해지는 증상 등이다.

염색 전 피부 테스트를 한다

염색약을 면봉에 묻혀 팔 안쪽이나 귀 뒤쪽에 바른 다음 48시간 동안 피부반응을 살핀다. 피부가 간지럽거나 붓고 진물이 흐르는 등 이상 반응이 나타나면 사용하지 않는다. 대신 타르색소·식용색소를 사용한 반영구 염색약이나, 식물의 꽃과 잎으로 만든 식물성 염료인 헤나도그도 독성이나 부작용이 없으므로 사용할 만하다.

생리 중, 임신 중, 배란기인 여성은 하지 않는다

생리와 임신, 출산과 관련된 시기에는 여성호르몬이 급격히 변화한다. 민감한 시기에는 아무리 무자극·저자극 염색약이라 해도 자극을 받는 정도가 크고, 어떤 결과를 낳을지 가늠하기 힘들기 때문에 염색약 사용을 자제해야 한다.

염색과 파마는 최소 1주일 이상 간격을 둔다

염색한 컬러가 마음에 들지 않으면, 최소 1~2개월이 지난 후 다시 한다. 집에서 염색할 때는 얼굴과 귀, 목 등에 두피 보호제를 바른 뒤 적정량의 염색약을 정확한 시간동안 염색해야 한다.

눈을 보호하기 위한 노력 필요

염색한 뒤 모발을 헹구는 동안 눈을 뜨지 말고, 눈 주위 물기를 닦을 때 조심한다. 염색약이 눈에 들어갔다면 흐르는 물에 눈을 대고 깜박이면서 씻는다.

남편의 면도 습관 점검

울긋불긋 면도 독, 욕실 안 세균이 원인

남성이면 누구나 면도한 뒤 턱 주변이 울긋불긋 달아올라 고생한 경험이 있을 것이다. 처음에는 단순히 빨갛게 달아오른 상태지만 이것이 점점 악화돼 노란 진물이 난다. 이것이 모낭염 증상인데 청결하지 못한 면도기 날에 붙어 있던 세균이 모낭으로 들어가 염증을 일으킨 것이다.

대부분의 남성은 면도기를 욕실에 두는데, 욕실 안은 온도와 습도가 높아 세균이 증식하기 쉽다. 면도기는 가능하면 사용 후 깨끗이 씻어 건조한 곳에 보관해야 한다. 면도 전 면도 부위를 씻어 1차적으로 세균을 제거하는 것도 필요하다.

면도만큼 중요한 면도 후 피부관리

면도를 마친 후 얼굴과 목을 차가운 물로 헹구어 열린 모공을 닫아 주고 피부를 안정시킨다. 또한 세안 후 보습제품을 꼼꼼하게 발라 면도로 예민해진 피부를 진정시킨다. 여드름성 피부에는 오일프리 제품, 민감성 피부에는 화학물질을 최소화해 자극을 줄인 민감성 전용 제품을 사용한다.

각질이 심하게 일어났다면 보습 에센스를 발라주고 1주일에 1~2회 마사지크림이나 시트마스크로 마사지해준다. 면도 중에 피부가 따갑거나 화끈거린다면 찬물을 여러 번 끼얹어 진정시킨다.

상처가 생기면 찬물로 헹군 뒤 깨끗한 수건으로 가볍게 눌러 지혈한다. 이어 항생연고를 바른 뒤 습윤드레싱제와 상처용밴드를 붙인다.

전기면도기, 꾹꾹 누르지 않는다

전기면도기라 부르는 건식 면도기는 날면도기에 비해 피부 자극이 덜하다. 하지만 면도날 관리를 잘못하거나 잘못된 방법으로 사용하면 오히려 피부에 좋지 않다. 무딘 날은 면도 중 수염을 잡아 뜯어 상처를 내거나 염증을 만들기 쉽다. 면도날 청소는 1~2일에 한 번 꼭 해주고, 날이 잘 드는 상태를 유지한다. 안전망과 내측 면도날은 2년 전후로 교환해준다.

면도 방향은 수염이 난 방향의 반대로 하고, 면도기를 잡지 않은 손을 이용해 피부를 팽팽하게 당겨 날이 피부에 잘 밀착되게 돕는다.

전기면도기 사용시 가장 범하기 쉬운 오류는 수염의 뿌리까지 깨끗이 자르기 위해 면도기를 눌러 사용하는 것인데 피부 건강을 해치는 지름길이다. 날이 무뎌지고 오염되는 것은 물론, 면도시 발생하는 열 때문에 피부 트러블이 생길 수 있다.

04
샤워&목욕

효과적인 샤워와 목욕으로 어느 정도 피로를 풀어줄 수 있다. 목욕은 몸의 신진대사를 도와 노화를 지연시키는 효과도 낸다. 수압은 혈액과 림프액의 흐름을 좋게 해 혈액순환을 돕는다. 목욕을 하면 피부 표면의 혈관 확장, 활발한 장운동, 신장이나 폐에서도 노폐물이 잘 배출되어 피곤이 풀리게 된다.

몸 상태별 샤워&목욕법

몸이 차고, 위장 기능이 약해요

몸이 차갑고 소화가 잘 안 될 때는 목욕을 오래 해 땀을 많이 흘리는 것을 삼간다. 땀을 많이 흘리면 목욕할 때는 개운하지만 금방 피곤해진다. 평소 위장장애를 앓고 있다면 쑥탕으로 목욕을 해보자. 베주머니에 마른 쑥 100g을 넣어 묶은 후 찬물 2L에 넣고 약한불에서 1시간 정도 달인다. 이를 욕조에 부어 잘 섞고 몸을 담갔다가 미지근한 물로 샤워해 마무리한다.

열이 많고, 관절이 종종 아파요

열이 많은 사람은 가슴이 답답한 증상을 종종 느낀다. 이러한 사람은 하반신만 욕조에 담그는 반신욕이 적합하다. 사우나를 할 때도 고온보다 저온에서 시작해 점차 온도를 올리는 것이 좋다. 해열작용과 이뇨작용이 있는 보리차를 목욕 전후에 한 잔씩 마시는 것도 좋다.

허리가 자주 아파요

목욕은 요통의 치료법으로도 쓰인다. 하지만 갑자기 삐끗하는 급성요통이라면 증상을 악화시킬 수 있으니 전문가와 적합한 목욕법에 대해 상담하는 것이 좋다. 장시간의 운전이나 근육의 과로에서 생기는 만성요통이라면 목욕으로 증상 완화가 가능하다. 근육에 쌓인 젖산 등을 풀어 주고 관절이 갖는 체중부담을 덜어주는 효과가 있다. 미지근한 목욕물에서 반신욕으로 20~30분간 허리를 데운 후 허리운동을 하는 것도 좋다. 두 손으로 욕조의 한쪽을 잡고 허리 비틀기를 한다. 누울 수 있다면 다리를 힘껏 펴고 허리를 스트레칭한다.

조금만 움직여도 땀이 많이 나요

땀이 많이 나는 체질이 목욕을 즐기면 땀이 다량 배출되어 개운함을 느낄 수 있고 신진대사도 활발해진다. 뜨거운 물에 몸을 담그고 아랫배에 힘을 주며 복식호흡을 약 20분 동안 해보자. 욕조에 율무가루 풀고 목욕해도 좋다. 하지만 땀이 많이 나는 체질이라도 심장질환이나 고혈압이 있다면 오랜 시간 목욕하는 것을 삼간다.

하체가 취약하고 관절염 증상도 있어요

큰 욕조 속에서 걷거나 제자리걸음을 하는 일명 '보행욕'으로 하체를 단련한다. 욕조에 들어가 앉아 다리를 쭉 뻗고 올렸다 내리기만 반복해도 하체에 온 피로를 풀고 튼튼하게 하는 데 도움이 된다. 물 속 운동은 관절염 예방과 치료에 도움이 된다. 모과즙이나 포도즙을 욕조에 풀어 목욕하는 것도 좋다.

고혈압이 있어요

뜨거운 목욕물에 들어가면 2분 내로 갑자기 혈압이 상승할 수 있다. 물을 충분히 끼얹고 나서 미지근한 목욕물에 15분 정도 반신욕하는 것이 좋다. 미리 욕실의 온도를 높여두고 미지근한 물로 손발부터 샤워하기 시작해 점차 충분한 양의 물을 끼얹는다.

변비가 있어요

변비가 있다면 욕조에 몸을 담그고 배를 부풀렸다가 끌어당기는 복근운동이 도움이 될 수 있다. 손바닥을 배에 대고 대장의 운동방향인 시계방향으로 원을 그리듯이 마사지한다. 욕조에서 나온 후 배 부분에 뜨거운 물과 차가운 물을 번갈아 뿌리면 장의 움직임이 좋아진다. 변비와 설사가 교차하는 과민성대장증후군이라면 배에 샤워기로 뜨거운 물을 뿌리면서 마사지한다. 목욕 중 차가운 물을 한잔 마셔도 좋다.

05
메이크업

메이크업이 건강한 피부를 해친다며 '생얼'을 고집하는 사람들이 있다. 하지만 이제 더 이상 건강한 피부를 위해 예뻐지려는 욕구를 포기하지 않아도 된다. 아름다움과 피부 건강, 두 마리 토끼를 모두 잡을 수 있는 완벽한 노하우를 담았다.

🧴 건강 메이크업

피부건강을 위한다면 기본적인 메이크업 필수

화장하지 않으면 피부가 더 좋아질까? 답은 '아니오'다. 건강한 피부를 유지하고 싶으면 자외선차단제를 포함한 기본적인 베이스 메이크업을 하는 것이 좋다. 자외선이나 대기 중의 공해물질에 맨얼굴이 직접 노출되면 오히려 피부가 상할 수 있다.

크림 타입의 섀도보다는 파우더 타입 선택

눈 주위는 마스카라, 아이라이너, 아이섀도 등의 사용으로 인해 접촉성 피부염이나 세균 감염, 자극성 피부염 발생 빈도가 높은 부위다. 눈 주변 피부 두께는 0.4mm로 다른 부위에 비해 얇기 때문에 제품이 피부 속으로 침투하기 쉽다. 최대한 안전하게 눈화장을 하기 위해서는 우선 무향, 무방부제, 알레르기 테스트 제품을 고른다.

제품의 제형 역시 눈 건강과 밀접하다. 크림 타입이 파우더나 스틱 타입보다 자극은 적지만 피지와 함께 녹아 피부 속으로 투과될 가능성이 높기 때문이다. 쓸모없는 색상에 물을 섞어 아이라인으로 이용하거나 굳어버린 마스카라에 스킨을 떨어뜨려 사용하면 물로 인해 변질되어 가려움, 통증을 동반한 눈병의 원인이 될 수 있으니 주의한다.

풍성한 속눈썹을 위해 마스카라 대신 사용하는 인조속눈썹이 문제가 되기도 한다. 개인차가 있지만 접착제가 눈에 들어가 눈이 충혈되는 등의 안질환이 생길 수 있다. 또한 민감한 눈꺼풀에 떼었다 붙였다 하면 눈꺼풀이 늘어질 수 있으며 속눈썹이 빠지기도 한다.

립스틱 바르기 전 입술보호제 사용

립스틱 유수분이 적절하게 조화된 것을 고른다. 매트한 립스틱일수록 유수분이
부족하므로 입술에 영양을 공급할 수 없다. 특히 겨울철 건조한 환경에서 매트
한 립스틱을 바르면 건조한 입술을 더욱 건조하게 만들어 각질이 들뜨면서 주
름을 증가시킬 수 있다.

입술 메이크업을 하기 전 보습성분이 포함된 립밤을 충분히 바른다. 또한 통통
하고 볼륨 있는 입술을 만들어주는 '립플럼프' 제품을 피한다. 매운 것을 먹으면
입술이 자극받아 염증을 일으키는 원리를 이용한 것으로 고추에서 추출한 '캡
사이신' 성분을 사용한다. 알레르기성 반응이나 가려움, 염증 등을 일으킬 수
있으니 주의한다.

자외선차단제, 무엇이든 물어보세요!

자외선은 여름에 가장 높다? X

흔히 자외선은 땡볕 더위가 시작되는 7~8월에 가장 높을 것으로 생각하지만 기상청 자료에 따르면 5~6월과 9월에 더 높다. 특히 이 시기에 골프장, 들판, 해변 등을 찾는다면 직사광선을 막을 만한 가림막이 없어 더 큰 피해에 노출된다. 따라서 이를 예방하는 피부관리가 필요하다. 자외선은 오전 9시부터 오후 3시 사이에 하루 조사량의 70%가 내리쬔다. 햇빛에 민감하거나 기미가 많은 사람은 이 시간대에는 자외선에 노출되지 않는 것이 좋다.

자외선차단제를 바르면 자외선에서 안전하다? X

자외선차단제는 자외선 때문에 얻는 손상을 50% 정도 줄여준다. 이런 문제 때문에 2008년 유럽공동체와 유럽화장품연합에서는 자외선차단제에 경고 표시를 넣으라고 했다. 따라서 햇빛이 강해지는 실외로 나갈 때에는 긴 소매옷이나 모자, UV 코팅이 되어 있는 선글라스 등을 챙긴다.

자외선차단제는 기초화장의 가장 마지막에 바른다? O

맞는 말이다. 메이크업 전 기초단계의 가장 마지막 단계로 자외선차단제를 바른다. 하지만 최근 출시되는 데이로션이나 파운데이션, 팩트에는 자외선 차단 성분이 이미 포함되어 있는 것이 많다. 이럴 때는 마지막에 바르는 차단제에 UVA 차단 성분이 들어 있는지 확인해야 하며 SPF 및 PA 지수가 너무 낮지 않은 것을 고른다.

립스틱 립글로스 때문에 자외선이 더 많이 흡수된다? O

입술에는 자외선을 차단해주는 멜라닌이 없기 때문에 좀 더 빨리 늙고 암 발병 위험성이 높다. 피부를 보호하기 위해 매일 자외선차단제를 바르는 사람도 자외선에 의해 입술이 상처받는다는 사실은 미처 생각하지 못한다. 입술을 보호하기 위해서는 SPF30 자외선 차단 성분이 함유된 립밤을 매일 아침 립스틱이나 립글로즈 밑에 발라준다. 특히 아랫입술은 햇빛 노출에 가장 취약한 부위이므로 더 꼼꼼하게 바른다.

자외선 차단지수는 높을수록 좋다? X

SPF 뒤에 붙는 숫자는 지속시간을 의미한다. SPF의 뜻은 오직 UVB의 차단만을 의미한다. 따라서 'UVA/UVB Protection'이나 'Broad-spectrum Protection' 등 UVA와 UVB를 동시에 차단하는 제품을 구입한다. 홍반 발생에 필요한 자외선의 양을 막기 위해서라면 SPF20 정도면 충분하다. 씻겨나가는 양이나 필요한 양만큼 충분히 바르지 못하는 것을 감안하면 SPF30~40 정도의 제품으로 선택한다.

파우더나 스프레이 타입은 자외선 차단 효과가 로션 타입보다 높다? X

스프레이 타입이나 파우더 타입은 바르는 도중 공기 중으로 날라가는 양이 많고, 피부에 흡수되는 양이 적기 때문에 밀착력이 높은 로션 타입보다 성능이 떨어진다. 하지만 메이크업 후라면 이런 타입이 용이하다. 가장 좋은 건 로션 타입이지만 스틱이나 스프레이, 파우더 타입은 휴대가 편하며 사용감이 가벼우므로 덧바를 때 사용한다.

남자는 귀 뒤, 여자는 목 뒤까지 바른다? O

자외선차단제를 바를 때 잊기 쉬운 부위다. 여자는 목, 손등까지 챙겨 발라야 하고, 짧은 머리 남자는 귀까지 자외선차단제를 발라야 한다. 귀 뒤는 완만한 곡선이 있어 햇빛이 한곳으로 모이기 때문에 피부암 발생 위험성이 높다. 뼈가 돌출된 부분은 두세 번 덧바르고, 얼굴 경계선과 콧방울 옆은 잘 지워지므로 역시 신경 써 바른다.

클렌징, 무엇이든 물어보세요!

비누거품이 잘 나지 않아요!

먼저 손을 깨끗이 씻고 비누거품을 내면 거품이 풍성하게 일어난다. 계면활성제가 적게 들어간 비누는 특성상 거품이 원래 적다. 이때 해면이나 스펀지를 이용하면 손보다 쉽게 거품을 만들 수 있다. 비누세안은 거품을 충분히 내서 얼굴 구석구석을 마사지해야 자극이 없다. 사용하고 난 해면이나 스펀지는 꼭 짜서 햇볕에 말려야 세균이 번식하지 않는다.

식용 올리브오일, 클렌징 오일로 써도 되나요?

먹는 오일은 클렌징을 위한 전문화장품이 아니어서 클렌징 효과가 별로 없지만, 피부가 매우 건조할 때 보습효과를 주는 용도로 사용할 수 있다. 오일 사용 후 미끈거리는 느낌이 싫어서 클렌징폼이나 비누로 이중세안을 하면 피부가 건조해진다. 오일은 대부분 물에 잘 제거되므로 미온수로 여러 번 씻어 내기만 해도 충분하다. 피지 분비가 활발한 지성피부는 보습 기능이 있는 클렌징폼을 소량 사용해 씻으면 개운하다.

메이크업 안한 날엔 어떤 클렌징제를 써야할까요?

워터나 젤 타입의 가벼운 클렌징제를 추천한다. 메이크업을 하지 않아도 노폐물 등이 모공에 쌓여 트러블을 일으킬 수 있다. 부드럽게 마사지하면 혈액순환을 도와 지친 얼굴에 금세 생기를 돋운다. 클렌징 후 산뜻한 느낌을 원하는 사람들이 써볼 만하다.

06
Let's DIY

2009년 석면파동 탓에 천연 화장품 DIY 열풍이 불고 있다. 하지만 화장품을 천연원료로 만들어 쓴다고 피부가 무조건 좋아지는 것은 아니다. 천연 화장품의 효과를 높이기 위해 신경 써야 할 것이 많다. 천연 화장품을 만들 때 유의해야 할 것들을 먼저 알아보고 다양한 DIY 방법을 만나보자.

홈메이드 천연 화장품

천연 화장품은 화학 성분이 들어 있는 일반 화장품에 비해 즉각적인 효과는 덜할 수 있다. 하지만 천연 화장품의 주재료는 피부 트러블 완화에 효과적인 아로마 오일, 각종 한약재 등의 천연 재료들이기 때문에 피부 자극은 일반 화장품보다 훨씬 적다.

천연 화장품 준비물

▲ 블렌더   ▲ 저울   ▲ 약수저   ▲ 깔끔주걱

▲ 핫플레이트   ▲ 유리비커 또는 내열 강화용기

만들기 도구가 없을 때

1 디지털 저울이 없을 경우, 비커나 스포이드, 시약스푼을 이용한다.
2 핫플레이트가 없을 경우, 가스레인지에 중탕한다.
3 블렌더가 없을 경우 이중 뜰채를 사용하는 것이 좋다. 일반 뜰채는 구멍이 커서 불순물 함유에 의해 변질되기 쉽다.

천연 화장품 만들 때 주의점

1 만드는 천연 재료에 대해 제대로 알아야 한다.

2 적은 양을 만들어 쓰고 만드는 데 쓴 도구는 깨끗이 살균 소독해 건조한 곳에 보관한다.

3 반드시 패치 테스트를 한다.

4 자신의 피부 타입에 대한 완벽한 이해가 필요하다.

5 천연 방부제는 항산화 물질이 풍부한 것을 쓴다.

6 냉장보관은 필수다.

천연 화장품과 비누

천연 화장품 재료의 경우 온라인으로 손쉽게 구매가 가능하다. 단, 온라인 구매 시 천연 제품의 여부를 확인할 수 없으므로 유기농 인증 브랜드를 구입하는 것이 좋다. 직접 둘러보고 싶다면 방산시장을 추천한다.

솝스쿨 www.soapschool.co.kr / 뉴디아 www.newdia.co.kr
티저랜드 www.aromakorea.co.kr / 오일공구 www.go5109.com
천연올 http://www.nall.co.kr / 버블뱅크 www.bubblebank.net
러브앤솝 www.lovensoap.co.kr / 미인솝 www.miinsoap.com

천연 화장품 & 비누 배울 수 있는 곳

미현재평생교육원 www.miinsoap.com / 하우연 www.hauyon.net
천연주의연합회 www.unna.co.kr

천연 파우더

※ 시범&도움말 뉴디아 (www.newdia.co.kr)

준비물 비커, 비닐팩, 유리막대, 계량스푼, 전자저울, 파우더 용기, 분첩 원료 콘스타치(옥수수전분), 알란토인 파우더, 캐모마일 파우더, 알로에 파우더, 라벤더 에센셜오일(파우더 담을 용기, 비커, 유리막대 등의 도구를 물로 깨끗이 씻어 말린다. 알코올을 분무기에 넣어 뿌린 뒤 사용해도 좋다)

1 비닐봉지 안에 콘스타치 16g, 알란토인 파우더 14g, 알로에 파우더 2g을 넣는다. 콘스타치는 마트에서 판매하는 입자가 고운 식용 옥수수전분을 이용해도 좋다.

2 라벤더 에센셜 오일을 한 방울 넣는다. 트러블이 문제라면 티트리 오일로 대신해도 좋다. 단, 3개월 미만의 신생아에게 사용하는 파우더라면 에센셜 오일을 생략한다.

3 비닐팩에 공기가 들어가게 한 후 새지 않게 묶는다. 2~3분간 모든 재료가 잘 섞이게 흔들어 준다.

4 뜰채를 비커 위에 놓고 가루를 쏟는다. 흔들거나 옆을 때리면 가루가 날리기 때문에 막대로 저어 가며 덩어리가 지지 않게 살살 내려준다. 이 과정을 10회 반복한 뒤 미리 준비해 둔 용기에 담는다.

🍼 천연 헤어 샴푸

※ **시범&도움말** 남미정 (blog.naver.com/namojung)

준비물 LES 40g, 코코베타인 30g, 올리브PCA 10g, 정제수 106g, 폴리쿼터 3g, 13한방허브 추출물 10g, 에코프리 4g, 로즈메리 에센셜 오일 10방울, 올리브 리퀴드 10방울

※점도가 너무 묽거나 너무 많이 일어나 사용감이 불편할 수 있으니 폴리쿼터의 양을 정확하게 넣는다. 정제수를 가열할 때 핫플레이트가 없다면 온도를 맞춰 가스레인지에 데워도 된다. 실온에서 6개월간 사용할 수 있다.

1 정제수를 계량해서 핫플레이트 위에서 약 40~50℃로 가열한다.
2 폴리쿼터를 넣고 젓는다. 물이 조금 따뜻해야 폴리쿼터가 온도가 내려가면서 샴푸처럼 되직해진다.
3 되직해지면 LES, 코코베타인, 올리브PCA, 13한방허브 추출물, 에코프리, 로즈메리 에센셜 오일, 올리브 리퀴드를 차례로 넣는다. 용기를 에탄올로 소독하고 완성된 샴푸를 넣는다.

🏷️ 스틱형 데오도란트

※ **시범&도움말** 이경진 (SilverOrangeApple.com)

준비물 스틱형 용기, 디지털 저울, 핫플레이트, 시약스푼, 유리막대, 비커

재료(30g) 호호바오일 21g, 비즈왁스 8g, 레몬그라스 에센셜 오일 10방울, 파인 에센셜 오일 4방울, 유칼립투스 · 레몬 에센셜 오일 6방울씩

1 비커에 호호바오일과 비즈왁스를 계량해 담는다.

2 핫플레이트를 70℃로 가열한 뒤 비즈왁스를 완전히 녹인다. 이때, 끓지 않도록 유리막대로 계속 젓는다.

3 완전히 녹은 비즈왁스에 계량한 에센셜오일을 넣고 유리막대로 잘 젓는다.

4 준비한 스틱형 용기에 부어 굳힌다.

※ 직사광선을 피한 서늘한 상온에서 보관해 3개월 이내 사용한다. 스틱형 데오도란트는 상온에 그대로 두어도 10분이면 굳으므로 바로 사용할 수 있다. 냉장고에 보관하면 쿨링효과를 더할 수 있다.

불소 걱정 없는 천연 치약

준비물 글리세린 30g, 애플 계면활성제 10g, 중조(탄산 수소나트륨) 35g, 죽염 3g, 자일리톨 7g, 화이트클레이 5g, 숯가루(또는 박하) 10g, 자몽씨 추출물 1g

재료(30g) 호호바오일 21g, 비즈왁스 8g, 레몬그라스 에센셜 오일 10방울, 파인 에센셜 오일 4방울, 유칼립투스 · 레몬 에센셜 오일 6방울씩

1 그릇에 숯가루 또는 박하, 중조, 죽염, 자일리톨, 화이트클레이를 차례로 넣는다.

2 ①에 글리세린과 애플 계면활성제를 넣은 후 스푼으로 골고루 섞고 자몽씨 추출물을 떨어뜨린다.

3 소독용 에탄올로 준비한 용기를 소독한 후 ②를 주사기를 이용해 넣는다. 에탄올이 없다면 용기를 삶아서 소독해도 좋다.

※ 제조 후 하루 정도 상온에 두었다가 사용하면 되고, 만든 직후 부풀어 오르는 것은 정상적인 현상이다. 천연치약의 유통기한은 상온에서 3개월이다. 양치질 후 청량감을 더하고 싶다면 페퍼민트, 미백효과를 더하고 싶다면 레몬 에센셜 오일을 각 2~4방울 떨어뜨린다. 죽염으로만 이를 닦으면 치아표면의 오염물질을 깨끗하게 제거하기 힘드니 피하는 것이 좋다.

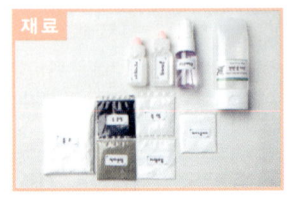

재료

1

2

3

Make your home
cleaner & healthier

소중한 우리 집 더 깨끗하게, 더 건강하게 !!

3M

참그린 석류식초 설거지는 **천연 석류 식초**와
100% 식물유래 세정성분으로 안심할 수 있고,
상큼한 석류 향이 설거지를 즐겁게 하는 프리미엄 주방세제입니다.

프리미엄 안심 설계

참그린 석류식초만의 **프리미엄 안심 설계**로 더욱 안전하고 건강하게 만들었습니다.

✓ 천연 석류 식초 성분으로 항균까지
✓ 5초 안심 헹굼 포물러로 걱정 없이 안전하게
✓ 미국 FDA 승인 세정 성분 함유로 안심
✓ **수질오염 절감의 친환경 설계**

✓ 100% 식물유래 세정성분 사용으로 부드럽게
✓ 피부를 보호하는 식물성 보습 성분으로 촉촉하게
✓ 야채와 과일도 씻을 수 있는 1종 주방세제

※ 5초 안심 헹굼 포물러란? 일반접시(중간크기)의 경우 흐르는 물에서 5초의 헹굼만으로도 세제 잔여물 걱정이 없는 안심 처방.

만능 살림꾼 식초를 활용해 보세요.

* 식초는 자연의 살균, 방부, 탈취, 해독제, 기름기 분해의 역할을 합니다.

1. 식초는 식품의 보존성을 높인다.
초밥 또는 여름 도시락에 약간의 식초를 뿌려두면 쉽게 쉬지 않는다.

2. 식초는 식중독을 방지하는 역할을 한다.
식중독균, 장티푸스균 등의 균을 죽이는데 효과가 높다. 소금이나 간장보다 살균력이 우수하다.

3. 강력한 탈취효과로 음식냄새를 없애 준다.
그릴이나 생선을 구운 판은 뜨거울 때 식초를 떨어뜨려 씻으면 비린내를 쉽게 제거할 수 있다.
냉장고 냄새가 많이 나면 내부를 식초로 닦아내면 사라진다.

4. 식초는 과일, 채소의 농약 세척에 좋다.
식초의 살균작용, 세정작용, 중화작용 (농약의 알카리성), 분해작용에 의해서
농약 묻은 채소의 세척을 유용하게 한다.

5. 기름기와 묶은 때를 말끔히 없애 준다.
묶은 때 제거시 주전자, 사기그릇의 물때 등도 분해가 되어 씻겨 내려간다.
유리컵, 접시 등을 설거지 할 때, 식초를 한방울 떨어뜨리면 반짝반짝 광이 난다.
싱크대가 막히면 소다와 식초를 한 컵 넣고, 거품이 올라올 때 더운 물을 부으면 뚫린다.

식초,
생활의 지혜

CJ LION

빨래전문가, ✓ 때가 쏙~ 비트

세탁세제 부문
 브랜드 파워 1위
 고객만족도 1위

한국능률협회 선정 K-BPI조사, 세탁세제 부문
한국능률협회 선정 K-CSI조사, 세탁세제 부문

"액체도 비트하세요"

CJ LION
비트
Drum 액제세제
속시원한 헹굼력
강력한 세척력
드럼용
3.1 kg

CJ LION
비트
액제세제
Drum
오래오래 향기가득 *
Fresh Camomile
오래도 지속되는 카모마일향으로 기분좋게
유연성분 함유로 섬유는 부드럽게
드럼세탁기용 3.0 kg